高等学校"十三五"规划教材

物理化学
学习指导

路慧哲　冉红涛　姚广伟　主编

U0336487

化学工业出版社

·北京·

《物理化学学习指导》为针对农林院校的普通高等教育"十一五"国家级规划教材《简明物理化学》的配套辅导书，其章节与主教材相对应，内容包括热力学第一定律及其应用、热力学第二定律、化学势与平衡、化学动力学基础、电化学、界面现象、胶体化学。每一章由学习要求、内容概要、思考题、思考题解答、习题解答与知识拓展六部分组成。知识拓展部分包含具有典型性与综合性的题目或相关领域的研究进展，锻炼读者解决实际问题的能力，开阔知识面，同时增加学习内容的趣味性，以期达到活跃思维的学习目的。

　　《物理化学学习指导》既可作为农林院校学习物理化学的本科生的教材配套资料，也可供教师和相关专业的科研人员参考。

图书在版编目（CIP）数据

物理化学学习指导/路慧哲，冉红涛，姚广伟主编.
北京：化学工业出版社，2017.2
高等学校"十三五"规划教材
ISBN 978-7-122-28788-5

Ⅰ.①物…　Ⅱ.①路…②冉…③姚…　Ⅲ.①物理化学-高等学校-教学参考资料　Ⅳ.①O64

中国版本图书馆 CIP 数据核字（2016）第 321378 号

责任编辑：李　琰　宋林青　　　　　　　文字编辑：林　媛
责任校对：边　涛　　　　　　　　　　　装帧设计：关　飞

出版发行：化学工业出版社（北京市东城区青年湖南街 13 号　邮政编码 100011）
印　　装：三河市航远印刷有限公司
787mm×1092mm　1/16　印张 11¼　字数 287 千字　　2017 年 7 月北京第 1 版第 1 次印刷

购书咨询：010-64518888（传真：010-64519686）　　售后服务：010-64518899
网　　址：http://www.cip.com.cn
凡购买本书，如有缺损质量问题，本社销售中心负责调换。

定　　价：29.80 元

前　言

　　本书为针对农林院校的普通高等教育"十一五"国家级规划教材《简明物理化学》（第2版）的配套辅导书。全书包括热力学第一定律及其应用、热力学第二定律、化学势与平衡、化学动力学基础、电化学、界面现象、胶体化学，共7章。适合应用化学、土壤及植物营养、环境资源、生命科学、食品科学、植物保护、林产化工、畜牧兽医等专业学生学习使用，也可作为医、药院校相关专业的教学参考书。

　　本书以《简明物理化学》为基础，总结各章的学习要求、内容概要，使读者在学习之初对所学内容能有轮廓性认识，了解学习重点及知识的内在联系；本书对教材中涉及的所有习题及思考题均作了详尽解答，并分析了各题目的解题思路，使读者举一反三，触类旁通，通过解题提高思维能力，培养创新意识；本书的知识拓展部分包含具有典型性与综合性的题目或相关领域的研究进展，锻炼读者解决实际问题的能力，开阔知识面，同时增加学习内容的趣味性，以期达到活跃思维的学习目的。

　　本书的完成得益于中国农业大学、北京林业大学、东北林业大学、扬州大学多年的教学积累以及国内外物理化学领域的诸多资料，中国农业大学的杜凤沛教授、扬州大学的沈明教授对本书的完成提供了大力支持，并提出许多宝贵意见，在此谨致衷心感谢。

　　感谢本书编写过程中化学工业出版社的大力支持。

　　由于编者水平所限，书中不足之处，承望读者不吝指出，以便订正。

编者

2016. 6. 28

目 录

1 热力学第一定律及其应用

学习要求

(1) 掌握热力学基本概念。
(2) 掌握热力学第一定律的内容及应用。
(3) 掌握基本物理、化学过程中功、热、热力学能、焓的基本运算。
(4) 掌握热化学中基本概念及反应热的各种计算方法。

内容概要

1.1 热力学与化学热力学

热力学 研究能量转换过程中所遵循规律的科学，研究对象是具有足够大量的质点（原子、分子等）所构成的集合体。

化学热力学 运用热力学的基本原理来研究化学现象以及由此引起的物理现象。

1.1.1 体系和环境

体系（system） 热力学将用于研究的对象（物质或空间）称为**体系**。

环境（surrounding） 体系以外与体系密切相关的物质或空间则称为**环境**。体系与环境之间可以有实际的或虚拟的器壁隔开。体系与环境是相对而言的。

按体系与环境之间的关系，可以把体系分为三类。

① **封闭体系**（closed system） 体系与环境之间没有物质传递，但有能量交换者，在化学热力学中，若不注明即指封闭体系。

② **敞开体系**（open system） 体系与环境之间既有物质传递又有能量交换者为敞开体系。

③ **孤立体系**（isolated system） 体系与环境之间既无物质传递又无能量交换者为孤立体系，又称隔离体系。

1.1.2 状态和状态函数

状态体系的状态就是体系一切性质（温度、压力、体积、组成等）的总和。

热力学中所指的状态一般均指**热力学平衡状态**（thermodynamical equilibrium state），亦称为平衡态。平衡态应包括下列一种或多种平衡。

① **热平衡**（thermal equilibrium） 温度相等的两部分间称为热平衡。

② **力平衡**（mechanical equilibrium） 体系两部分之间各种作用力达到相等，不存在由于力的不平衡而引起的边界位移。在不考虑引力场的影响下，就是指体系各个部分压力相等。

③ **相平衡**（phase equilibrium） 当相变化达到平衡后，体系中各相之间没有物质的净转移，各相的组成和数量不随时间而改变。

④ **化学平衡**（chemical equilibrium） 当化学反应达到平衡后，体系的组成不随时间而改变。

状态函数（state function） 热力学中由体系状态决定的体系的性质。

当体系的状态确定后，状态函数的值亦随之确定；反之若体系的状态发生改变，则状态函数亦随之改变。并且其改变值只取决于体系开始发生变化时的状态（始态）和变化完成时的状态（终态），与变化发生的具体步骤无关。从一个平衡态到另一个平衡态的这种变化为过程。

状态函数全微分的概念：

$$\Delta Z = \int_{Z_1}^{Z_2} \mathrm{d}Z = Z_2 - Z_1$$

描述均相体系状态函数之间的定量关系式称为状态方程（equation of state）。对一定量的单组分均相体系来说，其状态函数 p、V、T 中只有两个是独立的，对于多组分均相体系，体系的状态还与组成有关。

1.1.3 体系的性质

用于描述体系热力学状态的宏观性质称为体系的性质，又称为热力学变量。按其与物质的量之间的关系可分为两类。

① **强度性质**（intensive properties） 只与体系自身的特性有关，与体系中物质的量无关的性质称为强度性质。该性质不具有加和性，如温度、压力、密度、黏度、折射率等均为强度性质。

② **广度性质**（extensive properties） 与体系中物质的量成正比的体系性质为广度性质，又称容量性质（capacity properties）。该性质具有加和性，如体积、质量、能量等均为广度性质。

两个广度性质之比为强度性质。

1.2 热力学第一定律

1.2.1 热和功

热 由于体系和环境之间温度不同而传递的能量。用符号 Q 表示，$Q>0$，则表示体系吸热，获得能量；$Q<0$，则表示体系放热，失去能量。热的单位为焦耳（J）。

功 除热以外体系与环境交换的一切其他能量。用符号 W 表示，$W>0$，则表示环境对体系做功，体系获得能量；$W<0$，则表示体系对环境做功，体系失去能量。功的单位为焦耳（J）。几种常见功的表示形式见表 1-1。

热和功都是能量传递的形式，它们总是与体系所发生的具体过程相联系的，因此热和功都不是状态函数，不能以全微分表示。微小变化过程的热和功，应用 δQ 和 δW 表示，不能用 dQ 和 dW 来表示。

表 1-1 几种常见功的表示形式

功的形式	强度性质	广度性质的变化量	功的表达式
机械功	f（力）	dl（位移）	$f\,dl$
电功	E（外加电位差）	dQ（通过的电量）	$E\,dQ$
体积功	p（外压）	dV（体积的变化量）	$p\,dV$
表面功	γ（表面张力）	dA（表面积的变化量）	$\gamma\,dA$

1.2.2 热力学能

热力学能体系中分子运动的平动能 U_t、转动能 U_r、振动能 U_v、电子的能量 U_e、核的能量 U_n 以及分子与分子间的相互作用位能 $U_{分子-分子}$ 等能量的总和，其绝对值是无法确定的。在热力学研究中，我们只关注体系在变化过程中伴随的热力学能的改变量 ΔU。热力学能是一个状态函数。对于一个单组分均相封闭体系，如式（1.1.3）所示，可将热力学能表示为 $U=f(T,V)$ 或 $U=f(T,p)$。热力学能的全微分则可分别表示为

$$dU=\left(\frac{\partial U}{\partial T}\right)_V dT+\left(\frac{\partial U}{\partial V}\right)_T dV \tag{1.2.3}$$

和

$$dU=\left(\frac{\partial U}{\partial T}\right)_p dT+\left(\frac{\partial U}{\partial p}\right)_T dp \tag{1.2.4}$$

1.2.3 热力学第一定律

热力学第一定律也称能量守恒原理，表述形式如下。

① 能量可以有各种形式，能量也可以由一种形式转化为另一种形式，但是在转化过程中能量的总量不变。

② 孤立体系中能量的形式可以相互转化，能量的总量不变。

③ 第一类永动机是不可能实现的。所谓第一类永动机，即是一种无需消耗任何能量，就能不断地对外做功，或者只需要少量外界能量驱动就能源源不断对外做功的机器。

④ 数学表达式 对于封闭体系，设体系从环境吸收热为 Q，环境对体系做功为 W，体系热力学能的增量为 ΔU，

$$\Delta U=Q+W \tag{1.2.5}$$

若体系发生的是一个微小的变化，则上式可写作

$$dU=\delta Q+\delta W$$

1.3 热与过程

1.3.1 恒容热

若体系进行一恒容、且非体积功为零的过程，则体系与环境交换的总功 $W=0$，$\Delta U=Q_V$（$dV=0$，$W'=0$）。

恒容、没有非体积功时体系的 Q_V 在数值上与状态函数 U 的改变量相等，但必须注意

Q_V 不是状态函数。

1.3.2 恒压热

若保持反应体系的压力恒定 $dp = 0$，$p_外 = p_1 = p_2$ 为常数（p_1、p_2 分别为始、终态压力），且只做体积功，$\Delta H = H_2 - H_1 = Q_p$

H 为焓（enthalpy），由于 U、p 和 V 为状态函数，因此 H 也是状态函数，具有广度性质。Q_p 称为恒压热，是封闭体系只做体积功的恒压过程热。

1.3.3 相变焓

相变过程所伴随的热效应为相变焓或相变热，以符号 $\Delta_{相变} H(T)$ 表示。

1.3.4 焦耳实验

理想气体的热力学能仅是温度的函数，记作 $U = f(T)$。由于 $H = U + pV$，对理想气体来说，pV 是温度的函数，因此 H 亦仅是温度的函数，记为 $H = f(T)$。

$$\left(\frac{\partial U}{\partial p}\right)_T = 0$$

1.4 热容

1.4.1 热容

热容（heat capacity）　组成不变且只做体积功的封闭体系温度升高 1K 所吸收的热，用符号 C 表示。热容的单位为 $J \cdot K^{-1}$。

热容的常用形式有如下两种。

平均热容　若体系的温度自 T_1 升至 T_2 吸热为 Q，则有

$$\overline{C} = \frac{Q}{T_2 - T_1}$$

式中，$\overline{C}$ 为体系在 T_1 至 T_2 温度区间内的平均热容。

真热容　若温度变化趋于微量时上式变为

$$C = \frac{\delta Q}{dT} \qquad (1.4.2)$$

式中，C 称为真热容，它是某一温度时体系的热容。

1.4.2 摩尔热容

若真热容所涉及体系是物质的量为 n 的体系，则

$$C_m = \frac{C}{n}$$

式中，n 为体系物质的量；C_m 称为摩尔热容，单位为 $J \cdot K^{-1} \cdot mol^{-1}$。

① **摩尔恒容热容**　摩尔热容在恒容条件下测定，以 $C_{V,m}$ 表示。

$$C_{V,m} = \frac{1}{n} \frac{\delta Q_V}{dT} = \left(\frac{\partial U_m}{\partial T}\right)_V$$

$$\Delta U = n \int C_{V,m} dT$$

② **摩尔恒压热容**　在恒压条件下测定的摩尔热容，以 $C_{p,\mathrm{m}}$ 表示。

$$C_{p,\mathrm{m}} = \frac{1}{n}\frac{\delta Q_p}{\mathrm{d}T} = \left(\frac{\partial H_\mathrm{m}}{\partial T}\right)_p$$

$$\Delta H_\mathrm{m} = n\int C_{p,\mathrm{m}}\,\mathrm{d}T$$

1.4.3　$C_{p,\mathrm{m}}$ 与 $C_{V,\mathrm{m}}$ 之差

对于任何 1mol 纯物质

$$C_{p,\mathrm{m}} - C_{V,\mathrm{m}} = \left[\left(\frac{\partial U_\mathrm{m}}{\partial V_\mathrm{m}}\right)_T + p\right]\left(\frac{\partial V_\mathrm{m}}{\partial T}\right)_p$$

对于 1mol 理想气体，$C_{p,\mathrm{m}} - C_{V,\mathrm{m}} = R$

在通常温度下，对单原子分子有

$$C_{V,\mathrm{m}} = \frac{3}{2}R \ , \ C_{p,\mathrm{m}} = \frac{5}{2}R$$

双原子分子或线性多原子分子有

$$C_{V,\mathrm{m}} = \frac{5}{2}R \ , \ C_{p,\mathrm{m}} = \frac{7}{2}R$$

非线性多原子分子有

$$C_{V,\mathrm{m}} = 3R \ , \ C_{p,\mathrm{m}} = 4R$$

1.5　功与过程

自由膨胀过程（free expansion process）　即体系不对外做功。

$$W_1 = -\int p_{外}\,\mathrm{d}V = 0$$

恒外压膨胀过程（external pressure expansion process）

$$W_2 = -\int_{V_1}^{V_2} p_{外}\,\mathrm{d}V = -p_2(V_2 - V_1)$$

准静态过程（quasistatic process）　整个过程可以看作由一系列极其接近平衡的状态构成。

可逆过程（reversible process）　若体系经过一过程后由状态（1）变到状态（2），如果能使体系由状态（2）回到状态（1），并且同时环境也完全复原，则这样的过程就称为可逆过程（reversible process）。

① 可逆过程是由一系列连续渐变的平衡态构成的。

② 若变化循原过程的逆过程进行，体系和环境均复原。

③ 在等温可逆膨胀过程中体系对外做最大膨胀功，在等温可逆压缩过程中环境对体系做最小压缩功。

绝热可逆过程（adiabatic process）　即 $\delta Q = 0$，体系的状态在发生变化时与环境无热量交换的过程。

绝热可逆过程的热力学第一定律：$\mathrm{d}U = \delta W = -p\,\mathrm{d}V$　　　　　　　　　　　(1.5.1)

1.6　热化学（thermochemistry）

热化学是对化学反应中的热效应进行精密测定并研究其变化规律的学科。热化学是热力

学第一定律在化学反应过程中的具体应用。

1.6.1 化学反应的热效应——恒压热与恒容热

化学反应的热效应 只做体积功时体系发生化学反应后使反应产物的温度回到反应始态的温度时体系所吸收或放出的热量。

若反应是在恒温恒压条件下进行的，则得到的热效应为恒压热效应 $Q_p = \Delta H$。

若反应是在恒温恒容条件下进行的，则得到的热效应为恒容热效应 $Q_V = \Delta U$。

1.6.2 反应进度 （extent of reaction）

反应进行的程度，以 ξ 表示。

$$dD \quad + \quad eE \longrightarrow \quad gG \quad + \quad hH$$

反应前物质的量 $\quad\quad n_D(0) \quad\quad n_E(0) \quad\quad n_G(0) \quad\quad n_H(0)$

反应中物质的量 $\quad\quad n_D \quad\quad\quad n_E \quad\quad\quad n_G \quad\quad\quad n_H$

$$\xi = \frac{n_D - n_D(0)}{-d} = \frac{n_E - n_E(0)}{-e} = \frac{n_G - n_G(0)}{g} = \frac{n_H - n_H(0)}{h}$$

写成通式可表示为

$$\xi = \frac{n_i - n_i(0)}{\nu_i} \tag{1.6.2}$$

式中，ν_i 为反应方程式中的计量系数，对反应物 ν_i 为负，对产物 ν_i 为正。

1.6.3 热化学反应方程式

表示化学反应与反应热效应的方程式称为热化学反应方程式。

热化学反应方程式要求在通常的反应方程式中注明反应的热效应，并且由于反应的热效应会随参加反应物质的存在状态而改变，因此写热化学方程式时同时要注明物质存在的状态。

1.6.4 赫斯定律 （Hess's law）

一个化学反应不管是一步完成的，还是分几步完成的，反应总的热效应是相同的。

1.6.5 几种热效应

标准摩尔生成焓 （standard molar enthalpy of formation） 在标准态下，由最稳定的单质生成 1mol 指定相态的某化合物时的反应生成焓称为标准摩尔生成焓，用符号 $\Delta_f H_m^{\ominus}(T)$ 表示。

离子的标准摩尔生成焓是指在标准状态下，由最稳定的单质生成 1mol 无限稀释离子水溶液时所产生的热效应。

标准摩尔燃烧焓 （standard molar combustion enthalpy） 在标准态下，1mol 指定相态的某化合物完全燃烧时的反应热称为标准摩尔燃烧焓，用符号 $\Delta_c H_m^{\ominus}(T)$ 表示。

积分溶解热 在标准状态下，将 1mol 纯物质溶解于一定量溶剂中形成溶液时的焓变为该物质在此温度下的积分溶解热，用 $\Delta_{sol} H_m^{\ominus}$ 表示。

微分溶解热　若溶解过程在一定量某浓度溶液中加入 dn_2 溶质时产生的摩尔热效应称为微分溶解热，用 $\left(\dfrac{\partial \Delta H}{\partial n_2}\right)_{T,P,n_1}$ 表示。

稀释热　标准态下将一定量溶剂加入到含有 1mol 溶质的一定浓度溶液中形成另一浓度溶液时的热效应称为积分稀释热，用 $\Delta_{dil} H_m^{\ominus}$ 表示。

1.6.6　反应热与温度的关系——基尔霍夫定律（Kirchhoff's law）

基尔霍夫定律可适用于由一个温度下的反应焓求任意温度下的反应焓，亦可用于由一个温度下的相变焓求任意温度下的相变焓。

$$\left(\frac{\partial \Delta_r H_m^{\ominus}(T)}{\partial T}\right)_p = \Delta_r C_{p,m} \tag{1.6.7}$$

1.6.7　生命体的热力学第一定律

$$\Delta U = Q + W + U_m$$

式中，U_m 为生命体从外界获取的营养转变的能量。

■■■■■■ 思考题 ■■■■■■

1. 在孤立体系中无论发生何种变化，其 ΔU _____。（填 >0，$=0$ 或 <0）

2. 被绝热材料包围的房间内放有一电冰箱，将冰箱门打开且使冰箱运行，室内的温度将_____。

3. 在一恒容绝热箱中有一隔板，将其分为左、右两部分。在隔板两侧分别通入温度、压力均不同的同种气体，然后将隔板抽走，气体发生混合。若以箱内全部气体为系统，则混合过程的 Q _____，W _____，ΔU _____。（填 >0，$=0$ 或 <0）

4. 若已知反应 $A \longrightarrow 2B$ 的标准摩尔反应焓为 $\Delta_r H_m^{\ominus}(1)$，与反应 $2A \longrightarrow C$ 的标准摩尔反应焓为 $\Delta_r H_m^{\ominus}(2)$，则反应 $C \longrightarrow 4B$ 的标准摩尔反应焓 $\Delta_r H_m^{\ominus}(3)$ 与 $\Delta_r H_m^{\ominus}(1)$ 及 $\Delta_r H_m^{\ominus}(2)$ 的关系为_____。

5. 在一绝热良好的刚性容器中发生一化学反应，如果系统的压力和温度都升高，则过程的 Q _____；W _____；ΔU _____；ΔH _____。（填 >0、$=0$ 或 <0）

6. 理想气体从同一始态出发，经过绝热可逆压缩与恒温可逆压缩到相同终态体积 V_2，则 p_2（恒温）_____ p_2（绝热），W_r（恒温）_____ W_r（绝热），ΔU（恒温）_____ ΔU（绝热）。（填 >0、$=0$ 或 <0）

7. 理想气体从同一始态出发，分别经过等温可逆过程和等温不可逆过程到达相同终态，因 $W_R > W_{IR}$，所以 $Q_R > Q_{IR}$，这结论对不对？为什么？

8. 当热由体系传给环境时，体系的焓是否一定减少？

9. 某一化学反应在烧杯中进行，放热 Q_1，焓变为 ΔH_1，若安排成可逆电池，使始终态相同，这时放热 Q_2，焓变为 ΔH_2，则 ΔH_1 与 ΔH_2 是否相等？

10. 在一个玻璃瓶中发生如下的反应：

$$H_2(g) + Cl_2(g) \longrightarrow 2HCl(g)$$

反应前后 T、p、V 均未发生变化，设所有的气体都可以看作理想气体，因为理想气体的 $U = f(T)$，所以该反应的 $\Delta U = 0$，这样判断是否正确？

11. 在标准状态下，认为各元素的稳定单质其焓的绝对量值都相等，是否可行？若将它们全部规定为零是否可行？

12．已知某一化学反应的 $\Delta_r C_{p,m} < 0$，则该反应的 $\Delta_r H_m^{\ominus}$ 值随温度的升高而_____。

13．判断下列过程中 Q、W、ΔU、ΔH 各量是正值、零还是负值。

过 程	Q	W	ΔU	ΔH
理想气体自由膨胀				
理想气体可逆等温压缩				
理想气体可逆绝热压缩				
$H_2O(l, p^{\ominus}, 273K) \longrightarrow H_2O(s, p^{\ominus}, 273K)$				
苯$(s, p^{\ominus}, T_{fus}) \longrightarrow$ 苯$(l, p^{\ominus}, T_{fus})$				

思考题解答

1．$=0$

简析：体系热力学能的变化取决于体系与环境功与热的交换，而孤立体系与环境无任何功与热的交换，因此根据第一定律，体系能量守恒，热力学能不发生变化。

2．升高

简析：冰箱工作原理是利用压缩机把冰箱内的热量转移至室内，从而达到制冷效果，符合能量守恒原理。但是打开冰箱门就相当于没有交换能量，而且压缩机工作会向房间释放热量，所以房间温度会升高。

3．$=0$，$=0$，$=0$

简析：以全部气体为体系，则整个过程体系与环境无任何形式功与热的交换，因此功、热、热力学能变化值均为零。

4．$\Delta_r H_m^{\ominus}(3) = 2\Delta_r H_m^{\ominus}(1) - \Delta_r H_m^{\ominus}(2)$

简析：由方程式关系可推得反应焓的关系式。本题体现出焓作为状态函数的基本性质。

5．$=0$，$=0$，>0

简析：对于绝热刚性容器，系统不可以与环境进行热与功的交换，因此热与功的变化值均为零，也导致热力学能变化值也为零；根据焓的定义，焓值升高。

6．<0，<0，<0

简析：对于绝热过程，由于与环境没有热交换，体系所获得的功都用来增加体系热力学能，因此相同终态体积，绝热过程温度更高，由理想气体状态方程及第一定律数学表达式，可推知结论。

7．简析：结论不正确，由第一定律，$Q_R < Q_{IR}$。

8．简析：由焓的定义，仅由传热来判断焓的变化不正确。

9．相同

简析：焓为状态函数，其变化值只与状态有关。

10．判断错误

简析：根据第一定律，热力学能变化由功与热决定。

11．可行

简析：标准摩尔生成焓、标准摩尔燃烧焓、离子生成焓等是用来计算热效应的几种途径，其本质都是利用赫斯定律。因此规定标准状态下各元素稳定单质焓值为零是可行的。

12．降低

简析：参考基尔霍夫定律。

13.

过　　　程	Q	W	ΔU	ΔH
理想气体自由膨胀	0	0	0	0
理想气体可逆等温压缩	负	正	0	0
理想气体可逆绝热压缩	0	正	正	正
$H_2O(l,p^\ominus,273K)\longrightarrow H_2O(s,p^\ominus,273K)$	负	0 *	负	负
苯$(s,p^\ominus,T_{fus})\longrightarrow$苯$(l,p^\ominus,T_{fus})$	正	0 *	正	正

注：＊忽略固液态体积变化

习 题 解 答

1. 1mol 理想气体依次经过下列过程：（1）恒容下从 25℃升温至 100℃，（2）绝热自由膨胀至两倍体积，（3）恒压下冷却至 25℃。试计算整个过程的 Q、W、ΔU 及 ΔH。

【解题思路】本题需要利用恒容过程、绝热自由膨胀过程、恒压过程特点及理想气体性质与状态函数的关系。

解：将三个过程中 Q、ΔU 及 W 的变化值列表如下：

过程	Q	ΔU	W
（1）	$C_{V,m}(T_{1末}-T_{1初})$	$C_{V,m}(T_{1末}-T_{1初})$	0
（2）	0	0	0
（3）	$C_{p,m}(T_{3末}-T_{3初})$	$C_{V,m}(T_{3末}-T_{3初})$	$p(V_{3末}-V_{3初})$

则对整个过程：

$$T_{1初}=T_{3末}=298.15K \qquad T_{1末}=T_{3初}=373.15K$$

$$Q=nC_{V,m}(T_{1末}-T_{1初})+0+nC_{p,m}(T_{3末}-T_{3初})$$

$$=nR(T_{3末}-T_{3初})$$

$$=1\times8.314\times(-75)=-623.55J$$

$$\Delta U=nC_{V,m}(T_{1末}-T_{1初})+0+nC_{V,m}(T_{3末}-T_{3初})=0$$

$$W=-p(V_{3末}-V_{3初})=-nR(T_{3末}-T_{3初})$$

$$=-1\times8.314\times(-75)=623.55J$$

因为体系的温度没有改变，所以 $\Delta H=0$。

2. 0.1mol 单原子理想气体，始态为 400K、101.325kPa，经下列两途径到达相同的终态：

（1）恒温可逆膨胀到 $10dm^3$，再恒容升温至 610K；

（2）绝热自由膨胀到 $6.56dm^3$，再恒压加热至 610K。

分别求两途径的 Q、W、ΔU 及 ΔH。若只知始态和终态，能否求出两途径的 ΔU 及 ΔH？

【解题思路】利用过程性质与状态函数的关系，注意状态函数只与始终态有关、而与过程无关的特点，即其值"殊途同归变化等"。

解：（1）始态体积 $V_1=nRT_1/p_1=(0.1\times8.314\times400/101325)dm^3=32.8dm^3$

$$W=W_{恒温}+W_{恒容}=-nRT\ln\frac{V_2}{V_1}+0$$

$$=-0.1\times8.314\times400\times\ln\frac{10}{32.8}+0$$

$$=-370.7J$$

$$\Delta U = nC_{V,m}(T_2 - T_1) = 0.1 \times \frac{3}{2} \times 8.314 \times (610 - 400) = 261.9\text{J}$$

$$Q = \Delta U + W = 632.6\text{J}$$

$$\Delta H = nC_{p,m}(T_2 - T_1) = 0.1 \times \frac{5}{2} \times 8.314 \times (610 - 400) = 436.4\text{J}$$

（2）
$$Q = Q_{绝热} + Q_{恒压} = 0 + nC_{p,m}(T_2 - T_1) = 436.4\text{J}$$

$$\Delta U = \Delta U_{绝热} + \Delta U_{恒压} = 0 + nC_{V,m}(T_2 - T_1) = 261.9\text{J}$$

$$\Delta H = \Delta H_{绝热} + \Delta H_{恒压} = 0 + Q_{绝热} = 436.4\text{J}$$

$$W = \Delta U - Q = -174.5\text{J}$$

若只知始态和终态也可以求出两途径的 ΔU 及 ΔH，因为 U 和 H 是状态函数，其值只与体系的始终态有关，与变化途径无关。

3. 已知 100℃，101.325kPa 下水的 $\Delta_{vap}H_m^{\ominus} = 40.67\text{kJ} \cdot \text{mol}^{-1}$，水蒸气与水的摩尔体积分别为 $V_m(g) = 30.19\text{dm}^3 \cdot \text{mol}^{-1}$，$V_m(l) = 18.00 \times 10^{-3}\text{dm}^3 \cdot \text{mol}^{-1}$，试计算下列两过程的 Q、W、ΔU 及 ΔH。

（1）1mol 水于 100℃、101.325kPa 下可逆蒸发为水蒸气；

（2）1mol 水在 100℃恒温下于真空容器中全部蒸发为蒸气，而且蒸气的压力恰好为 101.325kPa。

【解题思路】本题涉及始终态对应的可逆与不可逆相变，因此状态函数变化值相同，而过程量发生变化。

解：（1）恒压下的可逆变化 $Q = \Delta H = n\Delta_{vap}H_m^{\ominus} = 40.67\text{kJ}$

$$W = -p_{外}\Delta V = -p_{外}(V_气 - V_液)$$
$$= -101325(30.19 - 18.00 \times 10^{-3}) \times 10^{-3}$$
$$= -3.06\text{kJ}$$

$$\Delta U = Q + W = 40.67 - 3.061 = 37.61\text{kJ}$$

（2）向真空中蒸发，所以 $W = 0$，由于两过程的始终态相同，故 ΔH 和 ΔU 与问题（1）相同

$$Q = \Delta U - W = 37.61\text{kJ}$$

4. 1mol 乙醇在其沸点时蒸发为蒸气，已知乙醇的蒸发热为 $858\text{J} \cdot \text{g}^{-1}$，1g 蒸气的体积为 607cm^3，忽略液体的体积，试求过程的 Q、W、ΔU 及 ΔH。

【解题思路】本题关键是要理解"在其沸点蒸发为蒸气"的过程为恒压相变过程。

解：因为是恒压蒸发
$$Q = Q_p = (46 \times 858)\text{J} = 39.47\text{kJ}$$

$$W = -p_{外} \times (V_2 - V_1) = -1.013 \times 10^5 \times 670 \times 10^{-6} \times 46 = -2.83\text{kJ}$$

$$\Delta U = Q + W = 36.64\text{kJ}$$

恒压过程 $\Delta H = Q_p = 39.47\text{kJ}$

5. 在 101.325kPa 下，把一块极小冰粒投入 100g、−5℃的过冷水中，结果有一定数量的水凝结为冰，体系的温度则变为 0℃。过程可看作是绝热的。已知冰的熔化热为 $333.5\text{J} \cdot \text{g}^{-1}$，在 −5～0℃之间水的比热容为 $4.230\text{J} \cdot \text{K}^{-1} \cdot \text{g}^{-1}$。投入极小冰粒的质量可以忽略不计。

（1）确定体系的初、终状态，并求过程的 ΔH。

（2）求析出冰的量。

【解题思路】本题中过程为凝聚态体系的恒压绝热过程，由过程量确定状态函数值。

解：（1）体系初态：100g、−5℃、过冷水

终态：0℃、冰水混合物

因为是一个恒压绝热过程，所以 $\Delta H = Q = 0$

（2）可以把这个过程理解为一部分水凝结成冰放出的热量用以体系升温至 0℃。

设析出冰的数量为 m，则：

$$m_{水} C_p \Delta t = m \Delta_{fus} H$$

$$100 \times 4.230 \times 5 = m \times 333.5$$

$$得 \quad m = 6.34g$$

6. 0.500g 正庚烷放在氧弹量热计中，燃烧后温度升高 3.26℃，燃烧前后的平均温度为 25℃。已知量热计的热容量为 8176J·K^{-1}，计算 25℃时正庚烷的恒压摩尔燃烧热。

【解题思路】本题过程为恒容燃烧过程，因此解题关键首先要通过热容量计算恒容燃烧热，进而由热化学方程式特点推导出恒压摩尔燃烧热。

解：反应方程式 $C_7H_{16}(l) + 11O_2(g) \longrightarrow 7CO_2(g) + 8H_2O(l)$

反应前后气体化学计量数之差 $\Delta n = -4$

$$Q_V = C_{量热计} \Delta t = (8176 \times 3.26)J = -26.65kJ$$

$$\Delta_r U_m = \frac{Q_V}{n} = \frac{-26.65}{\frac{0.500}{100}}kJ = -5330.0kJ$$

$$\Delta_r H_m = \Delta_r U_m + \Delta n RT = -5330.0 - 4 \times 8.314 \times 298.15 \times 10^{-3} = -5332.48kJ$$

7. $B_2H_6(g)$ 的燃烧反应为：$B_2H_6(g) + 3O_2(g) \longrightarrow B_2O_3(s) + 3H_2O(g)$。在 298.15K 标准状态下每燃烧 1mol $B_2H_6(g)$ 放热 2020kJ，同样条件下 2mol 单质硼燃烧生成 1mol $B_2O_3(s)$ 时放热 1264kJ。求 298.15K 下 $B_2H_6(g)$ 的标准摩尔生成焓。已知 25℃时 $\Delta_f H_m^{\ominus}(H_2O, l) = -285.83kJ·mol^{-1}$，水的 $\Delta_{vap} H_m = 44.01kJ·mol^{-1}$。

【解题思路】本题要求在理解标准摩尔生成焓的概念基础上，运用热化学方程式的相关运算。

解：2mol 元素硼燃烧生成 1mol B_2O_3（s）时放热 1264kJ

$$2B(s) + 1.5O_2 \longrightarrow B_2O_3(s)$$

$\Delta_r H_m^{\ominus} = -1264kJ$，此反应是 $B_2O_3(s)$ 的生成反应，则 $\Delta_f H_m^{\ominus}(B_2O_3) = -1264kJ$

由反应方程式可得：

$$\Delta_r H_m^{\ominus} = \Delta_f H_m^{\ominus}(B_2O_3, s) + 3[\Delta_f H_m^{\ominus}(H_2O, l) + \Delta_{vap} H_m] - \Delta_f H_m^{\ominus}(B_2H_6, g)$$

$\Delta_f H_m^{\ominus}(B_2H_6, g) = \Delta_f H_m^{\ominus}(B_2O_3) + 3[\Delta_f H_m^{\ominus}(H_2O, l) + \Delta_{vap} H_m] - \Delta_r H_m^{\ominus}$

$\Delta_f H_m^{\ominus}(B_2O_3) = -1264kJ$，$\Delta_r H_m^{\ominus} = -2020kJ$

可求得 $\Delta_f H_m^{\ominus}(B_2H_6, g) = 30.54kJ·mol^{-1}$

8. 试求反应 $CH_3COOH(g) \longrightarrow CH_4(g) + CO_2(g)$ 在 727℃的反应焓。已知该反应在 25℃时的反应焓为 −36.12kJ·mol^{-1}。$CH_3COOH(g)$、$CH_4(g)$ 与 $CO_2(g)$ 的平均恒压摩尔热容分别为 52.3J·mol^{-1}·K^{-1}、37.7J·mol^{-1}·K^{-1} 与 31.4J·mol^{-1}·K^{-1}。

【解题思路】本题为基尔霍夫定律的具体应用。

解：反应的 $\Delta_r C_{p,m} = 37.7 + 31.4 - 52.3 = 16.8J·mol^{-1}·K^{-1}$

由基尔霍夫方程可得：

$\Delta_r H_m(1000K) = \Delta_r H_m(298K) + \Delta C_{p,m} \Delta t$

$$= -36.12 + 16.8 \times (727 - 25) \times 10^{-3} = -24.3kJ·mol^{-1}$$

9. 反应 $H_2(g) + \frac{1}{2}O_2(g) \Longrightarrow H_2O(l)$，在 298K 时，反应热为 $-285.84\text{kJ} \cdot \text{mol}^{-1}$。试计算反应在 800K 的热效应 $\Delta_r H_m^{\ominus}(800K)$。已知：$H_2O(l)$ 在 373K、$p^{\ominus}$ 时的蒸发热为 $40.65\text{kJ} \cdot \text{mol}^{-1}$；

$C_{p,m}(H_2) = 29.07 - 0.84 \times 10^{-3} T/K$　$C_{p,m}(O_2) = 36.16 + 0.85 \times 10^{-3} T/K$　$C_{p,m}(H_2O,l) = 75.26$　$C_{p,m}(H_2O,g) = 30.0 + 10.71 \times 10^{-3} T/K$　$C_{p,m}$ 单位均为 $J \cdot K \cdot \text{mol}^{-1}$，等式左边均除以该量纲。

【解题思路】 本题要求由低温下的反应热根据有关热容等数据求算高温下反应热，但由于包含相变，因此要设计过程进行计算。

解：设计如下的过程：

$$298K \quad H_2(g) \quad + \quad \frac{1}{2}O_2(g) \Longrightarrow \quad H_2O(l) \qquad\qquad (1)$$

$$\downarrow \Delta H_1 \qquad \downarrow \Delta H_2 \qquad \Delta H_3 \downarrow$$

$$H_2O(l) \quad 373.15K$$

$$\Delta_{vap}H \downarrow$$

$$H_2O(g) \quad 373.15K$$

$$\Delta H_4 \downarrow$$

$$800K \quad H_2(g) \quad + \quad \frac{1}{2}O_2(g) \Longrightarrow \quad H_2O(g) \qquad\qquad (2)$$

由此可得：$\Delta_r H_m^{\ominus}(800K) = \Delta_r H_m^{\ominus}(298K) + \Delta H_3 + \Delta_{vap}H + \Delta H_4 - \Delta H_1 - \Delta H_2$

$$= [-285.84 + 75.26 \times (373.15 - 298) \times 10^{-3} + 40.65$$

$$+ \int_{373.15}^{800} (30.0 + 10.71 \times 10^{-3} t)dt - \int_{298}^{800} (29.07 + 0.84 \times 10^{-3} t)dt$$

$$- \frac{1}{2} \int_{298}^{800} (36.16 + 0.85 \times 10^{-3} t)dt] J \cdot \text{mol}^{-1}$$

$$= -247.4\text{kJ} \cdot \text{mol}^{-1}$$

10. 20℃、101.325kPa 时 1mol 空气，分别经恒温可逆和绝热可逆压缩到终态压力 506.625kPa，求这两过程的功。空气的 $C_{p,m} = 29.1 \text{J} \cdot K \cdot \text{mol}^{-1}$。空气可假设为理想气体。

【解题思路】 本题中两过程终态压力相同，但温度不同，因此需利用绝热过程方程求算终态温度，从而得到过程的功值。

解：恒温可逆过程

$$W = nRT\ln(p_1/p_2)$$

$$= 8.314 \times 293.15 \times \ln(101325/506625) = 3.922\text{kJ} \cdot \text{mol}^{-1}$$

绝热可逆过程，设终态温度为 T_2

则 $\dfrac{T_2}{T_1} = \left(\dfrac{p_1}{p_2}\right)^{\frac{1-r}{r}}$　其中 $r = \dfrac{C_{p,m}}{C_{V,m}} = \dfrac{29.1}{29.1 - 8.314} = 1.4$

可以求得 $T_2 = 464.3K$

则 $W = \Delta U = nC_{V,m}(T_2 - T_1)$

$$= 1 \times (29.1 - 8.314) \times (464.3 - 293.15)$$

$$= 3.56\text{kJ}$$

11. 在一带理想活塞的绝热气缸中，放有 2mol、298.15K、1519.00kPa 的理想气体，分别经（1）绝热可逆膨胀到最终体积为 7.59dm^3；（2）将环境压力突降至 506.625kPa 时，气体快速膨胀到终态体积为 $7.59dm^3$。求上述两过程的终态 T_2、p_2 及过程的 ΔH、W。已知该气体 $C_{p,m}=35.90J\cdot K\cdot mol^{-1}$。

【解题思路】本题涉及绝热可逆与恒压可逆两个过程，因此先根据过程特点求算终态温度，进而得到焓值及其他热力学参数。

解：（1） $\qquad nRT_1=p_1V_1$

所以 $\qquad V_1=nRT_1/p_1=2\times8.314\times298.15/1519.00=3.26\times10^{-3}m^3=3.26dm^3$

对绝热可逆过程有 $\dfrac{T_2}{T_1}=\left(\dfrac{V_1}{V_2}\right)^{r-1}$ $\quad r=\dfrac{35.9}{35.9-8.314}=1.3$

可求得 $T_2=231.5K$ $\quad p_2=\dfrac{nRT_2}{V_2}=\dfrac{2\times8.314\times231.5}{7.59\times10^{-3}}=5.07\times10^5Pa=507.1kPa$

$$W=\Delta U=nC_{V,m}(T_2-T_1)=n(C_{p,m}-R)(T_2-T_1)=-3694J$$

$$\Delta H=nC_{p,m}(T_2-T_1)=2\times35.90\times(231.5-298.15)=-4808J$$

（2） $W=-p_{外}\Delta V=-506.625\times(7.39-3.26)=-2194J$

$\qquad \Delta U=W=-2194J$

$\qquad \Delta U=nC_{V,m}(T_2-T_1)$ 所以 $T_2=258.42K$

则 $\qquad p_2=\dfrac{nRT_2}{V_2}=\dfrac{2\times8.314\times258.42}{7.59\times10^{-3}}=5.66\times10^5Pa$

$\qquad \Delta H=nC_{p,m}(T_2-T_1)=2\times35.90\times(258.42-298.15)=-2853J$

12. 一摩尔单原子理想气体，从状态 1 经状态 2、状态 3 又回到状态 1，假设 A、B、C 三过程均为可逆过程。设气体的 $C_{p,m}=\dfrac{3}{2}R$。试计算各个状态的压力 p。

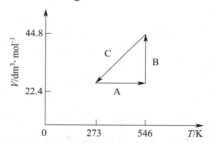

【解题思路】本题总结了理想气体的三个典型热力学可逆过程，需了解过程特征并运用理想气体状态方程从而解得各热力学量。

解：

步　骤	过程的名称	Q	W	ΔU
A	等容可逆	3405J	0	3405J
B	等温可逆	3146J	$-3146J$	0
C	等压可逆	$-5674J$	2269J	$-3405J$

$$\dfrac{p_1V_1}{T_1}=\dfrac{p_3V_3}{T_3} \quad 且\ 2V_1=V_3，2T_1=T_3 \quad 故\ p_1=p_3=101.325kPa$$

$$\dfrac{p_1V_1}{T_1}=\dfrac{p_2V_2}{T_2} \quad 且\ V_1=V_2，2T_1=T_3 \quad 故\ p_2=2p_1$$

13. 1mol 单原子理想气体，始态为 $2\times101.325kPa$、$11.2dm^3$，经 $pT=$ 常数的可逆过程（即过程中 $pT=$ 常数）压缩到终态为 $4\times101.325kPa$，已知 $C_{V,m}=\dfrac{3}{2}R$。求：

（1）终态的体积和温度。

（2）过程的 ΔU 和 ΔH。

（3）体系所作的功。

【解题思路】 本题涉及的体系为理想气体，其热力学能及焓的变化值只与温度相关，因此由过程方程求算始、终态温度即可得热力学能及焓的变化值；过程功的值可由功的定义式及题设中过程方程计算。

解：（1）
$$T_1 = \frac{p_1 V_1}{nR} = \frac{2 \times 101.325 \times 11.2}{1 \times 8.314} = 273.12\text{K}$$

由 $p_1 T_1 = p_2 T_2$ 得

$$T_2 = \frac{2 \times 101325}{4 \times 101325} \times 273.12 = 136.58\text{K}$$

则 $$V_2 = \frac{nRT_2}{p_2} = \frac{1 \times 8.314 \times 136.58}{4 \times 101325} = 2.8\text{dm}^3$$

（2）
$$\Delta U = nC_{V,\text{m}}(T_2 - T_1) = \frac{3}{2} \times 8.314 \times (136.58 - 273.15) = -1703\text{J}$$

$$\Delta H = nC_{p,\text{m}}(T_2 - T_1) = \frac{5}{2} \times 8.314 \times (136.58 - 273.15) = -2838.6\text{J}$$

（3）
$$W = -\int p_{\text{外}}\,\text{d}V = -\int p\,\text{d}V$$

$$pV = nRT, \quad V = \frac{nRT}{p} = \frac{nRT^2}{c}$$

$$\text{d}V = \frac{2nRT}{c}\text{d}T$$

故 $$W = -\int p\,\text{d}V = -\int \frac{c}{T}\frac{2nRT}{c}\text{d}T = -\int 2nRT\,\text{d}T$$

$$= -2nR(T_2 - T_1) = -2 \times 8.314 \times (136.58 - 273.12)$$

$$= 2270\text{J}$$

14. 设有压力为 $p^{\ominus}$、温度为 293K 的理想气体 3dm³，在等压下加热，直到最后的温度为 353K。计算过程的 W、ΔU、ΔH 和 Q。已知该气体的等压摩尔热容为 $C_{p,\text{m}} = (27.28 + 3.26 \times 10^{-3} T)\text{J} \cdot \text{K}^{-1} \cdot \text{mol}^{-1}$。

【解题思路】 本题为理想气体等压过程，解题中需注意理想气体热力学能及焓值变化仅与温度相关。

解：
$$n = \frac{pV}{RT} = \frac{101325 \times 3 \times 10^{-3}}{8.314 \times 293} = 0.125\text{mol}$$

等压加热，则 $Q = Q_p = \Delta H = \int_{T_1}^{T_2} nC_{p,\text{m}}\text{d}T$

$$= 0.125 \times \int_{293}^{353}(27.28 + 3.26 \times 10^{-3} T)\text{d}T$$

$$= 212.5\text{J}$$

$$W = -p_{\text{外}}\Delta V = -p^{\ominus}\left(\frac{nRT_2}{p^{\ominus}} - \frac{nRT_1}{p^{\ominus}}\right)$$

$$= nR(T_1 - T_2) = 0.125 \times 8.314 \times (293 - 353) = -62.3\text{J}$$

$$\Delta U = Q + W = 212.5 - 62.3 = 150.2\text{J}$$

1. 任一封闭系统在任意指定的始末状态间可设计出无数多个具体的途径，各具体途径的热和功皆不相等，但每个途径的热和功的代数和皆相等，原因何在？

讨论： 根据热力学第一定律，封闭系统在指定的始末状态之间，任一指定途径的功和热的代数和即为此途径热力学能改变值，虽然功和热是过程量，但热力学能是状态函数，对于指定系统，热力学能改变值仅与过程始末状态有关而与途径无关，故每个途径功和热的代数和皆为定值。

2. 如何理解热力学可逆过程？

讨论： 可逆过程是指一个系统从某一状态出发，经过该过程达到另一状态，如果存在另一逆过程，可以使系统和外界完全恢复到原来状态，则该过程称为可逆过程。

（1）可逆过程是以无限小的变化进行的，整个过程是由一连串非常接近于平衡态的状态所构成。

（2）在反向的过程中，遵循同样的规则，循着原来的过程的逆过程，可以使系统和环境完全恢复到原来的状态，而无任何耗散效应。

（3）在等温可逆膨胀过程中系统对环境做最大功，在等温可逆压缩过程中环境对系统做最小功。

实际自然界中与热现象有关的一切宏观过程，都是不可逆过程。而热力学中为了研究问题方便，会设计一些可逆过程。这些可逆过程简单来讲就是无摩擦的准静态过程，过程中没有能量耗散且非常缓慢，以至于每一时刻都是平衡的，这样便不会发生不可逆的摩擦损耗或者体系宏观上的动能消耗，但显然这是理想状态，在现实中不可能存在。

3. 封闭体系水与水蒸气通过透热壁达到热平衡。由于气体分子热运动比液体分子热运动剧烈，所以水蒸气的温度比液体水温度高。以上说法是否正确。

讨论： 体系的状态是热平衡，尽管体系一部分为液态，一部分为气态，热平衡时系统各部分冷热程度相同，温度相同。

4. 何为恒压过程，始末态压力相等的过程一定是恒压过程吗？

讨论： 恒压过程要求体系与环境压力要相同，如果仅仅始末态压力相同，而不说明过程进行中压力变化特点，则过程未必是恒压过程。

5. 一个绝热气缸带有一个理想的无摩擦、无质量的绝热活塞，缸内装有理想气体，缸内壁绕有电炉丝。当通电时，气体就慢慢膨胀。因为是一个恒压过程，过程热等于焓变，又因为是绝热体系，过程热为零，所以焓变亦为零。

讨论： 以上结论是错误的。过程热等于焓变的前提是过程的非体积功为零，显然题目中体系接受环境电功，因此过程热不可以用来计算焓变。正确的计算方法是用气体摩尔等压热容与体系温度升高值来计算。

6. 1mol 液态水与 1mol 气态水处于气液两相平衡时，两相的温度和压力都相等。由于两相都是纯物质，各相的状态都可用 T、p、n 描述。已知两相的这三个量均相同，故两相的体积也一定相同，因此平衡过程的热力学能改变值及焓改变值均为零。

讨论： 得出以上结论的前提是过程只有简单的 p、V、T 变化而没有相变化或化学变化，因此题目中的可逆相变的热力学能及焓的变化值不仅仅由 p、V、T、n 决定，热力学能及焓变值不为零。

7. 热力学第一定律应用——从光合作用产物到机动车燃料

由于 CO_2 排放造成环境污染，乙醇作为汽油替代品逐渐进入人们视野，由乙醇完全代替化石燃料从理论上讲可以减少来自机动车的 CO_2 排放。过去几十年在北美为减弱发动机在压缩冲程中燃料的提前燃烧，乙醇已作为添加剂用于汽车燃油。在南美，许多机动车使用 E85 燃油，即体积比 85% 的乙醇和 15% 汽油。

乙醇是一种引人注目的汽车燃油替代品，不仅可以减少温室气体排放，而且由于它是通过光合作用及发酵制得的，因而是一种可再生能源，用淀粉或糖可以大规模生产乙醇，淀粉或糖是甘蔗、玉米等植物光合作用的产物。

光合作用包含一系列复杂的生化反应，其本质上就是燃烧反应的逆反应：

$$nCO_2 + nH_2O \Longrightarrow (CH_2O)_n + nO_2$$

光合作用是利用光能增加能量的过程，并不需要额外引入其他能量形式来合成碳水化合物，因此可以说乙醇燃烧等同于利用太阳能。植物实质上就是太阳能转换器，把太阳能转换成化学能储存于碳水化合物，最终储存于乙醇，再变为机动车可利用的能量。下面的化学方程式给出太阳能转换为机动车可用能量的能量守恒过程：

光合作用

$$3nCO_2 + 3nH_2O + h\nu \longrightarrow (CH_2O)_{3n} + 3nO_2$$

发酵

$$(CH_2O)_{3n} \longrightarrow nC_2H_6O + nCO_2$$

燃烧

$$nC_2H_6O + 3nO_2 \longrightarrow 2nCO_2 + 3nH_2O + 功$$

净反应
$$h\nu \longrightarrow 功$$

很明显，乙醇或任何来自于光合作用的燃料最终可输出的能量取决于被植物吸收的光子能量，只是热力学第一定律的直接结论，并不依赖于植物种类、乙醇如何制得或在发动机中如何燃烧。

假设用玉米发酵制备乙醇，我们估算一下一辆汽车的燃料最终需要玉米的种植量。玉米生长于纬度 30°～45° 之间，平均计算（即考虑地球的曲率、自转及太阳的公转，但不考虑气候因素，因此为最大值），来自太阳到达地球的平均能量密度为 $240W \cdot m^{-2}$，而可被植物利用的太阳光波长为 400～700nm，约为太阳能的 43%，因此光合作用可吸收的太阳能为

$$240W \cdot m^{-2} \times 0.43 = 103W \cdot m^{-2}$$

再考虑玉米种植并非占据所有耕地，最好情况下也只有 80% 的耕地供玉米生长，因此玉米光合作用中可用太阳能继续降低为

$$103W \cdot m^{-2} \times 0.80 = 82W \cdot m^{-2}$$

即 $2.6 \times 10^6 kJ \cdot 年^{-1} \cdot m^{-2}$。

光合作用极其复杂，但从热力学观点看待则简单得多，它就是利用 8 个光子产生一个单体单位碳水化合物的过程。400～700nm 的太阳光，每个光子能量为 $3.6 \times 10^{-19} J$，8mol 光子能量为 $1.7 \times 10^3 J$，光合作用反应式的燃烧热为 $528kJ \cdot mol^{-1}$，即 $1.7 \times 10^3 J$ 的光能可使植物储存 528kJ 的能量，因此可得出光合作用总热力学效率 $528kJ/(1.7 \times 10^3 J) = 0.31$。

发酵过程中，微生物大约用去 18% 的能量，因此最终储存于乙醇中能量为

$$\frac{2.6 \times 10^6 \, kJ}{年 \cdot m^2} \times 0.31 \times 0.55 \times 0.30 \times 0.82 = \frac{1.1 \times 10^5 \, kJ}{年 \cdot m^2}$$

机动车消耗的年平均能量为 $7.0 \times 10^7 kJ$。因此

$$\frac{7.0 \times 10^7 \, kJ}{年 \cdot 车} \times \frac{年 \cdot m^2}{1.1 \times 10^5 \, kJ} = \frac{640 m^2}{车}$$

亦即一辆机动车的燃料若全用来自玉米的乙醇，所需耕地为 $640m^2$。

8. 化学热力学近期发展趋势

（1）化学热力学向非线性非平衡态的发展

对于化学反应，力和流之间的线性关系只在化学反应亲和力很小的情况下才成立，而人们实际关心的大部分化学反应并不满足这样的条件。普里高津及其学派把不可逆过程热力学推广到非线性区域，从而建立了非线性非平衡态热力学。当外界约束强烈，导致它在系统内部引起的响应与它不成线性关系时，系统处于远离平衡的状态，非线性作用可以使系统演化到某种有序的定态，这时系统的熵不仅具有极大值，而且也不再遵循最小熵产生原理，必须研究系统动力学的详细行为。平衡态热力学是 19 世纪的巨大成就，非平衡态热力学则是 20 世纪的成就。进入 21 世纪，非平衡态热力学在理论上和应用上都将会有突破性进展。

（2）生物热力学和热化学的研究

化学热力学在生命科学中占有重要地位。化学热力学中的熵理论在有关生命现象、肿瘤和药物学等生命科学领域中发挥着重要作用，而自由能则在生物大分子结构测定与生物能领域中扮演重要角色。例如，蛋白质结构域的划分在理论与应用上都具有重要意义。20 世纪 90 年代，人们主要根据蛋白质的几何特征对蛋白质结构域进行划分，但这种方法已不能适应现实情况。蛋白质结构域的折叠是自由能变化驱动的，可以用折叠自由能更为合理地对蛋白质结构域进行划分。目前，有关蛋白质折叠的热力学研究成果颇丰。

（3）溶液热力学

有效利用超临界流体和离子液体等绿色化学的重要内容，其中许多关键问题涉及化学热力学。近期，人们在绿色化学中的化学热力学研究方面（包括离子液体的热力学、超临界流体和离子液体绿色溶剂等系统相行为与分子间相互作用热力学、绿色化学反应热力学以及绿色微乳液系统热力学等）取得了明显的进展。

（4）界面和胶体热力学

纳米材料的界面性质与纳微尺度密切相关，对于具有较大比表面的纳米结构材料以及细胞膜来说，研究其界面热力学意义重大，此时界面能和界面自由能扮演着重要的角色。两亲性分子在水中可自组装成各种有序的结构，研究这些结构间的转变（相变）规律对于阐明相关的自然现象和进行应用开发来讲有重要作用。

（5）材料与热力学

各种新型材料不断被人们合成和应用，相关的热力学问题尤其令人关注。在纳米材料的热力学研究方面，人们已取得了可喜的成果。例如，通过对碳纳米管中离子水化和水分子结构的分子模拟，对流体分子在受限空间下的行为及其规律已有所认知。今后，以化学势为主线，对各种外场影响下的热力学研究值得人们重视。

9. 热力学第一定律评介

热力学第一定律是对能量守恒和转换定律的一种表述方式，是热力学三个定律的基础，在生产实际中应用十分广泛，恩格斯称它为"伟大的基本的运动定律"，列宁称它为"唯物主义基本原理的基础"。

能量守恒和转化定律的发现是人类认识自然的一个伟大进步，它揭示自然界是一个互相联系、互相转化的统一体，第一次在空前广阔的领域里把自然界各种运动形式联系起来。能量可以从一种形式转化为另一种形式，而在这种转化的过程中能量的总和保持不变，从而将能的守恒完整而科学地拓展为能量的转化与守恒定律，以近乎系统的形式描绘出一幅自然界联系的清晰图像。在理论上，这个定律的发现对自然科学的发展和建立辩证唯物主义自然观提供了坚实的基础；在实践上，它对于永动机之不可能实现，给予了科学上的最后判决，使人们走出幻想的境界，从而致力于研究各种能量形式相互转化的具体条件，以求最有效地利用自然界提供的各种各样的能源。

能量守恒和转化定律的发现与其他基本物理规律的发现的最大不同之处在于，它不是某一位科学家独立研究而提出的，而是由许多科学家在不同的研究领域分别发现的，到了19世纪40年代前后西欧的四五个国家从事七八种专业的十多位科学家分别通过不同的途径，各自独立地发现了能量守恒与转化规律，而其中最主要的又首推迈尔焦耳和亥姆霍兹的工作，但是这一重要原理的发现者焦耳、迈尔，亥姆霍兹等人都只着重从量上去表述能量守恒，而没有从质上去强调运动的不灭性，恩格斯首先指出了这种表述的不完善性，他认为运动的不灭不能仅仅从数量上去把握，还必须从质的转化上去理解。他指出运动的不生不灭，仅仅从量的方面概括它，这种狭隘的消极的表述日益被那种关于能的转化的积极的表述所代替，在这里，过程的质的内容第一次获得了自己的权利。

热力学第一定律的建立，为自然科学领域增添了崭新的内容，同时也大大推动了哲学理论的前进。现在，随着自然科学的不断发展，能量守恒和转化定律经受了一次又一次的考验，并且在新的科学事实面前不断得到新的充实与发展，特别是相对论中质能关系式的总结，使人们对这一定律的认识又大大地深化了一步，即在能量和质量之间也能发生转换。

热力学第二定律

学习要求

（1）掌握本章热力学基本概念。

（2）掌握热力学第二定律的内容及应用。

（3）掌握基本物理、化学过程中熵变、吉布斯自由能变化、亥姆霍兹自由能变化的基本运算。

（4）掌握热化学中温度变化对反应体系热力学函数影响的各种计算方法。

内容概要

热力学第一定律指出，能量的形式是可以转化的，但能量的总量是不会改变的。热力学第一定律不能说明状态变化在此条件下能否真实发生。

经验表明不需借助外力的自发过程都是有方向性的，同时事实证明一切自发过程都不能自动逆向进行，若要逆向进行必须要借助环境的作用。

一切自发过程均遵循一定的规律，热力学第二定律则研究自发过程的共同特点，判断自发过程变化的方向和限度，旨在说明若变化能发生，进行到什么程度为止，即过程变化的"方向"和"限度"问题。

2.1 自发过程的共同特征——不可逆性

有关自发过程是否为热力学可逆过程的讨论集中在热能否完全转化为功而不引起其他变化。

实践经验表明"功可以完全转化为热，但热不能完全转化为功而不引起其他变化"，即自发变化的共同特征——不可逆性。

2.2 热力学第二定律

2.2.1 热力学第二定律的表述

第二类永动机（second kind of perpetual motion machine） 实践证明第二类永动机是不

可能做成的。

热力学第二定律（second law of thermodynamics）的常用表述：

克劳修斯说法 热传导具有不可逆性；

开尔文说法 热功转化具有不可逆性。

这两种说法是等价的，均可表明自发过程发生的方向，最终都可归结为热传递或热功转化的不可逆性。

寻找一个热力学函数，利用该函数的变化值来判断变化的方向和限度，是热力学第二定律的目的。

2.2.2 熵函数

熵（entropy），用符号 S 表示，单位为 $J \cdot K^{-1}$。即

$$\Delta S \equiv S_2 - S_1 \equiv \frac{Q_{Ri}}{T_i} \tag{2.2.1}$$

或

$$dS \equiv \frac{\delta Q_R}{T} \quad \oint dS \equiv \oint \frac{\delta Q_R}{T} = 0 \tag{2.2.2}$$

熵是一个广度性质，注意只有可逆过程的热量 Q_R 与温度 T 的商才是熵变。

任意过程的热量与温度的商称为热温商，它不一定等于熵变值。

2.2.3 变化方向的判断

克劳修斯不等式（Clausius inequality） 不可逆过程的讨论和不等式的应用。

$$dS - \frac{\delta Q_{实际}}{T_{环}} \geqslant 0，或 \ dS - \frac{\delta Q}{T_{环}} \geqslant 0 \tag{2.2.5}$$

式（2.2.5）亦称为热力学第二定律的数学表达式。

当一个变化过程的始终态确定后，过程中体系的热温商和体系的 ΔS 比较结果可判定体系不可能发生热温商大于 ΔS 的过程。

2.2.4 熵增加原理

环境的热温商（熵）

$$-\delta Q_{实际} = (\delta Q_R)_{环}$$

$$\frac{-\delta Q_{实际}}{T_{环}} = \left(\frac{\delta Q_R}{T}\right)_{环} = dS_{环}$$

熵增加原理（principle of entropy increasing）

当体系进行的实际过程是一个绝热过程，则热温商为零，克劳修斯不等式为

$$dS_{绝热} \geqslant 0 \quad 或 \ \Delta S_{绝热} \geqslant 0$$

这就是说，在绝热体系中只能发生 $\Delta S \geqslant 0$ 的变化。绝热体系中不可能发生 $\Delta S < 0$ 的变化。

在绝热体系中熵只增不减的原理称为**熵增加原理**。

一个自发变化过程中，体系要由非平衡态向平衡态变化（方向）直至体系的熵函数最大为止（限度）。

熵判据

在绝热条件下或孤立体系中，可以用熵增加值 ΔS 来判断体系进行的过程是否为可逆。

$$dS_体 + dS_环 \geqslant 0, \quad 或 \quad dS_孤立 \geqslant 0 \tag{2.2.7}$$

式（2.2.7）也是熵增加原理的数学表达式，即将与体系有物质能量交换的环境全部加入到体系，从而构成一个孤立体系。

对于一个任意的变化可以通过分别计算体系的熵变和环境的熵变，由两者的总和来判断变化的方向与限度。

$$\Delta S_孤立 \geqslant 0$$

其中等号为可逆过程，不等号为自发过程。

2.3 熵变的计算与应用

由于熵是状态函数，因此在求熵变时对任何过程均可设计为一些可逆过程的组合，只要组合过程最后的始终态与所求过程相同，即可利用熵变的定义来计算。

2.3.1 等温过程

等温过程的定义及熵变计算

$$\Delta S = S_2 - S_1 = \int_1^2 \frac{\delta Q_R}{T} = \frac{Q_R}{T}$$

2.3.1.1 理想气体的等温过程

$$\Delta S = nR\ln\frac{V_2}{V_1} = nR\ln\frac{p_1}{p_2} \tag{2.3.1}$$

2.3.1.2 理想气体的等温混合过程

① 设定在一定温度和压力下，气体混合过程中体系总熵变相当于每种气体分别发生体积改变时的熵变之和：

$$\Delta S_混合 = \sum_i n_i R\ln\left(\frac{V_2}{V_1}\right)_i = \sum_i n_i R\ln\left(\frac{V_总}{V_i}\right)_i = \sum_i n_i R\ln\frac{1}{x_i} = -\sum_i n_i R\ln x_i \tag{2.3.2}$$

式中，x_i 是 i 物质在体系中占的物质的量分数。

② 混合过程是在恒温条件下，每种气体初始体积与混合后在混合物中占有的体积相等时的混合过程，则总熵变相当于每种气体分别发生压力改变时引起的熵变之总和。

$$\Delta S_混合 = \sum_i n_i R\ln\left(\frac{p_1}{p_2}\right)_i = \sum_i n_i R\ln\left(\frac{p_1}{p_2}\right)_i = -R\sum_i n_i\ln x_i \tag{2.3.3}$$

2.3.1.3 相变过程

可逆相变的定义及熵变的计算

$$\Delta S_相变 = \frac{n\Delta_相变 H_m}{T} \tag{2.3.4}$$

若相变是不可逆发生的，要设计一个对应的可逆过程来计算。

2.3.2 变温过程

2.3.2.1 恒压变温过程

恒压过程的定义及熵变的计算

$$\Delta S = \int_{T_1}^{T_2} \frac{C_{p,m}}{T} dT \qquad (2.3.5)$$

或
$$\Delta S = C_{p,m} \ln \frac{T_2}{T_1} \qquad (2.3.6)$$

式(2.3.6)适用于 $C_{p,m}$ 不随温度变化而变化的过程。

2.3.2.2 恒容变温过程

恒容过程的定义及熵变的计算

$$\Delta S = \int_{T_1}^{T_2} \frac{C_{V,m} dT}{T} \qquad (2.3.7)$$

或假定 $C_{V,m}$ 不随温度变化而变化

$$\Delta S = C_{V,m} \ln \frac{T_2}{T_1} \qquad (2.3.8)$$

2.4 熵的本质

混乱度的讨论 由分子运动论可知,热是分子混乱运动的一种表现,是与分子的无规则热运动相联系的。而功是分子有序运动的结果,功与有方向性的运动有联系。

因此我们不难发现孤立体系的混乱度变得越大,其熵变 ΔS 亦越大。熵是体系混乱度的一个标志,体系越混乱,熵值越大。

热力学概率 Ω 一种分布的微观状态数为给定的宏观状态的热力学概率。

波尔兹曼(Boltzmann)公式 在自发过程中体系的热力学概率与体系的熵一样均趋于增加,因此二者必有正比关系。而对于两个独立的体系,其熵具有加和性,根据概率定理,两体系的热力学概率具有乘积性,即

$$S \propto \ln\Omega, \text{ 或 } S = k\ln\Omega \qquad (2.4.1)$$

式(2.4.1)称为**波尔兹曼(Boltzmann)公式**,式中,k 为波尔兹曼常数。

热力学第二定律的本质 从微观的角度看,熵是体系微观状态数(混乱度)的一种标志。在孤立体系中发生一个自发变化时,体系的混乱度增加,使得体系总的微观状态数增加,因此体系的热力学概率增加,熵也增加。当混乱度增大至最大值时,熵值也最大,体系达到平衡。这就是熵增加原理,也称为熵的本质或热力学第二定律的本质。

2.5 热力学第三定律和物质的标准熵

2.5.1 热力学第三定律

熵是体系混乱度的标志,体系混乱度越低,熵值就越低。同时随着温度的下降,体系的熵值也会进一步下降。

能斯特热定理(Nernst heat theorem)

理查兹(T W Richards)通过实验发现凝聚体系中一些原电池在反应温度下降时 ΔH 与 ΔG 渐趋相等。能斯特(H. W. Nernst)提出当温度趋于 0K 时凝聚体系的恒温过程的熵变趋于零。

$$\lim_{T \to 0} \Delta S = 0 \qquad (2.5.1)$$

热力学第三定律 （third law of thermodynamics）

普朗克（M Plank）在**能斯特热定理**的基础上假设：0K 时纯固体和纯液体的熵值为零

路易斯（Lewis）和吉布森（Gibson）进一步指出：0K 时只有纯物质的完美晶体其熵值等于零。

热力学第三定律的文字表述：0K 时任何完美晶体的熵为零。

$$S^*(0K) = 0 \tag{2.5.2}$$

讨论：

首先，热力学第三定律是假设 0K 时纯物质的完美晶体其熵值等于零。

第二，热力学第三定律适用于纯物质，固态溶液由于不是纯物质，0K 时其熵值不为零。

第三，所谓完美晶体是指分子在体系中按照一定规律重复排列，没有任何的杂质和缺陷。

此外如玻璃态物质、过冷液体，热力学第三定律对其均不适用。

由热力学第三定律可得到如下两个重要的推论。

① 温度趋于 0K 时，凝聚相纯物质的热容趋于零。

② 0K 不能通过有限步骤达到。目前利用绝热和去磁技术可达到的最低温度是 2×10^{-5}K。

2.5.2 规定熵

对于 1mol 纯物质的恒压变温过程（温度变化 0→T）：

$$S_T = \int_0^T \frac{C_{p,m}}{T} dT$$

称为物质在温度 T 时的**规定熵**（conventional entyopy）。

S_T 可由实验测得不同 T 时的 $\dfrac{C_{p,m}}{T}$ 值进行计算。如果在 0～T 温度范围内物质有如下变化：

$$晶体(I,0K) \rightarrow 晶体(I,T_f) \rightarrow 液体(l,T_f) \rightarrow 液体(l,T_B) \rightarrow 气体(g,T_B) \rightarrow 气体(g,T)$$

则温度为 T 时 1mol 气体的规定熵为

$$S_m(T) = \int_0^{T'} \frac{\alpha T^3}{T} dT + \int_{T'}^{T_f} \frac{C_{p,m}(I)}{T} dT + \frac{\Delta_{fus} H_m}{T_f} + \int_{T_f}^{T_b} \frac{C_{p,m}(l)}{T} dT + \frac{\Delta_{vap} H_m}{T_b} + \int_{T_b}^{T} \frac{C_{p,m}(g)}{T} dT \tag{2.5.3}$$

2.5.3 标准熵

如果上述确定规定熵的条件是在标准状态下，则所得的规定熵称为标准熵，用符号 $S_m^\ominus(T)$ 来表示。通常手册中可以查得的标准熵是 298.15K 时的数值。

任意温度下的标准熵为

$$S_m^\ominus(T) = S_m^\ominus(298) + \int_{298.15K}^T \frac{C_{p,m}}{T} dT \tag{2.5.4}$$

2.5.4 化学反应熵变

(1) 摩尔反应熵变

设有化学反应 $d\text{D}(l) + e\text{E}(s) \longrightarrow g\text{G}(l) + h\text{H}(g)$，则在标准状态下，摩尔反应熵变为

$$\Delta_r S_m^\ominus = [g S_m^\ominus(\text{G},l) + h S_m^\ominus(\text{H},g)] - [d S_m^\ominus(\text{D},l) + e S_m^\ominus(\text{E},s)] = \sum_B \nu_B S_m^\ominus(\text{B}) \tag{2.5.5}$$

（2）任意反应温度下的 $\Delta_r S_m^\ominus(T)$ 计算

$$\Delta_r S_m^\ominus(T) = \Delta_r S_m^\ominus(298.15) + \int_{298.15}^{T} \frac{\Delta_r C_{p,m}}{T} dT \qquad (2.5.6)$$

注意式（2.5.4）和式（2.5.6）在温度 298.15K 至 T 区间所有物质应该均无相变的，若有相变，则要分段积分，且要加上相变所产生的熵变。

2.6 亥姆霍兹自由能和吉布斯自由能

热力学第二定律要解决的问题是变化的方向和限度。对于任意过程，要求分别计算体系和环境的熵变，或计算体系的熵变与体系的热温商才能判断过程进行的方向和限度。可见用熵判据判断变化方向和限度有时比较复杂。

由于化学反应通常是在非体积功 $W'=0$ 的恒 T、p 或恒 T、V 条件下进行的，因此有必要引入新的热力学函数代替熵判据作为该特定条件下方向与限度的判据。

热力学第一定律和第二定律联合数学表达式：

$$T_环 \, dS - dU \geqslant -\delta W \qquad (2.6.1)$$

2.6.1 亥姆霍兹自由能

对恒温体系有 $T_环 dS = d(TS)$。则

$$d(TS) - dU \geqslant -\delta W$$

或

$$-d(U-TS) \geqslant -\delta W \qquad (2.6.2)$$

定义 $F \equiv U - TS$，称为**亥姆霍兹自由能**（Helmholtz free energy，也称亥姆霍兹函数或功函），F 是广度性质的状态函数，也可用"A"表示。

式（2.6.2）可写作

$$dF_T \leqslant \delta W \qquad (2.6.4)$$

等号为可逆过程，不等号为不可逆过程。

亥姆霍兹自由能的讨论如下。

（1）恒温体系

恒温时体系亥姆霍兹自由能的变化量总是等于体系在可逆过程所做的总功 W_R，总是小于体系在不可逆过程所做的总功 W。有

$$\Delta F = W_R，可逆过程$$
$$\Delta F < W，不可逆过程$$

（2）恒温恒容体系

由于无体积功，则式（2.6.4）可写作

$$dF_{T,V} \leqslant \delta W' \qquad (2.6.5)$$

同样有

$$dF_{T,V} = \delta W'_R，可逆过程$$
$$dF_{T,V} < W'，不可逆过程$$

即恒温恒容时体系亥姆霍兹自由能的变化总是等于体系在可逆过程中所做的最大有用功 W'_R，总是小于体系在不可逆过程中所做的有用功 W'。

（3）判据的应用讨论

对于恒温恒容无其他功的体系，由于 $\delta W'=0$，可知

$$dF_{T,V,W'=0} \leqslant 0 \tag{2.6.6}$$

式(2.6.6)是恒温恒容且无其他功条件下体系变化方向及限度的判据。

在此条件下发生一不可逆过程，则必定沿着 ΔF 减小的方向进行，到 $\Delta F = 0$ 为止。$\Delta F = 0$ 的状态是体系的平衡态，此时发生的过程是可逆过程。

在此条件下不可能发生 $\Delta F > 0$ 的过程。

2.6.2　吉布斯自由能

对于一个恒温恒压的过程，有 $T_{环}\,dS = d(TS)$，$\delta W = -p_{外}\,dV + \delta W' = -p\,dV + \delta W'$，则式(2.6.1)可写作

$$d(TS) - dU - p\,dV \geqslant -\delta W'$$
$$d(TS) - dH \geqslant -\delta W'$$

或

$$-d(H - TS) \geqslant -\delta W' \tag{2.6.7}$$

定义 $G \equiv H - TS$，称 G 为**吉布斯自由能**（Gibbs free energy）、吉布斯函数或吉布斯自由焓。G 亦为状态函数且为广度性质。

式(2.6.7)可写作

$$dG_{T,p} \leqslant \delta W' \tag{2.6.8}$$

等号为可逆过程，不等号为不可逆过程。

吉布斯自由能的讨论如下。

（1）恒温恒压体系

恒温恒压时体系吉布斯自由能的变化量总是等于体系在可逆过程中所做的最大有用功 W'_R，总是小于体系在不可逆过程中所做的有用功 W'。

（2）判据应用的讨论

对于恒温恒压无其他功的体系，由于 $W = 0$，可知

$$dG_{T,p,W'=0} \leqslant 0 \tag{2.6.9}$$

式(2.6.10)是恒温恒压且无其他功的条件下体系变化方向及限度的判据。

在此条件下发生一不可逆过程，则必定沿着 ΔG 减小的方向进行，到 $\Delta G = 0$ 为止。$\Delta G = 0$ 的状态是体系的平衡态，此时发生的过程是可逆过程。

在此条件下不可能发生 $\Delta G > 0$ 的过程。

2.6.3　热力学判据总结

至此我们介绍了 U、H、S、F 和 G 五个状态函数，其中 U 和 S 是基本函数，H、F 和 G 是定义的辅助函数。在特定条件下它们均能作为过程变化的方向和限度的判据。

由于在判据引出时其前提是封闭体系，因此所有的判据均适用于封闭体系。五个状态函数中以 S、F 和 G 作为判据最为常用。

（1）熵判据

$$dS_{U,V} \quad \begin{cases} > 0 & \text{不可逆过程（自发过程）} \\ = 0 & \text{可逆过程（平衡）} \\ < 0 & \text{不可能进行} \end{cases}$$

熵判据必须是孤立体系，因此除了考虑体系熵变外还要考虑环境熵变，孤立体系的自发过程熵增加，增加到极限时熵值不变，自发过程达到了它的限度即平衡。

（2）亥姆霍兹自由能判据

$$\mathrm{d}F_{T,V,W'=0} \begin{cases} <0 & \text{不可逆过程（自发过程）} \\ =0 & \text{可逆过程（平衡）} \\ >0 & \text{不可能进行} \end{cases}$$

亥姆霍兹自由能判据必须是封闭体系恒温恒容无其他功才适用，或恒温不作任何功才适用。这并不是意味着只有恒温恒容才有 ΔF，体系的状态只要发生变化，作为状态函数，F 值必定要改变，即有 ΔF。但是只有恒温恒容无其他功时的 ΔF 才能作为判据用以判断变化的方向。

恒温不作任何功时体系总是朝着亥姆霍兹自由能减小的方向进行，减少到极限，不能再减少时则体系达到平衡。这并不是说 $\Delta F>0$ 的过程不能进行，而是在恒温不作任何功时不能发生 $\Delta F>0$ 的过程。

（3）吉布斯自由能判据

$$\mathrm{d}G_{T,p,W'=0} \begin{cases} <0 & \text{不可逆过程（自发过程）} \\ =0 & \text{可逆过程（平衡）} \\ >0 & \text{不可能进行} \end{cases}$$

吉布斯自由能判据必须是封闭体系恒温恒压无其他功时才适用。同样这并不意味着只有恒温恒压无其他功才有 ΔG，体系的状态只要发生变化，作为状态函数，G 值必定要有变化，即有 ΔG。但是只有恒温恒压无其他功时的 ΔG 才能作为判据用于判断变化的方向。

恒温恒压无其他功时体系总是朝着吉布斯自由能减少的方向进行，减少到极限，不能再减少时则体系达到平衡。这并不是说 $\Delta G>0$ 的过程不能进行，而是在恒温恒压不作非体积功时不能发生 $\Delta G>0$ 的过程。

2.7　ΔG 计算讨论

ΔG 作为等温等压下非体积功为零时的变化方向和限度的判据，是一个很重要的热力学函数。ΔG 的计算公式只有在可逆过程时才成立，对不可逆过程要设计可逆过程才能求算。

2.7.1　恒温过程

由 G 函数的定义 $G=H-TS$ 可知：

$$\Delta G=\Delta H-T\Delta S$$

恒温只作体积功时的简单物理变化，$\mathrm{d}T=0$，$\delta W'=0$，有

$$\mathrm{d}G=V\mathrm{d}p$$

$$\Delta G=\int_{p_1}^{p_2}V\mathrm{d}p \tag{2.7.1}$$

对理想气体，式（2.7.1）变为

$$\Delta G=\int_{p_1}^{p_2}\frac{nRT}{p}\mathrm{d}p=nRT\ln\frac{p_2}{p_1} \tag{2.7.2}$$

对凝聚体系，由于凝聚体系具有不可压缩性，式（2.7.2）变为

$$\Delta G=\int_{p_1}^{p_2}V\mathrm{d}p=V(p_2-p_1) \tag{2.7.3}$$

2.7.2　相变过程

如果相变是在恒 T、p、$W'=0$ 时进行的可逆相变，则 $\Delta G=0$；若是恒 T、p、$W'=0$ 时进行的不可逆相变，则要设计一个始终态相同的可逆过程进行计算。

2.7.3　化学反应的 ΔG

通常反应是在恒温恒压下进行的，因此可以用 ΔG 来判断反应的方向和限度。

标准状态下的摩尔反应体系有

$$\Delta_r G_m^{\ominus} = \Delta_r H_m^{\ominus} - T\Delta_r S_m^{\ominus} \tag{2.7.4}$$

运用式(2.7.4)可求任何反应温度的 $\Delta_r G_m^{\ominus}$。由 298.15K 的数值求任意温度下的 $\Delta_r G_m^{\ominus}$ 换算到任何温度 T 时的数值，则

$$\Delta_r G_m^{\ominus} = \Delta_r H_m^{\ominus}(298.15\mathrm{K}) + \int_{298.15}^{T} \Delta_r C_p \mathrm{d}T - T\Delta_r S_m^{\ominus}(298.15) - T\int_{298.15}^{T} \frac{\Delta_r C_p}{T}\mathrm{d}T \tag{2.7.5}$$

2.8　热力学函数间的一些重要关系式

适用于组成不变只做体积功的封闭体系中发生的变化，不能适用于敞开体系及组成可变的封闭体系（即有化学变化或相变化的封闭体系）。

2.8.1　基本公式

热力学基本函数之间的定义

$$H = U + pV$$
$$F = U - TS$$
$$G = H - TS$$

热力学的四个基本公式

$$\mathrm{d}U = T\mathrm{d}S - p\mathrm{d}V \tag{2.8.1}$$
$$\mathrm{d}H = T\mathrm{d}S + V\mathrm{d}p \tag{2.8.2}$$
$$\mathrm{d}F = -S\mathrm{d}T - p\mathrm{d}V \tag{2.8.3}$$
$$\mathrm{d}G = -S\mathrm{d}T + V\mathrm{d}p \tag{2.8.4}$$

由此可得其他一些热力学公式

$$T = \left(\frac{\partial U}{\partial S}\right)_V = \left(\frac{\partial H}{\partial S}\right)_p \tag{2.8.5}$$

$$p = \left(\frac{\partial U}{\partial V}\right)_S = \left(\frac{\partial F}{\partial V}\right)_T \tag{2.8.6}$$

$$V = \left(\frac{\partial H}{\partial p}\right)_S = \left(\frac{\partial G}{\partial p}\right)_T \tag{2.8.7}$$

$$S = -\left(\frac{\partial F}{\partial T}\right)_V = -\left(\frac{\partial G}{\partial T}\right)_p \tag{2.8.8}$$

式(2.8.5)~式(2.8.8)给出了一个热力学函数随另一变量的变化率与某一状态性质在数值上的等量关系。在热力学推导过程中及处理实际问题时很有用处，如求 ΔG 随温度压力的变化率等。

吉布斯-亥姆霍兹方程：

由式(2.8.8)得到体系状态发生变化时

$$\left(\frac{\partial \Delta G}{\partial T}\right)_p = -\Delta S \tag{2.8.9}$$

由于恒温时 $\Delta G = \Delta H - T\Delta S$，得

$$\left(\frac{\partial \Delta G}{\partial T}\right)_p = \frac{\Delta G - \Delta H}{T} \tag{2.8.10}$$

或

$$\left[\frac{\partial \left(\dfrac{\Delta G}{T}\right)}{\partial T}\right]_p = -\frac{\Delta H}{T^2} \tag{2.8.11}$$

称为吉布斯-亥姆霍兹方程，由此可求得不同 T 时的 ΔG，为计算 ΔG 随温度变化的基本公式。

ΔG 随压力的变化：

等温时由式（2.8.7）可得

$$\left(\frac{\partial \Delta G}{\partial p}\right)_T = \Delta V \tag{2.8.12}$$

积分可得

$$\Delta G_2 = \Delta G_1 + \int_{p_1}^{p_2} \Delta V \mathrm{d}p \tag{2.8.13}$$

若知道 ΔV 与 p 的关系，则可求出恒温时不同压力下的 ΔG。

2.8.2　麦克斯韦关系式

若设 Z 为体系的一个状态函数，且是 x、y 两个变量的函数，$Z = Z(x, y)$，Z 的全微分可写作

$$\begin{aligned}
\mathrm{d}Z &= \left(\frac{\partial Z}{\partial x}\right)_y \mathrm{d}x + \left(\frac{\partial Z}{\partial y}\right)_x \mathrm{d}y \\
&= M\mathrm{d}x + N\mathrm{d}y
\end{aligned}$$

显然 M 和 N 亦是 x、y 的函数。如果求 Z 的二阶偏导数有

$$\frac{\partial^2 Z}{\partial y \partial x} = \left(\frac{\partial M}{\partial y}\right)_x \qquad \frac{\partial^2 Z}{\partial x \partial y} = \left(\frac{\partial N}{\partial x}\right)_y$$

因此有

$$\left(\frac{\partial M}{\partial y}\right)_x = \left(\frac{\partial N}{\partial x}\right)_y$$

即麦克斯韦关系式（Maxwell's relations）

由四个基本公式可得

$$\left(\frac{\partial T}{\partial V}\right)_S = -\left(\frac{\partial p}{\partial S}\right)_V \tag{2.8.14}$$

$$\left(\frac{\partial T}{\partial p}\right)_S = \left(\frac{\partial V}{\partial S}\right)_p \tag{2.8.15}$$

$$\left(\frac{\partial S}{\partial V}\right)_T = \left(\frac{\partial p}{\partial T}\right)_V \tag{2.8.16}$$

$$-\left(\frac{\partial S}{\partial p}\right)_T = \left(\frac{\partial V}{\partial T}\right)_p \tag{2.8.17}$$

以上四式均称为麦克斯韦关系式。

利用这些热力学函数间的关系式可以用实验易于测定的偏微商如式（2.8.16）中 $\left(\dfrac{\partial p}{\partial T}\right)_V$，来代替那些不易由实验直接测定的偏微商，如 $\left(\dfrac{\partial S}{\partial V}\right)_T$，并进行数学证明计算。

1. 理想气体等温膨胀过程中 $\Delta U = 0$，$Q = -W$，即膨胀过程中体系所吸收的热全部变成了功，这是否违反热力学第二定律？为什么？

2. "一切熵增加过程都是自发的；而熵值减少的过程不可能发生。"这种说法对吗？

3. 理想气体自由膨胀过程，$\Delta T = 0$、$Q = 0$，因此，$\Delta S = Q/T = 0$，此结论对吗？为什么？

4. 熵是状态函数，它的变化与过程性质无关，为什么熵变值又能作为过程性质的判据？

5. 在相同的始态和终态之间，分别进行可逆过程和不可逆过程，二者对系统所引起的熵变是否相同？为什么？可逆过程与不可逆过程所引起后果的差别表现在什么地方？

6. 系统若发生了绝热不可逆过程，是否可以设计一个绝热过程来计算它的熵变？

7. 绝热过程和等熵过程是否是一样的？

8. 试根据熵的统计意义定性地判断下列过程中系统的熵变大于零还是小于零？

（1）水蒸气冷凝结为水；

（2）$CaCO_3(s) \longrightarrow CaO(s) + CO_2(g)$；

（3）乙烯聚合成聚乙烯；

（4）气体在催化剂表面上吸附；

（5）HCl 气体溶于水生成盐酸。

9. 如果一个化学反应的 $\Delta_r H_m$ 在一定的温度范围内可以近似看作不随温度变化，则其 $\Delta_r S_m$ 在此温度范围内也与温度无关。这种说法有无道理？

10. 指出下列过程中，ΔU，ΔH，ΔS，ΔF，ΔG 何者为零？

（1）H_2 和 O_2 气在绝热钢瓶中发生反应；

（2）液态水在 373.15K 和 $p^\ominus$ 压力下蒸发为水蒸气；

（3）理想气体向真空自由膨胀；

（4）理想气体绝热可逆膨胀；

（5）理想气体等温可逆膨胀。

11. 请指出在标准压力下，下列反应在什么温度下可以自发进行？

（1）$1/2O_2(g) + 1/2N_2(g) \longrightarrow NO(g)$ $\Delta_r H_m^\ominus = 90.3 kJ \cdot mol^{-1}$，$\Delta_r S_m^\ominus = 3.0 J \cdot K^{-1} \cdot mol^{-1}$

（2）$2NO_2(g) \longrightarrow N_2O_4(g)$ $\Delta_r H_m^\ominus = -58.0 kJ \cdot mol^{-1}$，$\Delta_r S_m^\ominus = -177 J \cdot K^{-1} \cdot mol^{-1}$

（3）$H_2O_2(l) \longrightarrow H_2O(l) + 1/2O_2(g)$ $\Delta_r H_m^\ominus = -98.3 kJ \cdot mol^{-1}$，$\Delta_r S_m^\ominus = 80.0 J \cdot K^{-1} \cdot mol^{-1}$

（4）核糖核酸酶由天然态 $\longrightarrow$ 变性态的热力学函数随 pH 而变：

pH 为 1.13 时，变性过程 $\Delta_r H_m^\ominus = 253.2 kJ \cdot mol^{-1}$，$\Delta_r S_m^\ominus = 0.848 kJ \cdot K^{-1} \cdot mol^{-1}$；

pH 为 3.5 时，$\Delta_r H_m^\ominus = 222.6 kJ \cdot mol^{-1}$，$\Delta_r S_m^\ominus = 0.639 J \cdot K^{-1} \cdot mol^{-1}$

（5）肌红蛋白变性过程 $\Delta_r H_m^\ominus = 176.4 kJ \cdot mol^{-1}$，$\Delta_r S_m^\ominus = 399 J \cdot K^{-1} \cdot mol^{-1}$。

思考题解答

1. 此处仅讨论说明了体系本身的热力学第一定律的结果。

简析：在膨胀过程中体系发生变化：对环境输出体积功并从环境获取热形式的能量；而环境获取功损失了热效应。

开尔文说法着重强调了"是否引起其他变化"。

2. 不对。

简析：熵增原理只适用于绝热体系或孤立体系。由克劳修斯不等式的讨论也知此说法错误。

3. 不对。

简析：由熵变的定义式或克劳修斯不等式可知，仅在可逆过程中的计算有相等关系。

4. 简析：熵判据的应用是依据克劳修斯不等式来进行讨论的，是与热温商进行对比而判定过程性质。

5. 相同。

简析：因为熵是状态函数。

某一具体过程不同，与过程相关的热力学变化的量值的计算会有差别，但总过程的加和结果相同。

6. （普遍情形下）不可以。

简析：经常采用的方法是设计一系列等效的可逆过程来计算熵变。若仅设计一个可逆绝热过程是不能计算的。

熵变也可由其他状态函数计算。

7. 不一定。

简析：绝热可逆过程是等熵过程，但等熵过程不一定是绝热过程。

8. （1）<0；（2）>0；（3）<0；（4）<0；（5）<0（气体的熵值一般大于溶液中的离子态的熵）

9. 有。

简析：由基尔霍夫定律讨论可知，该反应系统的等压热容变化值为零，所以两者均与温度无关。

10. 简析：

（1）ΔU　　（热力学第一定律）

（2）ΔG　　（平衡可逆相变）

（3）ΔU　　ΔH（热力学第一定律、等温过程）

（4）ΔS　　　（可逆过程的熵变与热温商）

（5）ΔU　　ΔH（焦耳定律和理想气体）

11. 简析：由 $\Delta_r G = \Delta_r H - T\Delta_r S$ 知（可估算转折温度），等温等压且不做非体积功时初步判断：

（1）高于某温度下自发进行。

（2）低于某温度下自发进行。

（3）所有温度下自发进行。

（4）均为高于某温度下自发进行（后者略高）。

（5）高于某温度下自发进行（相对较低的温度即可）。

习题解答

1. 2mol 298K、$5dm^3$ 的 He(g)，经过下列可逆变化：

（1）等温压缩到体积为原来的一半；

（2）再等容冷却到初始的压力。

求此过程的 Q、W、ΔU、ΔH 和 ΔS。已知 $C_{p,m}(\text{He,g}) = 20.8 \text{J} \cdot \text{K}^{-1} \cdot \text{mol}^{-1}$。

【解题思路】多过程组合计算题。利用热力学第一定律和热、功的定义计算，利用热焓和熵变的定义计算；设为理想气体。

解：体系变化过程可表示为

$$\text{初态} \xrightarrow{\text{1 等温压缩}} \text{终态 1} \xrightarrow{\text{2 等容冷却}} \text{终态}$$

$$W = W_{1\text{等温}} + W_{2\text{等容}} = nRT\ln\frac{V_2}{V_1} + 0 = 2 \times 8.314 \times 298 \times \ln 0.5 = -3435\text{J}$$

$$Q = Q_{1\text{等温}} + Q_{2\text{等容}} = W_1 + \Delta U_2 = -3435 + nC_{V,\text{m}}\Delta T = -3435 + nC_{V,\text{m}}(298 - 298/2)$$
$$= -3435 + (-3716) = -7151\text{J}$$

$$\Delta U = \Delta U_1 + \Delta U_2 = 0 + \Delta U_2 = -3716\text{J}$$

$$\Delta S = \Delta S_{1\text{等温}} + \Delta S_{2\text{等容}} = nR\ln\frac{V_2}{V_1} + \int_{T_1}^{T_2} nC_{V,\text{m}}\frac{\text{d}T}{T}$$
$$= 2 \times 8.314 \times \ln 0.5 + 2 \times 1.5 \times 8.314 \times \ln 0.5 = -2818\text{J} \cdot \text{K}^{-1}$$

$$\Delta H = 0$$

2. 10mol 理想气体从 40℃冷却到 20℃，同时体积从 250dm³ 变化到 50dm³。已知该气体的 $C_{p,\text{m}} = 29.20\text{J} \cdot \text{K}^{-1} \cdot \text{mo}^{-1}$，求 ΔS。

【解题思路】为一实际过程，应用赫斯定律，需设计一等效可逆过程，进行等温和等容过程的熵变计算。

解：由赫斯定律知，可假设体系发生如下两个可逆变化过程

$$\boxed{\begin{array}{c} 250\text{dm}^3 \\ 40℃ \end{array}} \xrightarrow[\Delta S_1]{\text{等温}} \boxed{\begin{array}{c} 50\text{dm}^3 \\ 40℃ \end{array}} \xrightarrow[\Delta S_2]{\text{等容}} \boxed{\begin{array}{c} 50\text{dm}^3 \\ 40℃ \end{array}}$$

已知 $C_{V,\text{m}} = C_{p,\text{m}} - R$

则体系的熵变为：

$$\Delta S = \Delta S_1 + \Delta S_2 = nR\ln\frac{V_2}{V_1} + \int_{T_1}^{T_2} nC_{V,\text{m}}\frac{\text{d}T}{T}$$

$$= 10 \times 8.314 \times \ln\frac{50}{250} + 10 \times (29.20 - 8.314) \times \ln\frac{273.15 + 20}{273.15 + 40}$$

$$= -147.6\text{J} \cdot \text{K}^{-1}$$

3. 2mol 某理想气体（$C_{p,\text{m}} = 29.36\text{J} \cdot \text{K}^{-1} \cdot \text{mol}^{-1}$）在绝热条件下由 273.2K、1.0MPa 膨胀到 203.6K、0.1MPa，求该过程的 Q、W、ΔU、ΔH 和 ΔS。

【解题思路】设定为绝热可逆过程和应用热力学第一定律，计算热效应和功；利用焦耳定理和变温过程热力学总能和热焓定义式进行计算；设计一等效过程（变温和变压）计算熵变值。

解：

$$\boxed{\begin{array}{c} 273.2\text{K} \\ 1.0\text{MPa} \end{array}} \xrightarrow[\text{膨胀}]{\text{绝热}} \boxed{\begin{array}{c} 203.6\text{K} \\ 0.1\text{MPa} \end{array}}$$

$\because C_{p,\text{m}} = 29.36\text{J} \cdot \text{K}^{-1} \cdot \text{mol}^{-1}$

$\therefore C_{V,\text{m}} = 29.36 - 8.314 = 21.046\text{J} \cdot \text{K}^{-1}$

且绝热过程 $Q = 0$，

$$\Delta U = \int_{T_1}^{T_2} nC_{V,\text{m}}\text{d}T = 2 \times 21.046 \times (203.6 - 273.2) = -2930\text{J}$$

$$W = \Delta U = -2930\text{J}$$

$$\Delta H = \int_{T_1}^{T_2} nC_{p,\text{m}}\text{d}T = 2 \times 29.36 \times (203.6 - 273.2) = -4087\text{J}$$

设计等温和等压的等效过程（参见题 2）

$$\Delta S = nR\ln\frac{p_1}{p_2} + \int_{T_1}^{T_2} nC_{p,\mathrm{m}}\frac{\mathrm{d}T}{T}$$

$$= 2\times 8.314\times\ln\frac{1000000}{100000} + 2\times 29.36\times\ln\frac{203.6}{273.2}$$

$$= 21.02\mathrm{J\cdot K^{-1}}$$

4. 有一带隔板的绝热恒容箱，在隔板两侧分别充以不同温度的 H_2 和 O_2，且 $V_1=V_2$，若将隔板抽去，试求算两种气体混合过程的 ΔS（假设此两种气体均为理想气体）。

1mol O_2	1mol H_2
10℃，V_1	20℃，V_2

【解题思路】为一实际过程。利用赫斯定律，设计等效的恒容变温（计算终态温度）和恒温气体混合过程，利用熵变的定义计算各个分过程的熵变，求体系的总熵变值。

解：设计过程：先由体系内能量交换变温，再等温混合来计算总熵变。

O_2 与 H_2 均为双原子分子理想气体，故均有 $C_{V,\mathrm{m}}=5R/2$，设终温为 T，

由题意知体系的 $\qquad\qquad \Delta U = \Delta U_{H_2} + \Delta U_{O_2} = 0$

则 $\qquad\qquad nC_{V,\mathrm{m}}(H_2)(T-293.2) + nC_{V,\mathrm{m}}(O_2)(T-283.2) = 0$

得 $\qquad\qquad\qquad\qquad T = 288.2\mathrm{K}$

设计体系的混合为以下三个过程进行：

$$\begin{array}{l}\text{1mol } O_2\ 283.2\mathrm{K} \xrightarrow[\text{①}]{\text{恒容}\ \Delta S_1} \text{1mol } O_2\ T \\[2pt] \text{1mol } H_2\ 293.2\mathrm{K} \xrightarrow[\text{②}]{\text{恒容}\ \Delta S_2} \text{1mol } H_2\ T \end{array} \xrightarrow[\text{③}]{\Delta S_3} \text{在恒温恒压下混合状态}$$

当过程①与②进行后，容器两侧气体物质的量相同，温度与体积也相同，压力也必然相同，即可进行过程③。三步的熵变分别为：

$$\Delta S_1 = C_{V,\mathrm{m}}(O_2)\ln\frac{288.2}{283.2} = \frac{5}{2}\times 8.314\ln\frac{288.2}{283.2} = 0.364\mathrm{J\cdot K^{-1}}$$

$$\Delta S_2 = C_{V,\mathrm{m}}(H_2)\ln\frac{288.2}{293.2} = \frac{5}{2}\times 8.314\ln\frac{288.2}{293.2} = -0.3575\mathrm{J\cdot K^{-1}}$$

$$\Delta S_3 = \Delta S_{H_2} + \Delta S_{O_2} = 2\Delta S_{O_2} = 2\times nR\ln\frac{V_1+V_2}{V_1} = 2\times 1\times 8.314\times\ln 2 = 11.5\mathrm{J\cdot K^{-1}}$$

体系的总熵变 $\qquad \Delta S = 0.364 - 0.3575 + 11.5 = 11.5\mathrm{J\cdot K^{-1}}$

5. 100g 10℃的水与 200g 40℃的水在绝热的条件下混合，求此过程的熵变。已知水的比热容为 $4.184\mathrm{J\cdot K^{-1}\cdot g^{-1}}$。

【解题思路】为一实际过程。利用赫斯定律，设计等效的等压混合过程，计算终态温度；利用熵变定义计算各分体系的熵变值进行解题。

解：设体系进行等压的绝热混合过程，则 $\Delta H = Q = 0$，即 $\Delta H_{吸热} + \Delta H_{放热} = 0$

设 t 为混合后的温度，则有

$$m_1\cdot C(t-t_1) = -m_2\cdot C(t-t_2)$$

由 $\quad \dfrac{t-t_1}{t_2-t} = \dfrac{m_2}{m_1} = \dfrac{200}{100} = 2\quad$ 得 $\quad t-10 = 2(40-t)$，故

$$t = 30℃ = 303.15\mathrm{K}$$

体系的总熵变

$$\Delta S = 100C_p \ln \frac{303.15}{283.15} + 200C_p \ln \frac{303.15}{313.15} = 1.40 \text{J} \cdot \text{K}^{-1}$$

6. 过冷 $CO_2(l)$ 在 $-59℃$ 时其蒸气压为 465.96kPa，而同温度下 $CO_2(s)$ 的蒸气压为 439.30kPa。求在 $-59℃$、101.325kPa 下，1mol 过冷 $CO_2(l)$ 变成同温、同压的固态 $CO_2(s)$ 时过程的 ΔS，设压力对液体与固体的影响可以忽略不计（已知过程中放热 $189.54\text{J} \cdot \text{g}^{-1}$）。

【解题思路】为一实际不可逆过程。应用赫斯定律设计一等效过程；利用平衡可逆相变和等温可逆变压过程计算体系的吉布斯自由能变化，再利用已知的焓变值和等温关系式来计算熵变值。

解：设计过程：

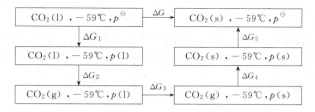

由题意知：$\Delta G_1 \approx 0$，$\Delta G_5 \approx 0$

等温等压可逆相变，有 $\Delta G_2 = 0$，$\Delta G_4 = 0$，则

$$\Delta G = \Delta G_3 = \int_{p(l)}^{p(s)} V \text{d}p = nRT \ln \frac{p(s)}{p(l)} = 1 \times 8.314 \times 214.2 \ln \frac{439.30}{465.96} = -104.9 \text{J}$$

原过程中的焓变 $\Delta H = -189.54 \times 44 = -8339.76\text{J}$，因

$$\Delta G = \Delta H - T \Delta S$$

故 $$\Delta S = (\Delta H - \Delta G)/T = \frac{-8339.76 - (-104.9)}{214.2} = -38.5 \text{J} \cdot \text{K}^{-1}$$

7. $2\text{mol}\ O_2(g)$ 在正常沸点 $-182.97℃$ 时蒸发为 101325Pa 的气体，求此过程的 ΔS。已知在正常沸点时 $O_2(l)$ 的 $\Delta_{vap}H_m = 6.820\text{kJ} \cdot \text{K}^{-1}$。

【解题思路】由题意知该过程为一平衡可逆相变过程，直接利用熵变的定义计算进行解题。

解：由题意知 O_2 在 $p^{\ominus}$，$-182.97℃$ 时的平衡蒸气压为 101.325Pa，且该相变为等温等压可逆相变。

因 $T = 273.15 - 182.97$，$Q = n\Delta_{vap}H_m$，故

$$\Delta S = Q/T = n\Delta_{vap}H_m/T = \frac{2 \times 6.820 \times 10^3}{273.15 - 182.97} = 151 \text{J} \cdot \text{K}^{-1}$$

8. 1mol 水在 $100℃$ 及标准压力下向真空蒸发变成 $100℃$ 及标准压力的水蒸气，试计算此过程的 ΔS，并与实际过程的热温熵相比较以判断此过程是否自发（已知水的蒸发焓 $\Delta_{vap}H_m^{\ominus} = 40.67 \times 10^3 \text{J}$）。

【解题思路】为一不可逆相变过程。设计一等效的平衡可逆相变，利用手册焓变数据直接计算熵变值，利用定义关系式计算热力学总能变化值。利用原过程计算实际真空蒸发的热效应，讨论过程中的热温商判断过程的特性。

解：可设计为可逆的等温等压相变过程进行计算，可知体系的熵变

$$\Delta S = \frac{\Delta_{vap} H_m^{\ominus}}{T} = \frac{40.67 \times 10^3}{373.2} = 108.98 \text{J} \cdot \text{K}^{-1} \cdot \text{mol}^{-1}$$

真空膨胀过程中体积功 $W = 0$，由热力学第一定律知，

$$Q = \Delta U = \Delta H - \Delta(pV)$$
$$\approx \Delta H - nRT = 40.67 \times 10^3 - 8.314 \times 373.2 = 37.567 \text{kJ} \cdot \text{mol}^{-1}$$

可知热温商为
$$Q/T = \frac{37.567}{373.2} = 100.66 \text{J} \cdot \text{K}^{-1} \cdot \text{mol}^{-1}$$

所以 $\Delta S > Q/T$，即此过程为不可逆过程，可自发发生。

9. 1mol 的 $H_2O(l)$ 在 $100℃$，$101325Pa$ 下变成同温同压下的 $H_2O(g)$，然后等温可逆膨胀到 $4 \times 10^4 Pa$，求整个过程的 W，Q，ΔU，ΔH 和 ΔS（已知水的蒸发焓 $\Delta_{vap} H_m = 40.67 \text{kJ} \cdot \text{K}^{-1}$）。

【解题思路】由题意知总过程为两个可逆过程的组合。先计算平衡可逆相变过程中的变化；再设定为理想气体，计算等温可逆膨胀过程中的变化。

解：相变过程中，$W_1 = -p_{外} \Delta V = -p^{\ominus} \left(\frac{nRT}{p^{\ominus}} - \frac{M_{H_2O}}{p_{水}} \right) \approx -nRT = -3.1 \text{kJ}$

$$Q_1 = n\Delta_{vap} H_m = 40.67 \text{kJ}$$

$$\Delta U_1 = Q_1 + W_1 = 37.57 \text{kJ}$$

$$\Delta H_1 = n\Delta_{vap} H_m = 40.67 \text{kJ}$$

$$\Delta S_1 = Q_1/T = \frac{40.67 \times 10^3}{373.15} = 109 \text{J} \cdot \text{K}^{-1}$$

等温过程中，$\Delta U = 0$

$$W_2 = -nRT \ln \frac{p_1}{p_2} = -8.314 \times 373.15 \times \ln \frac{101325}{40000} = -2.883 \text{kJ}$$

$$Q_2 = -W_2 = 2.883 \text{kJ}$$

$$\Delta H_2 = 0$$

$$\Delta S_2 = nR \ln \frac{p_1}{p_2} = 8.314 \times 0.93 = 7.73 \text{J} \cdot \text{K}^{-1}$$

则总过程中体系中

$$W = W_1 + W_2 = 5.983 \text{kJ}$$

$$Q = Q_1 + Q_2 = 40.67 + 2.883 = 43.55 \text{kJ}$$

$$\Delta U = \Delta U_1 = 37.57 \text{kJ}$$

$$\Delta H = \Delta H_1 + \Delta H_2 = 40.67 \text{kJ}$$

$$\Delta S = \Delta S_1 + \Delta S_2 = 116.73 \text{J} \cdot \text{K}^{-1}$$

10. 1mol 0℃ 101325Pa 的理想气体反抗恒定的外压力等温膨胀到压力等于外压力，体积为原来的 10 倍。试计算此过程的 Q、W、ΔU、ΔH、ΔS、ΔG 和 ΔF。

【解题思路】利用理想气体方程和原过程计算过程中的体积功和热效应。利用赫斯定律设计等效可逆过程，应用焦耳定理、熵变定义和等温关系式，计算各状态函数的变化值。

解：理想气体的等温过程，$\Delta U = 0$，$\Delta H = 0$

设初态的体积为 V_1，有 $p_1V_1 = RT$，$p_外 = 0.1p_1$，则

$$W = -p_外 \Delta V = -p_外(V_2 - V_1) = -p_外(10V_1 - V_1)$$
$$= -0.9RT = -0.9 \times 8.314 \times 273.15 = -2.04\text{kJ}$$
$$Q = -W = 2.04\text{kJ}$$
$$\Delta S = nR\ln\frac{V_2}{V_1} = 8.314 \times \ln 10 = 19.14\text{J} \cdot \text{K}^{-1}$$
$$\Delta G = \Delta H - T\Delta S = -5229\text{J} \approx -5.23\text{kJ}$$
$$\Delta F = \Delta U - T\Delta S = -5229\text{J} \approx -5.23\text{kJ}$$

11. 若 -5°C 时，$C_5H_6(s)$ 的蒸气压为 2280Pa，-5°C 时 $C_6H_6(l)$ 凝固时 $\Delta S_m = -35.65\text{J} \cdot \text{K}^{-1} \cdot \text{mol}^{-1}$，放热 $9874\text{J} \cdot \text{mol}^{-1}$，试求 -5°C 时 $C_6H_6(l)$ 的饱和蒸气压为多少？

【解题思路】利用等温等压相变过程中的等温关系式，由题知条件计算吉布斯自由能变化值。应用赫斯定律，设计一等效可逆过程（参见本章第 6 题）计算吉布斯自由能变化值，其中理想气体的变压过程即解题的关键。

解：

设计过程如下：

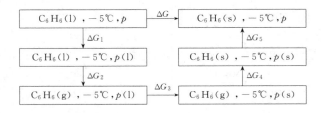

由题意知：

$$\Delta G = \Delta H - T\Delta S = -9874 - 268.2 \times (-35.65) = -312.67\text{J} \cdot \text{mol}^{-1}$$

忽略压力的影响，则：　　　　　　$\Delta G_1 \approx 0$，$\Delta G_5 \approx 0$

等温等压可逆相变：　　　　　　　$\Delta G_2 = 0$，$\Delta G_4 = 0$

因 $\Delta G = \Delta G_3$，故

$$\Delta G_3 = \int_{p(l)}^{p(s)} V\text{d}p = nRT\ln\frac{p(s)}{p(l)} = 1 \times 8.314 \times 268.2 \times \ln\frac{2280}{p(l)} = -312.67\text{J}$$

解得　　　　　　　　　　　　　　$p(l) = 2632\text{Pa}$

12. 在 298K 及 101325Pa 下有下列相变化（即方解石为稳定相）：

$$CaCO_3(\text{文石}) \longrightarrow CaCO_3(\text{方解石})$$

已知此过程的 $\Delta_{trs}G_m^\ominus = -800\text{J} \cdot \text{mol}^{-1}$，$\Delta_{trs}V_m^\ominus = 2.75\text{cm}^3 \cdot \text{mol}^{-1}$。试求在 298K 时最少需施加多大压力方能使文石成为稳定相？

【解题思路】利用吉布斯自由能判据，据题已知条件知道相变为自发发生。由题意可知需改变到某压力条件，使吉布斯自由能变化值为零或正值，使相变不能自发发生。应用赫斯定律，通过本题已知的相变，设计一等效可逆过程进行解题。

解：

设计过程如下：

$$CaCO_3(\text{文石},298K,p) \xrightarrow{\Delta G} CaCO_3(\text{方解石},298K,p)$$

$$\downarrow \Delta G_1 \qquad\qquad\qquad\qquad \uparrow \Delta G_3$$

$$CaCO_3(\text{文石},298K,p^\ominus) \xrightarrow{\Delta G_2} CaCO_3(\text{方解石},298K,p^\ominus)$$

若在 298K，压力 p 时，$CaCO_3$（文石）成为稳定相，则有 $\Delta G \geqslant 0$，即

$$\Delta G = \Delta G_1 + \Delta G_2 + \Delta G_3$$

$$= \int_p^{p^\ominus} V_1 \mathrm{d}p + \Delta_{trs}G_m^\ominus + V_3 \int_{p^\ominus}^p \mathrm{d}p$$

$$= (V_3 - V_1)\int_{p^\ominus}^p \mathrm{d}p + \Delta_{trs}G_m^\ominus = \Delta_{trs}V_m^\ominus(p - p^\ominus) + \Delta_{trs}G_m^\ominus$$

$$= 2.75 \times 10^{-6} \times (p - 101325) - 800 \geqslant 0$$

故
$$p \geqslant 2.91 \times 10^8 \, \text{Pa}$$

13. 在 $-3℃$ 时，冰的蒸气压为 475.4Pa，过冷水的蒸气压为 489.2Pa，试求在 $-3℃$ 时 1mol 过冷 H_2O 转变为冰的 ΔG。

【解题思路】为一实际不可逆过程。应用赫斯定律设计一等效过程；利用平衡可逆相变和等温可逆变压过程计算体系的吉布斯自由能变化。

解：设计过程如下：

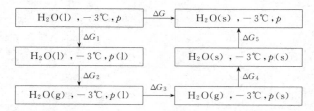

忽略压力对凝固相的影响，则 $\Delta G_1 \approx 0$，$\Delta G_5 \approx 0$

等温等压平衡相变时，$\Delta G_2 = 0$，$\Delta G_4 = 0$

则
$$\Delta G = \Delta G_3 = \int_{p(l)}^{p(s)} V \mathrm{d}p = nRT \ln \frac{p(s)}{p(l)} = 1 \times 8.314 \times 270.2 \ln \frac{475.4}{489.2}$$
$$= -64.27 \text{J}$$

14. 已知 298.15K 下有关数据如下：

物质	$O_2(g)$	$C_6H_{12}O_6(s)$	$CO_2(g)$	$H_2O(l)$
$\Delta_f H_m^\ominus / J \cdot K^{-1} \cdot mol^{-1}$	0	-1274.5	-393.5	-285.8
$S_B^\ominus / J \cdot K^{-1} \cdot mol^{-1}$	205.1	212.1	213.6	69.9

求在 298.15K 标准状态下，1mol α-右旋糖 $[C_6H_{12}O_6(s)]$ 与氧反应的标准摩尔吉布斯自由能。

【解题思路】直观题。利用手册数据和等温下的吉布斯自由能关系式进行化学反应的状态函数计算。

解：设反应在恒 T 恒 p 下进行，

$$C_6H_{12}O_6(s) + 6O_2(g) \xrightarrow[\Delta_r G_m^\ominus, \Delta_r H_m^\ominus, \Delta_r S_m^\ominus]{298.15K \text{ 标准状态下}} 6CO_2(g) + 6H_2O(l)$$

由题已知数据

$$\Delta_r H_m^\ominus(298.15K) = \sum \nu_B \Delta_f H_m^\ominus(298.15K)$$
$$= 6\Delta_f H_m^\ominus(H_2O, l) + 6\Delta_f H_m^\ominus(CO_2, g) - \Delta_f H_m^\ominus(C_6H_{12}O_6, s)$$

$$=6 \times (-285.8) + 6 \times (-393.6) - (-1274.5)$$
$$=-2801.3 \text{kJ} \cdot \text{mol}^{-1}$$

$$\Delta_r S_m^{\ominus}(298.15\text{K}) = \sum \nu_B S_m^{\ominus}(298.15\text{K})$$
$$= 6S_m^{\ominus}(\text{H}_2\text{O},\text{l}) + 6S_m^{\ominus}(\text{CO}_2,\text{g}) - S_m^{\ominus}(\text{C}_6\text{H}_{12}\text{O}_6,\text{s}) - 6S_m^{\ominus}(\text{O}_2,\text{g})$$
$$= 258.3 \text{J} \cdot \text{K}^{-1} \cdot \text{mol}^{-1}$$

由基本公式 $\Delta_r G_m(T) = \Delta_r H_m(T) - T\Delta_r S_m(T)$ 知，298.15K、标准状态下的 α-右旋糖的氧化反应

$$\Delta_r G_m^{\ominus}(298.15\text{K}) = \Delta_r H_m^{\ominus}(298.15\text{K}) - 298.15\text{K} \times \Delta_r S_m^{\ominus}(298.15\text{K})$$
$$= -2801.3 - 298.15 \times 258.3 \times 10^{-3}$$
$$= -2878.3 \text{kJ} \cdot \text{mol}^{-1}$$

15. 生物合成天冬酰胺的 $\Delta_r G_m^{\ominus}$ 为 $-19.25\text{kJ} \cdot \text{mol}^{-1}$，反应式为：

天冬氨酸 $+$ NH_4^+ $+$ ATP $\longrightarrow$ 天冬酰胺 $+$ AMP $+$ PPi(无机焦磷酸)　　　　　(0)

已知此反应是由下面四步完成的：

天冬氨酸 $+$ ATP $\longrightarrow$ β-天冬氨酰腺苷酸 $+$ PPi　　　　　　　　　(1)

β-天冬氨酰腺苷酸 $+$ NH_4^+ $\longrightarrow$ 天冬酰胺 $+$ AMP　　　　　　　　　(2)

β-天冬氨酰腺苷酸 $+$ H_2O $\longrightarrow$ 天冬氨酸 $+$ AMP　　　　　　　　　(3)

ATP $+$ H_2O $\longrightarrow$ AMP $+$ PPi　　　　　　　　　　　　　　(4)

已知反应(3)和反应(4)的 $\Delta_r G_m^{\ominus}$ 分别为 $-41.84\text{kJ} \cdot \text{mol}^{-1}$ 和 $-33.47\text{kJ} \cdot \text{mol}^{-1}$，求反应(2)的 $\Delta_r G_m^{\ominus}$ 值。

【解题思路】直观题。利用赫斯定律，用已知的多个过程（解方程组）计算目标过程的变化。

解：由题意知，反应方程式(0) $=$ (1)$+$(2)，故

$$\Delta_r G_m^{\ominus}(1) + \Delta_r G_m^{\ominus}(2) = \Delta_r G_m^{\ominus} = -19.25\text{kJ} \cdot \text{mol}^{-1}　　　　　(5)$$

又反应方程式(1) $=$ (4)$-$(3)，故

$$\Delta_r G_m^{\ominus}(1) = -33.47 + 41.84\text{kJ} \cdot \text{mol}^{-1}　　　　　　　(6)$$

由式(5)和式(6)可知

$$\Delta_r G_m^{\ominus}(2) = -27.62\text{kJ} \cdot \text{mol}^{-1}$$

16. 固体碘化银 AgI 有 α 和 β 两种晶型，这两种晶型的平衡转化温度为 146.5℃，由 α 型转化为 β 型时，转化热等于 $6462\text{J} \cdot \text{mol}^{-1}$。试计算由 α 型转化为 β 型时的 ΔS。

【解题思路】由题意知晶型转化为平衡可逆相变，由熵变的定义直接计算解题。

解：设计过程如下，由题意知为可逆相变

$$\text{AgI}(\alpha) \rightleftharpoons \text{AgI}(\beta)$$

故　　　　$\Delta S = Q/T = \Delta_r H_m/T = 6462/419.7 = 15.4\text{J} \cdot \text{K}^{-1} \cdot \text{mol}^{-1}$

17. 试判断在 10℃ 及标准压力下，白锡和灰锡哪一种晶形稳定。已知在 25℃ 及标准压

力下有下列数据：

物质	$\Delta_f H_m^\ominus/(J \cdot mol^{-1})$	$S_{m,298}^\ominus/(J \cdot K^{-1} \cdot mol^{-1})$	$C_{p,m}/(J \cdot K^{-1} \cdot mol^{-1})$
白锡	0	52.30	26.15
灰锡	−2197	44.76	25.73

【解题思路】应用化学反应的状态函数计算方法，利用手册数据计算已知条件下的变化值。利用基尔霍夫定律公式计算题意温度下的焓变和熵变值；利用等温关系式计算吉布斯自由能变化值（也可应用吉布斯-亥姆霍兹方程计算吉布斯自由能变化值），判断自发变化方向和晶型稳定性。

解：设过程为

$$Sn(白) \longrightarrow Sn(灰)$$

则

$$\Delta_r H_m^\ominus(298.15K) = -2197 - 0 = -2197 J \cdot mol^{-1}$$

$$\Delta_r S_m^\ominus(298.15K) = 44.76 - 52.30 = -7.45 J \cdot K^{-1} \cdot mol^{-1}$$

由基尔霍夫定律知，在10℃时

$$\Delta_r H_m^\ominus(283.15K) = \Delta_r H_m^\ominus(298.15K) + \int_{298.15}^{283.15} \Delta_r C_{p,m} dT$$

$$= -2197 + (25.73 - 26.15) \times (283.15 - 298.15)$$

$$= -2197 + 6.3 = -2190.7 J \cdot mol^{-1}$$

$$\Delta_r S_m^\ominus(283.15K) = \Delta_r S_m^\ominus(298.15K) + \int_{298.15}^{283.15} \frac{\Delta_r C_p}{T} dT$$

$$= -7.45 + (25.73 - 26.15) \times \ln \frac{283.15}{298.15}$$

$$= -7.43 J \cdot K^{-1} \cdot mol^{-1}$$

故

$$\Delta_r G_m^\ominus(283.2K) = \Delta_r H_m^\ominus(283.15K) - T\Delta_r S_m^\ominus(283.15K)$$

$$= -2190.7 - 283.2 \times (-7.43)$$

$$= -86.5 J \cdot mol^{-1}$$

该反应过程可自发进行，所以灰锡比白锡稳定。

知识拓展

1. 对熵概念和热力学第二定律的辨义

当前对卡诺定理和热力学第二定律的否定大体上可以区分为两种类型：一种是比较直接地进行反对或声称得到第二类永动机；另一种是通过篡改或混淆热力学熵函数的定义来加以否定（包括声称为"证明热力学第二定律"），或利用根本不存在的"麦克斯韦妖（Maxwell's demon）"和非热力学的"信息熵（information entropy）"、"信息过程的反馈控制（information processing of the feedback controller）"等来否定热力学第二定律的科学本质。但是，卡诺定理和由此建立起来的经典热力学第二定律其正确性是不容任何形式的否定的。现实世界中"麦克斯韦妖"和所谓的"单分子卡诺循环

（one-molecule Carnot cycle）"根本就不存在，所谓"信息熵"根本就不是热力学意义上的"熵"。

……

卡诺定理和经典热力学第二定律不可能也不容否定。同时指明：必须正确地加以发展成为扩展卡诺定理和普适化热力学第二定律。在此，对扩展卡诺定理只说一句："非耗散"是能量转换过程效率最高的充分必要条件，而"可逆"则是能量转换过程效率最高的充分条件。卡诺定理仍然正确，但是它仅仅适用于只有单一和自发过程的体系（又称简单体系或非耦合体系），而对同时包含自发过程和非自发过程的体系（又称复杂体系或耦合体系）就必须使用扩展卡诺定理。

2. 热力学第二定律的生物学意义

从表面上看，热力学第二定律的开尔文说法似乎只是一个针对热机的局部理论，但实际上它具有相当的普适性，特别是动、植物这样的生命系统，它也具有十分重要的意义。在生命系统中广泛存在着三羧酸循环、脂肪酸循环等大量的物质循环和能量循环。如果将生命乃至细胞看成工作在高温热源（太阳）和低温热源（地面）之间的热机就不难理解生命为什么进化出如此众多的物质和能量循环。

热力学第二定律成功地解释了植物系统的光氧化循环，从而解释了人们对一些生命现象的疑团。在植物系统中，光合细胞一方面在光的作用下吸收二氧化碳，合成碳水化合物并放出氧气，进行光合作用，同时又进行光呼吸作用，即吸收氧气放出二氧化碳。光合作用和光呼吸作用整合成一个光氧化循环。光氧化循环一直令过去的生物学家困惑不解，他们认为光呼吸过程既是耗物又是耗能，为何植物光合细胞演化出一个浪费的光呼吸过程呢？这个疑问只有热力学第二定律给出正确的回答。

热力学第二定律告诉我们，系统从热源吸收的热量必须释放一部分到冷源才能使热机恢复到可以重新吸热的状态从而循环工作。这就是说，要保证光合作用的持续进行，氧气、二氧化碳和水等工作物质的循环是必须的。被光合细胞吸收的能量必定有一部分要释放出去，否则，光合作用也将无法持续下去。在光合作用过程中，光合器、膜系统和酶系统都处于不断的损耗之中，光呼吸过程为光合细胞提供了介质恢复的途径。如果没有光呼吸过程，就没有一个介质恢复的机制，光合作用无法持续进行，在理论上就将出现光合作用完毕的平衡状态。光合细胞在光呼吸过程中的耗能行为并不是过去生物学家认为的能量浪费，而是光合细胞为自身机制恢复的一种主动的行为。

生命系统的运转遵从热力学第二定律，物质和能量循环是维持生命系统得以运转的必要条件，这是热力学第二定律的生物学意义。

3. 判据的应用讨论

如果说热力学第一定律的本质是热和功在量上的相当，那么，热力学第二定律的本质就是热和功在质上的差异。第一定律所要解决的是过程的能量变化问题，第二定律解决的则是过程的方向和限度问题。

热力学第二定律中最核心的内容就是熵增加原理，也即熵判据。熵判据有多种形式，应用时常会造成混淆，特别在判断过程是不可逆还是自发时容易发生错误。

在对熵判据多种形式的讨论基础上指出，熵判据原本只用于判断过程是否可逆，只有对隔离系统中的过程以及大隔离系统中的总过程，熵判据才可用于判断其能否自发。

对于一般封闭系统，可以将其环境包括进来，构成一个大隔离系统，从而有：

$$(dS)_{总} = (dS)_{系统} + (dS)_{环境} \geq 0$$

事实上，此种大隔离系统的熵判据就是克劳修斯不等式。因为克劳修斯不等式中的"T"是指环境温度，故不等式中的热温商项实际上就是环境的熵变，克劳修斯不等式则只用于判断原封闭系统中的过程的可逆性。

但大隔离系统的熵判据可用于判断大隔离系统中的总过程的自发性。对隔离系统中的过程以及大隔离系统中的总过程来说，因其不存在外界的干涉，其中的不可逆过程必然是自发的，因此也可用于判断其能否自发。

3

化学势与平衡

（1）熟悉多组分系统各种组成的表示法，理解偏摩尔量的定义，掌握偏摩尔量的集合公式及其应用。

（2）掌握化学势的狭义定义，理解化学势判据及其应用。

（3）掌握理想气体化学势的表示式，了解气体标准态的含义。掌握 Raoult 定律和 Henry 定律的含义及用途，掌握理想液态混合物的通性，掌握理想液态混合物各组分化学势的表示法，理解活度的概念。

（4）明确相、组分和自由度的概念，掌握相律的推导思路，能够熟练运用相律知识进行相关计算；掌握克劳修斯-克拉贝龙方程及其应用，掌握稀溶液的依数性，会利用依数性来计算未知物的摩尔质量。

（5）了解单组分和双组分系统的各类典型相图特征；了解三相点与凝固点的区别，会在两相区使用杠杆规则，了解蒸馏与精馏的原理。

（6）能够从化学势的角度理解化学平衡的意义，理解并掌握化学反应等温方程，并会用来判断反应的方向和限度。

（7）掌握标准平衡常数的各种表示形式和计算方法，掌握标准平衡常数 $K^{\ominus}$ 与 $\Delta_r G_m^{\ominus}$ 在数值上的联系，熟练用热力学方法计算 $\Delta_r G_m^{\ominus}$，从而获得标准平衡常数的数值。了解标准生成自由能的概念和意义。

（8）了解压力和惰性气体对化学平衡的影响，掌握温度对化学平衡的影响，掌握 van't Hoff 公式及其应用。

内容概要

（1）多组分系统的组成表示

① **物质 B 的摩尔分数 x_B** 指溶质 B 的物质的量与混合物总物质的量之比称为溶质 B 的摩尔分数，又称为物质的量分数。

$$x_B = \frac{n_B}{n_B + n_A}$$

② **质量分数 w_B** 指溶质 B 的质量 m_B 与混合物的质量之比。

$$w_B = \frac{m_B}{m_{溶液}}$$

③ （物质的量）浓度 c_B　指溶质 B 的物质的量与混合物体积 V 的比值。

$$c_B = \frac{n_B}{V}$$

④ **质量摩尔浓度 b_B**　指溶质 B 的物质的量与溶剂 A 的质量之比。

$$b_B = \frac{n_B}{m_A} = \frac{m_B/M_B}{m_A}$$

（2）偏摩尔量

定义式：

$$Z_B = \left(\frac{\partial Z}{\partial n_B}\right)_{T,p,n_C(C \neq B)}$$

其物理意义是在等温、等压条件下，在大量的定组成系统中，加入单位物质的量 B 物质所引起广度性质 Z 的变化值。

偏摩尔量的集合公式：

$$Z = \sum_{n_B=1}^{k} n_B Z_{B,m}$$

对于双组分系统有：

$$V = n_1 V_{1,m} + n_2 V_{2,m}$$

（3）化学势

广义定义：

$$\mu_B = \left(\frac{\partial U}{\partial n_B}\right)_{S,V,n_C} = \left(\frac{\partial H}{\partial n_B}\right)_{S,p,n_C} = \left(\frac{\partial F}{\partial n_B}\right)_{T,V,n_C} = \left(\frac{\partial G}{\partial n_B}\right)_{T,p,n_C}$$

使用上式时应注意：

① 保持特征变量和除 B 以外的其他组分不变，特性函数随其物质的量 n_B 的偏变化率称为化学势 μ_B；

② 只有以自由能表示的化学势 μ_B 才是偏摩尔量。

$$\mu_B = G_{B,m} = \left(\frac{\partial G}{\partial n_B}\right)_{T,p,n_C} \qquad （化学势的狭义定义）$$

（4）化学势判据

$$dT = 0, dp = 0, W' = 0 \ 时$$

① 相变过程　自发过程方向 $\mu_B^\beta < \mu_B^\alpha$

② 化学反应　等温等压下自发过程方向　$\sum_B \nu_B \mu_B < 0$

（5）拉乌尔（Raoult）定律

稀溶液溶剂 A 的蒸气压与纯溶剂的蒸气压关系　$p_A = p_A^* x_A$

（6）亨利（Henry）定律

稀溶液挥发性溶质 B 的蒸气压 $p_B = k_{x,B} x_B = k_{m,B} m_B = k_{c,B} c_B$

式中 $k_{x,B}$、$k_{m,B}$ 和 $k_{c,B}$ 分别是物质 B 用不同浓度表示方式时的 Henry 系数。

（7）理想液态混合物

理想液态混合物定义：不区分溶剂和溶质，任一组分在全部浓度范围内都符合 Raoult 定律。

（8）理想稀溶液

理想稀溶液的定义：有两个组分组成一溶液，在一定的温度和压力下，在一定的浓度范围内，溶剂遵守 Raoult 定律，溶质遵守 Henry 定律，这种溶液称为理想稀溶液。

（9）依数性

指定溶剂的类型和数量后，某些性质只取决于所含溶质粒子的数目，而与溶质的性质无关。稀溶液的依数性有以下四种。

① 蒸气压下降　$\Delta p_A = p_A^* - p_A = p_A^* x_B$

② 凝固点降低（条件：仅溶剂以纯固体析出）　$\Delta T_f = K_f b_B$　$K_f = \dfrac{R(T_f^*)^2 M_A}{\Delta_{fus} H_m}$

③ 沸点升高（条件：溶质不挥发）　$\Delta T_b = K_b b_B$　$K_b = \dfrac{R(T_b^*)^2 M_A}{\Delta_{vap} H_m}$

④ 渗透压　$\pi = c_B RT$

（10）理想气体的化学势

① 纯态理想气体　$\mu = \mu^\ominus + RT \ln \dfrac{p}{p^\ominus}$

② 理想气体混合物中任意组分　$\mu_B = \mu_B^\ominus + RT \ln \dfrac{p_B}{p^\ominus}$

（11）理想液态混合物的性质

① 理想液态混合物中各组分化学势的表示形式　$\mu_B = \mu_B^\ominus + RT \ln x_B$

② 理想溶液的混合性质　$\Delta_{mix} V = 0$，$\Delta_{mix} H = 0$，$\Delta_{mix} S > 0$，$\Delta_{mix} G < 0$

（12）真实液态混合物的化学势

浓度用活度代替

$$\mu_B = \mu_B^\ominus + RT \ln a_B$$

式中，$a_B = \gamma_B x_B$，γ_B 为活度系数。

（13）分配定律

在一定温度与压力下，当溶质 B 在两种共存的不互溶的液体 α、β 间达到平衡时，若 B 在 α、β 两相分子形式相同，且形成理想稀溶液，则 B 在两相中浓度之比为一常数，即分配系数。

$$K = \frac{c_B(\alpha)}{c_B(\beta)}$$

（14）吉布斯相律

$$F = C - P + 2$$

式中，F 为系统的自由度数（即独立变量数）；P 为系统中的相数；"2"表示平衡系统只受温度、压力两个因素影响。要强调的是，C 称为组分数，定义为 $C = S - R - R'$，S 为系统中含有的化学物质数，称物种数，R 为独立的化学反应数，R' 代表同一相中浓度限制条件。

应用相律时必须注意的问题：①相律是根据热力学平衡条件推导而得的，故只能处理真实的热力学平衡系统；②相律表达式中的"2"是代表温度、压力两个影响因素，若除上述两因素外，还有磁场、电场或重力场对平衡系统有影响时，则增加一个影响因素，"2"的数值上相应要加上"1"。若相平衡时两相压力不等，则 $F = C - P + 2$ 式不适用，而需根据平衡系统中有多少个压力数值改写"2"这一项；③要正确应用相律必须正确判断平衡系统的组分数 C 和相数 P。而 C 值正确与否又取决于 R 与 R' 的正确判断；④自由度数 F 只能取 0 以上的正值。如果出现 $F < 0$，则说明系统处于非平衡态。

(15) 杠杆规则

杠杆规则是两相平衡时两个相的物质量多少的定量关系式：

其中，M、α、β 分别表示系统点与两相的相点；x_B^M、x_B^α 和 x_B^β 分别代表整个系统、α 相和 β 相的组成（以 B 的摩尔分数表示）；则：

$$n^\alpha (x_B^M - x_B^\alpha) = n^\beta (x_B^\beta - x_B^M)$$

(16) 克拉佩龙方程与克劳修斯-克拉佩龙方程

① 克拉佩龙方程：

$$\frac{\mathrm{d}p}{\mathrm{d}T} = \frac{\Delta H_m^*}{T \Delta V_m^*}$$

② 克劳修斯-克拉佩龙方程： 一相为气相且认为是理想气体；凝聚相为固相（升华过程）或液相（蒸发过程）的体积忽略，ΔH_m^* 近似与温度无关，则

$$\ln \frac{p_2}{p_1} = -\frac{\Delta H_{m,B}^*}{R} \left(\frac{1}{T_2} - \frac{1}{T_1} \right) \quad * \text{号代表纯物质。}$$

(17) 化学反应的等温方程

对于反应

$$d\mathrm{D} + e\mathrm{E} \longrightarrow g\mathrm{G} + h\mathrm{H}$$

$$\Delta_r G_m = \Delta_r G_m^\ominus + RT\ln Q_a$$

式中，$\Delta_r G_m^\ominus = \sum\limits_B \nu_B \mu_B^\ominus$，称为标准摩尔反应吉布斯函数变；$Q_a = \dfrac{a_G^g a_H^h}{a_D^d a_E^e} = \prod\limits_B a_B^{\nu_B}$，称为反应的压力商，其单位为 1。

(18) 平衡常数的几种表达式

$$K_a^\ominus = \prod_B a_{B,eq}^{\nu_B} = \frac{a_{G,eq}^g a_{H,eq}^h}{a_{D,eq}^d a_{E,eq}^e}$$

$$K_p^\ominus = \frac{\left(\dfrac{p_G}{p^\ominus}\right)^g \left(\dfrac{p_H}{p^\ominus}\right)^h}{\left(\dfrac{p_D}{p^\ominus}\right)^d \left(\dfrac{p_E}{p^\ominus}\right)^e} = K_p (p^\ominus)^{-\Delta\nu}$$

$$K_p = \frac{p_G^g p_H^h}{p_D^d p_E^e} = \prod_B p_B^{\nu_B}$$

$$K_c = \frac{c_G^g c_H^h}{c_D^d c_E^e} = \prod_B c_B^{\nu_B}$$

$$K_x = \prod_B x_B^{\nu_B}$$

(19) 标准平衡常数的定义式

$$\Delta_r G_m^\ominus = -RT\ln K_a^\ominus$$

(20) 化学反应方向和限度的判别

$K_a^\ominus > Q_a$，向右进行；$K_a^\ominus < Q_a$ 时，向左进行；$K_a^\ominus = Q_a$，达到平衡。

(21) 范特霍夫等温方程

微分式

$$\left(\frac{\partial \ln K^\ominus}{\partial T} \right)_p = \frac{\Delta_r H_m^\ominus}{RT^2}$$

积分式
$$\ln\frac{K_2^{\ominus}}{K_1^{\ominus}}=\frac{\Delta_r H_m^{\ominus}}{R}\left(\frac{1}{T_1}-\frac{1}{T_2}\right)$$

当温度变化范围不大时，反应的焓变可近似为常数，则根据某温度时的标准平衡常数可计算另一温度下的标准平衡常数。

■■■■■ 思考题 ■■■■■

1. 物质 B 的偏摩尔量的定义式为：$Z_B\stackrel{def}{=}\left(\frac{\partial Z}{\partial n_B}\right)_{T,p,n_C(C\neq B)}$

式中，Z 代表 V、U、S、H、A、G 等广度性质。按上述定义，你对偏摩尔量的理解上，应有哪些结论？

2. 在多相体系中，在一定的 T、p 下，物质从化学势较高的相自发向化学势较低的相转移的趋势。对不对？

3. 理想溶液中的溶剂遵从亨利定律，溶质遵从拉乌尔定律。对不对？

4. 设水的化学势为 $\mu^*(sln)$，冰的化学势为 $\mu^*(s)$，在 101.325kPa 及 270K 条件下，$\mu^*(sln)$ 是大于、小于、还是等于 $\mu^*(s)$？

5. 溶剂中加入溶质后，就会使溶液的蒸气压下降，沸点升高，凝固点降低，这种说法是否正确，为什么？

6. 在 298K 时 $0.01mol \cdot kg^{-1}$ 的蔗糖水溶液的渗透压与 $0.01mol \cdot kg^{-1}$ 的食盐水的渗透压相同吗？

7. $CaCO_3(s)$ 高温分解为 $CaO(s)$ 和 $CO_2(g)$。

(1) 由相律证明我们可以把 $CaCO_3$ 在保持固定压力的 CO_2 气流中加热到相当的温度而不使 $CaCO_3$ 分解。

(2) 证明当 $CaCO_3$ 与 CaO 的混合物与一定压力的 CO_2 放在一起时，平衡温度也是一定的。

8. 克拉佩龙方程 $\frac{dp}{dT}=\frac{\Delta H_m}{T\Delta V_m}$ 的适用条件是什么？

9. 如何理解化学平衡的含义？

10. 反应的吉布斯自由能变化值与标准吉布斯自由能变化值的物理意义是什么？比较其用途的异同。

11. 试总结气相反应、溶液反应、复相反应中平衡常数的表示法，并比较标准平衡常数与经验平衡常数的区别。

两者区别：标准平衡常数 $K^{\ominus}$，无单位，与热力学数据有关经验平衡常数 K，通常有单位，且与 $K^{\ominus}$ 数值上并不一致。

12. 当温度发生变化时，平衡如何移动？为什么？

13. 什么是生化反应体系的标准态？此标准态下反应的平衡常数如何表示？

14. 什么是反应的耦合？为什么耦合可改变反应的自发性？

15. 在密闭容器中可逆反应 $aA(气)+bB(气)\Longrightarrow cC(气)+dD(气)+Q$ 达到化学平衡时，若升高温度或降低压强，都会使 C 的物质的量增大，则下列各组关系正确的是（　　）。

A. $a+b<c+d$，$Q<0$　　　　　　B. $a+b>c+d$，$Q<0$

C. $a+b<c+d$，$Q>0$　　　　　　D. $a+b=c+d$，$Q<0$

1. 简析：结论主要有：（1）偏摩尔量的含义是在等温、等压、保持 B 物质以外的所有组分的物质的量不变的条件下，改变 dn_B 所引起广度性质 Z 的变化值，或在等温、等压条件下，在大量的定组成体系中加入单位物质的量的 B 物质所引起广度性质 Z 的变化值。

（2）只有广度性质才有偏摩尔量，且偏摩尔量是强度性质。

（3）任何偏摩尔量都是 T、p 和组成的函数。

2. 简析：正确。由化学势判据可知，在恒温恒压下，某种物质的相变化自动进行的方向是由化学势大（高）的一相向化学势小（低）的一相变化，达平衡时，该物质在两相中的化学势相等。

3. 简析：错误。溶液中的任一组分在全部浓度范围内都遵从拉乌尔定律。

4. 简析：$\mu^*(sln)>\mu^*(s)$。因为在恒温恒压下，某种物质的相变化自动进行的方向是由化学势高的一相向化学势低的一相变化，而 270K（-3℃）时水有结冰的趋势，故该条件下水的化学势大。

5. 简析：错误。该说法成立的前提条件必须是加入非挥发性溶质，否则结论会相反。

6. 简析：不相等。渗透压是溶液依数性的一种反映。依数性只与粒子的数目有关，而与粒子的性质无关。食盐水中，NaCl 会解离成两个离子，所以浓度相同的食盐水的渗透压可以是蔗糖溶液的两倍。

7. 简析：（1）该系统中有两个物种，$CO_2(g)$ 和 $CaCO_3(s)$，所以物种数 $S=2$。在没有发生反应时，组分数 $C=2$。现在是一个固相和一个气相两相共存，$P=2$。当 $CO_2(g)$ 的压力有定值时，根据相律，条件自由度 $f^*=C+1-P=2+1-2=1$。这个自由度就是温度，即在一定的温度范围内，可维持两相平衡共存不变，所以 $CaCO_3(s)$ 不会分解。

（2）该系统有三个物种：$CO_2(g)$、$CaCO_3(s)$ 和 $CaO(s)$，所以物种数 $S=3$。有一个化学平衡，$R=1$。没有浓度限制条件，因为产物不在同一个相，故 $C=2$。现在有三相共存（两个固相和一个气相），$P=3$。若保持 $CO_2(g)$ 的压力恒定，条件自由度 $f^*=C+1-P=2+1-3=0$。也就是说，在保持 $CO_2(g)$ 的压力恒定时，温度不能发生变化，即 $CaCO_3(s)$ 的分解温度有定值。

8. 简析：纯物质一级相变的任意两相平衡。

9. 简析：（1）系统的组成不再随时间而变，反应到达平衡时，宏观上反应物和生成物的数量不再随时间而变化，好像反应停止了。（2）化学平衡是动态平衡，正逆反应速率相等，微观上，反应仍在不断进行，反应物分子变为生成物分子，而生成物分子又不断变成反应物分子，只是正、逆反应的速率恰好相等，使反应物和生成物的数量不再随时间而改变。（3）平衡组成与达到平衡的途径无关。（4）化学平衡是有条件的，当外界条件改变时，就要形成新的平衡，原来的平衡就会被改变，从而发生了平衡的移动，建立新的平衡。

10. 简析：吉布斯自由能的物理含义是在等温等压过程中，除体积变化所做的功以外，从系统所能获得的最大功。换句话说，在等温等压过程中，除体积变化所做的功以外，系统对外界所做的功只能等于或者小于吉布斯自由能的减小。反应的吉布斯自由能变化值可用于判断等温定压下化学反应方向和限度，若反应在标准态下进行，用标准吉布斯自由能变代替反应的吉布斯自由能变。

11. 简析：

$$K_p^{\ominus} = \frac{\left(\dfrac{p_G}{p^{\ominus}}\right)^g \left(\dfrac{p_H}{p^{\ominus}}\right)^h}{\left(\dfrac{p_D}{p^{\ominus}}\right)^d \left(\dfrac{p_E}{p^{\ominus}}\right)^e} = K_p \, (p^{\ominus})^{-\Delta\nu} \qquad \text{气相反应}$$

$$K_c^{\ominus} = \prod_B \left(\frac{c_B}{c^{\ominus}}\right)^{\nu_B} \qquad \text{溶液反应}$$

$$K_p = \frac{p_G^g p_H^h}{p_D^d p_E^e} = \prod_B p_B^{\nu_B} \qquad \text{压力经验平衡常数}$$

$$K_c = \frac{c_G^g c_H^h}{c_D^d c_E^e} = \prod_B c_B^{\nu_B} \qquad \text{浓度经验平衡常数}$$

两者区别：标准平衡常数 $K^{\ominus}$，无单位，与热力学数据有关的经验平衡常数 K 通常有单位，且与 $K^{\ominus}$ 数值上并不一致。

12. 简析：根据范霍夫方程 $\left(\dfrac{\partial \ln K^{\ominus}}{\partial T}\right)_p = \dfrac{\Delta_r H_m^{\ominus}}{RT^2}$，可得

(1) 对于吸热反应 $\Delta_r H_m^{\ominus} > 0$，提高温度，$K^{\ominus}$ 变大，故升温有利于正向反应；

(2) 对于 $\Delta_r H_m^{\ominus} = 0$ 的反应，温度对反应无影响；

(3) 对于放热反应 $\Delta_r H_m^{\ominus} < 0$，提高温度，$K^{\ominus}$ 变小，故升温不利于正向反应。

13. 简析：生化反应体系的标准态规定为：以 pH＝7 时氢离子的活度，即 $a(H^+) = 10^{-7}\,\text{mol} \cdot \text{dm}^{-3}$ 作为氢离子标准态，其他物质仍以活度为 1 的状态为标准态。

生物化学的标准态与物理化学的标准态的差别在于对氢离子标准态的规定。

如对反应 $\qquad\qquad\qquad A + B \rightleftharpoons C + x H^+$

反应的平衡常数表示如下：

$$K^{\oplus} = \frac{\left(\dfrac{c_C}{c^{\ominus}}\right)\left(\dfrac{c_{H^+}}{c^{\oplus}}\right)^x}{\left(\dfrac{c_A}{c^{\ominus}}\right)\left(\dfrac{c_B}{c^{\ominus}}\right)}$$

14. 简析：体系中同时发生两个化学反应，其中一个反应的某产物是另一个反应的一种反应物，这两个反应的关系称为反应的耦合。

由于反应耦合时，可影响反应的平衡点，甚至可由一个反应带动另一个单独存在时不能发生的反应，使其自发进行。反应的自发性主要根据反应的吉布斯自由能变来判断，最特殊的情况是，吉布斯自由能一正一负，将二者相加后恰好为负，这样吉布斯自由能为正的反应在吉布斯自由能为负值的反应帮助下也能顺利发生。

15. 简析：温度升高，反应往吸热方向进行，因为 Q 表示热量，而向右进行反应，所以 $Q < 0$；降低压强，就是增大体积，反应向体积增大（化学计量数较大）的方向进行所以减压，平衡往右，所以 $c + d > a + b$ 故选 A。

习题解答

1. D-果糖 $C_6H_{12}O_6$（B）溶于水（A）中形成的某溶液，质量分数 $w_B = 0.095$，此溶液在 293K 时的密度 $\rho = 1.0365\,\text{mg} \cdot \text{m}^{-3}$。求：此溶液中 D-果糖的（1）摩尔分数；（2）浓度；（3）质量摩尔浓度。

【解题思路】本题需要运用三种组成的计算公式，解题的关键在于质量分数和物质的量、体积和密度之间的转化。

解：（1）摩尔分数

$$x_B = \frac{n_B}{n_A + n_B} = \frac{\dfrac{w_B m_{总}}{M_B}}{\dfrac{w_B m_{总}}{M_B} + \dfrac{w_A m_{总}}{M_A}} = \frac{0.095/180}{\dfrac{0.095}{180} + \dfrac{0.905}{18.01}} = 0.0104$$

（2）浓度

$$c_B = \frac{n_B}{V} = \frac{w_B m / M_B}{m_{总}/\rho} = 0.547 \text{mol} \cdot \text{dm}^{-3}$$

（3）质量摩尔浓度

$$b_B = \frac{n_B}{m_A} = \frac{w_B m_{总}/M_B}{m_{总} - w_B m_{总}} = 0.583 \text{mol} \cdot \text{kg}^{-1}$$

2. 35℃时，纯丙酮的蒸气压为 43.063kPa。今测得氯仿的摩尔分数为 0.3 的氯仿-丙酮溶液上，丙酮的蒸气分压为 26.77kPa，问此混合物是否为理想液态混合物？为什么？

【解题思路】本题考察的是理想液态混合物的定义以及拉乌尔定律的应用。

解：由拉乌尔定律可知，丙酮的蒸气分压力为：

$$p_{丙酮} = p_{丙酮}^* \, x_{丙酮}$$
$$= 43.063 \times (1 - 0.3) = 30.144 \text{kPa}$$

而实际值为 26.77kPa，与理论值不符，所以该混合溶液为非理想溶液。

3. 19℃时 CCl_4 的蒸气压为 11.40kPa。将 0.5455g 某非挥发性有机物质溶于 25.00g 的 CCl_4 后溶液的蒸气压为 11.19kPa，求该有机物的摩尔质量。对该有机物质进行分析，结果为 $w_C = 0.9434$，$w_H = 0.0566$。则该有机物质的分子式如何？（已知 CCl_4 的摩尔质量为 153.81g $\cdot$ mol^{-1}）

【解题思路】先使用拉乌尔定律求出有机物的摩尔分数，再利用摩尔分数与摩尔质量间的关系式，求出摩尔质量。根据碳氢之间物质的量之比，求出有机物的分子式。

解：（1）$p_A = p_A^* x_A = p_A^*(1 - x_B)$

$$x_B = \frac{p_A^* - p_A}{p_A^*} = \frac{m_B/M_r}{m_B/M_r + m_A/M_A}$$

故

$$M_r = \frac{m_B M_A p_A}{m_A(p_A^* - p_A)} = \frac{0.5455 \times 153.81 \times 11.19}{25 \times (11.40 - 11.19)} = 179$$

（2）1mol 溶质 B 中，含 C 元素的物质的量

$$n_C = 179 \times 0.9434/12.011 \approx 14 \text{mol}$$

含 H 元素的物质的量

$$n_H = 179 \times 0.0566/1.0079 \approx 10 \text{mol}$$

所以，溶质 B 的化学式为 $C_{14}H_{10}$。

4. 水（A）和乙酸乙酯（B）不完全混溶，在 37.55℃时两液相呈平衡。一相中含质量分数为 $w_B = 0.0675$ 的酯，另一相中含 $w_A = 0.0379$ 的水。假定每相中的溶剂都服从拉乌尔定律，已知 37.55℃时，纯乙酸乙酯的蒸气压力是 22.13kPa，纯水的蒸气压力是 6.399kPa，求

（1）气相中酯和水蒸气的分压；

（2）总的蒸气压力。

（已知 乙酸乙酯的摩尔质量为 $88.10g \cdot mol^{-1}$，水的摩尔质量为 $18.02g \cdot mol^{-1}$。）

【解题思路】拉乌尔定律的应用，关键在于要把质量分数转化为摩尔分数。

解：

（1）

$$p_B = p_B^* x_B = 22.13 \times \left(\frac{0.9621/88.10}{0.0379/18.02 + 0.9621/88.10} \right) = 18.56kPa$$

$$p_A = p_A^* x_A = 6.399 \times \left(\frac{0.9325/18.02}{0.9325/18.02 + 0.0675/88.10} \right) = 6.306kPa$$

（2）
$$p = p_A + p_B = 6.306 + 18.56 = 24.866kPa$$

5. 两液体 A 与 B 形成的理想液态混合物，在一定温度下液态混合物上的平衡蒸气压为 $53.30kPa$，测得蒸气中组分 A 的摩尔分数 $y_A = 0.45$，而在液相中组分 A 的摩尔分数 $x_A = 0.65$，求在该温度下两种纯液体的饱和蒸气压。

【解题思路】应用拉乌尔定律，由其蒸气的分压，求出纯液体的饱和蒸气压。

解：$p(总) = p_A + p_B = 53.30kPa$

$$p_A = p(总)y_A/x_A = 53.30 \times 0.45/0.65 = 36.90kPa$$

$$p_B = (p - p_A)/x_B = \frac{py_B}{x_B} = 83.76kPa$$

6. 将 $9.00g$ 葡萄糖（$C_6H_{12}O_6$）溶解在 $200g$ 水中。计算此溶液在 $100℃$ 时的蒸气压降低及沸点升高值。已知水的摩尔蒸发焓为 $40.6kJ \cdot mol^{-1}$，葡萄糖 $C_6H_{12}O_6$ 的相对分子质量 $M = 180 \ g \cdot mol^{-1}$。

【解题思路】本题的关键是掌握稀溶液的依数性中的蒸气压降低及沸点升高公式。

解：葡萄糖的摩尔质量是 $180g \cdot mol^{-1}$

$$x_B = -\frac{9.00/180}{200/18.0 + 9.00/180} = 4.48 \times 10^{-3}$$

$$\Delta p = p_A^* - p_A = p_A^* x_B$$
$$= 101325 \times 4.48 \times 10^{-3}$$
$$= 454Pa$$

$$\Delta T_b = \frac{R(T_b^*)^2 M_A}{\Delta_{vap} H_m} \frac{m_B}{m_A M_B}$$
$$= \frac{8.314 \times 373.15^2 \times 18.0 \times 9.00}{40600 \times 180 \times 200}$$
$$= 0.129K$$

7. 已知樟脑（$C_{10}H_{16}O$）的正常凝固点为 $178.4℃$，摩尔熔化焓为 $6.50kJ \cdot mol^{-1}$，计算樟脑的凝固点降低系数 k_f。（已知樟脑的摩尔质量 $M = 152.2g \cdot mol^{-1}$）

【解题思路】本题的关键是掌握稀溶液的依数性中的凝固点降低公式。

解：
$$k_f = \frac{R(T_f^*)^2 M_A}{\Delta_{fus} H_m}$$
$$= \frac{8.314 \times 451.6^2 \times 152.2 \times 10^{-3}}{6.50 \times 10^3}$$
$$= 39.7K \cdot kg \cdot mol^{-1}$$

8. 在 $100g$ 水中溶入摩尔质量 $110.1g \cdot mol^{-1}$ 的不挥发性溶质 $2.220g$，沸点升高了 $0.105K$，若再加入摩尔质量未知的另一种不挥发性溶质 $2.169g$，沸点又升高了 $0.107K$。

（1）计算水的沸点升高常数 K_b，未知物的摩尔质量和水的摩尔蒸发焓 $\Delta_{vap}H_m$；

（2）求该溶液在298.15K时蒸气压（设该溶液为理想溶液）。

【解题思路】本题沸点升高公式和克劳修斯-克拉佩龙方程的综合应用。

解：（1）
$$b_B = \frac{2.220/110.1}{0.1} = 0.2016\text{mol} \cdot \text{kg}^{-1}$$

$$k_b = \Delta T_b/b_B = (0.105/0.2016)$$
$$= 0.521\text{K} \cdot \text{kg} \cdot \text{mol}^{-1}$$

$$M = \frac{k_b \cdot m_2}{\Delta T_b m_1} = \frac{0.521 \times 2.160 \times 10^{-3}}{0.107 \times 0.1}$$
$$= 105\text{g} \cdot \text{mol}^{-1}$$

$$\Delta_{vap}H_m = \frac{R(T_b^*)^2 M_1}{k_b}$$

$$= \frac{8.314 \times 373.15^2 \times 18 \times 10^{-3}}{0.521}$$

$$= 40.0\text{kJ} \cdot \text{mol}^{-1}$$

（2）298.15K时纯水蒸气压为 p_1^*，则

$$\ln \frac{p_A^*}{p_A} = \frac{\Delta_{vap}H_m}{R}\left(\frac{T-T_b^*}{TT_b^*}\right)$$

$$= \frac{40000}{8.314}\left(\frac{298.15-373.15}{298.15 \times 373.15}\right) = -3.243$$

$$p_A^* = 101325 \times 0.03910 = 3962\text{Pa}$$

9. 在298K时，10g某溶质溶于 1dm^3 溶剂中，测出该溶剂的渗透压为 $\pi = 0.4000\text{kPa}$，确定该溶质的相对分子质量。

【解题思路】本题的关键是掌握稀溶液的依数性中的渗透压公式以及浓度和分子量之间的关系。

解：
$$M_B = \frac{W_B RT}{\pi V} = \frac{10 \times 298 \times 8.3145}{0.400 \times 1 \times 10^{-3}} = 6.194 \times 10^7 \text{g} \cdot \text{mol}^{-1}$$

10. 人的血液（可视为水溶液）在 101.325kPa 下于 $-0.56℃$ 凝固。已知水的 $K_f = 1.86\text{K} \cdot \text{mol}^{-1} \cdot \text{kg}$。

求：（1）血液在37℃时的渗透压；（2）在同温度下，1dm^3 蔗糖（$C_{12}H_{22}O_{11}$）水溶液中需含多少克蔗糖时才有能与血液有相同的渗透压。

【解题思路】本题为沸点升高公式和渗透压公式的综合应用。解题的关键在于知道对于稀溶液有 $c_B = \frac{n_B}{V} = \frac{n_B}{m/\rho} \approx b_B$，因稀溶液密度 ρ 近似为 $1\text{g} \cdot \text{cm}^{-3}$。

解：（1）$b_B = \frac{\Delta T_f}{K_f} = \frac{0.56}{1.86} = 0.301\text{mol} \cdot \text{kg}^{-1}$

对于稀溶液有 $c_B \approx b_B$，所以
$$\Pi = c_B RT \approx b_B RT = 0.301 \times 8.3145 \times 310.15 = 776.2\text{kPa}$$

（2）$m = 0.301 \times 342 = 103.0\text{g}$

11. 由硝基苯和水组成的二组分系统为完全不互溶系统，在 101.325kPa 下，其沸腾温度为99℃。已查得99℃时水的蒸气压为97.7kPa。若将此系统进行水蒸气蒸馏以除去不溶

性杂质，试求馏出物中硝基苯所占的质量分数？（已知 H_2O、$C_6H_5NO_2$ 的摩尔质量分别为 $18.02g \cdot mol^{-1}$、$123.11g \cdot mol^{-1}$）

【解题思路】由气体分压定律，可得出馏出物中两组分的质量比计算公式。

解：$\dfrac{m_A}{m_B} = \dfrac{M_A}{M_B} \times \dfrac{p_A^*}{p_B^*}$，其中 $\begin{cases} p_A^* = 97.7kPa \\ p_B^* = 101.325 - 97.7 = 3.63kPa \end{cases}$

$$M_A = 18.02g \cdot mol^{-1} \qquad M_B = 123.11g \cdot mol^{-1}$$

$$\frac{m_A}{m_B} = \frac{18.02}{123.11} \times \frac{97.7}{3.63} = 3.94, \quad \frac{m_B}{m_A + m_B} = \frac{1}{39.4 + 1} = 0.202$$

12. 聚丙烯是一种塑料，它由丙烯单体聚合而成。丙烯单体的储存以液体状态为好，请估算能耐多大压力的储罐可满足储存液体丙烯的要求。（考虑夏季阳光下的最高温度为 333.1K，丙烯的沸点为 225.7K）

【解题思路】克劳修斯-克拉佩龙方程的应用，关键在于根据 Trouton 规则，估算出摩尔气化焓。

解：根据 Trouton 规则，正常沸点下物质的摩尔气化熵近似为 $88J \cdot k^{-1} \cdot mol^{-1}$。

因 $$\Delta_l^g H_m^{\ominus} = T_b \Delta_l^g S_m^{\ominus} = 225.7 \times 87 = 19.6J \cdot mol^{-1}。$$

故 $$T_1 = 225.7K, p_1 = 101.325kPa, T_2 = 333.1K,$$

则 $$\ln\left(\frac{p_2}{101.325kPa}\right) = \frac{19600}{8.314}\left(\frac{1}{225.7} - \frac{1}{333.1}\right)$$

由上式得：$p_2 = 2.94MPa$

13. 硫酸与水可形成 $H_2SO_4 \cdot H_2O(s)$、$H_2SO_4 \cdot 2H_2O(s)$、$H_2SO_4 \cdot 4H_2O(s)$ 三种水合物，试问在 101325Pa 的压力下，能与硫酸水溶液及冰平衡共存的硫酸水合物最多可有多少种？

【解题思路】应用相律求自由度最小时体系最大的相数，关键在于组分数的计算。

解：组分数 C 与物种数 S 的选取无关，当无水合物生成时，$S = 2$，$C = 2$；当有水合物生成时，每增加一种水合物就增加一个化学平衡条件 R，$C = S - R - R'$ 所以独立组分数 C 始终等于 2。

在恒压下，$F = C - P + 1 = 3 - P$。F 最小为 0，P 最多为 3，即三相，除去体系中已存在的硫酸水溶液和冰两相，则最多还可能出现一种水合物。

14. 指出下列平衡系统中的组分数 C、相数 P 及自由度数 F：

(1) $I_2(s)$ 与其蒸气达到平衡；

(2) $NH_4HS(s)$ 放入一个抽空的容器中，并与其分解产物 $NH_3(g)$ 和 $H_2S(g)$ 达到平衡；

(3) 取任意量的 $NH_3(g)$ 和 $H_2S(g)$ 与 $NH_4HS(s)$ 达到平衡。

【解题思路】相律的应用。

解：(1) $C = S - R - R' = 1 - 0 - 0 = 1$；$P = 2$；$F = C - P + 2 = 1$

(2) $C = S - R - R' = 3 - 1 - 1 = 1$；$P = 2$；$F = C - P + 2 = 1$

(3) $C = S - R - R' = 3 - 1 - 0 = 2$；$P = 2$；$F = C - P + 2 = 2$

15. 滑冰鞋下面的冰刀与冰的接触面长为 7.68cm，宽为 0.00245cm。

(1) 若滑冰者体重为 60kg，试求施于冰面的压力为多少？（双脚滑行）

(2) 在该压力下，冰的熔点是多少？已知冰的摩尔熔化热为 $6009.5J \cdot mol^{-1}$，冰的密度为 $0.92g \cdot cm^{-3}$。水的密度为 $1.0 \ g \cdot cm^{-3}$。

【解题思路】本题关键在于掌握克拉佩龙方程。

解：（1）施加于冰上的压力为：

$$p=\frac{F}{S}=\frac{60\times9.8}{7.62\times10^{-2}\times2.45\times10^{-5}\times2}=1.54\times10^8\,Pa$$

（2）由克拉佩龙公式 $\dfrac{dp}{dT}=\dfrac{\Delta H_m^*}{T\Delta V_m^*}$ 积分得 $\qquad \ln\dfrac{T_2}{T_1}=\dfrac{\Delta V_m^*}{\Delta H_m^*}(p_2-p_1)$

$$\Delta V_m^*=\frac{18.0}{1.0}-\frac{18.0}{0.92}=-1.56\,cm^3\cdot mol^{-1}=-1.56\times10^{-6}\,m^3\cdot mol^{-1}$$

代入上式得

$$\ln\frac{T_2}{273.15}=\frac{-1.56\times10^{-6}}{6009.5}\times(1.54\times10^8-101325)$$

求出：$T_2=262.2K$ 或 $t=-11℃$

16. 已知水-苯酚系统在 303K 液-液平衡时共轭溶液的组成 $w(\%)$（苯酚）为：L_1（苯酚溶于水）：8.75%；L_2（水溶于苯酚）：69.9%。

（1）303K 时、100g 苯酚和 200g 水形成的系统达到液-液平衡时，两液相的质量各为多少？

（2）在上述系统中再加入 100g 苯酚，又达到相平衡时，两液相的质量各为多少？

【解题思路】本题解题关键是使用杠杆规则计算两相组成。

解：（1）系统总组成 $\quad w'_{苯酚}=100/(100+200)=33.3\%$

根据杠杆规则：$m(L_1)=300\times\dfrac{69.9-33.3}{69.9-8.75}=179.6g,m(L_2)=300-179.6=120.4g$

（2）系统总组成 $\quad w''_{苯酚}=200/(200+200)=50\%$

根据杠杆规则：$m(L_1)=300\times\dfrac{69.9-50}{69.9-8.75}=130.2g,m(L_2)=400-130.2=269.8g$

17. NaCl-H$_2$O 二组分系统的最低共熔点为 -21.1℃，最低共熔点时溶液的组成为 $w_{NaCl}=0.233$，在该点有冰和 NaCl·2H$_2$O 的结晶析出。在 0.15℃ 时，NaCl·2H$_2$O 分解生成无水 NaCl 和 $w_{NaCl\cdot2H_2O}=0.27$ 的溶液。已知无水 NaCl 在水中的溶解度随温度升高变化很小。NaCl 与 H$_2$O 的摩尔质量分别为 58.0g·mol^{-1}，18.0g·mol^{-1}。

（1）绘制该系统相图的示意图，并指出图中区、线的意义；

（2）若在冰水平衡系统中，加入固体 NaCl 来作致冷剂，可获得的最低温度是多少？

（3）某地炼厂所用淡水由海水（$w_{NaCl}=0.025$）淡化而来，其方法是利用液化气膨胀吸热，使泵取的海水在装置中降温，析出冰，将冰溶化而得淡水，问冷冻剂在什么温度所得的淡水最多？

【解题思路】本题为水盐系统形成不相合熔点化合物的相图，要注意到其实际应用。

解：（1）相图如图所示，NaCl·2H$_2$O 中 NaCl 的质量分数为 $w_{NaCl}=\dfrac{58.0}{94.0}=0.617$，图中三条垂直线为单相线，两条水平线为三相线（端点除外），AE 为冰点下降曲线，BFE 为饱和溶解度曲线，E 点为最低共熔点。

（2）当把 NaCl 放入冰水平衡系统中时，凝固点下降，冰溶化使系统温度下降。系统可获得的最低温度为 -21.1℃。

（3）系统 $w_{NaCl}=0.025$ 时，降低温度在 -21.1℃ 稍上一点时，获得的冰最多，也就是获得的淡水最多。

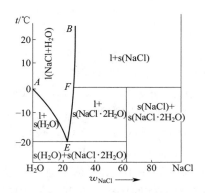

18. 如果反应 $2H_2(g) + O_2(g) =\!=\!= 2H_2O(g)$ 中的气体均可看作理想气体，且在 2000K 时，已知其 $K^{\ominus} = 1.55 \times 10^7$。计算 H_2 和 O_2 分压各为 1.00×10^4 Pa，水蒸气分压为 1.00×10^5 Pa 的混合气体中，进行上述反应的 $\Delta_r G_m$，并判断反应自发进行的方向。

【解题思路】化学反应方向和限度的判别 $\Delta_r G_m = RT \ln(Q_a / K^{\ominus})$，如 $K_a^{\ominus} > Q_a$，向右进行；$K_a^{\ominus} < Q_a$ 时，向左进行；$K_a^{\ominus} = Q_a$，达到平衡。关键在于利用定义式计算压力商。

解：反应系统的压力商为

$$Q_p = \frac{(p'_{H_2O}/p^{\ominus})}{(p'_{H_2}/p^{\ominus})^2(p'_{O_2}/p^{\ominus})} = 1013.25$$

$$\Delta_r G_m = RT \ln(Q_p / K^{\ominus}) = -1.60 \times 10^5 \, \text{J} \cdot \text{mol}^{-1}$$

$$\Delta_r G_m < 0, Q_p < K^{\ominus}$$

反应正向自发进行。

19. $FeSO_4(s)$ 在 929K 下进行以下分解反应：

$$2FeSO_4(s) =\!=\!= Fe_2O_3(s) + SO_2(g) + SO_3(g)$$

已知平衡时，系统的总压力 $p = 91192.5$ Pa。试求

（1）在 929K 下，上述反应的 $K^{\ominus}$；

（2）若在烧瓶预先放入 60795Pa 的 $SO_2(g)$，再放入过量的 $FeSO_4(s)$，在 929K 下反应达平衡，计算系统的总压力。（$p^{\ominus} = 100$kPa）

【解题思路】本题在掌握用平衡压力表示的标准平衡常数的基础上，根据题意和恰当的假设列出起始量、转化量、平衡量，通过解方程，求出结果。

解：（1）$K^{\ominus} = (p_{SO_2}/p^{\ominus})(p_{SO_3}/p^{\ominus})$

而
$$p_{SO_2} = p_{SO_3}$$

$$p_{总} = p_{SO_2} + p_{SO_3}$$

则
$$K^{\ominus} = \frac{p_{总}}{2p^{\ominus}} \frac{p_{总}}{2p^{\ominus}} = \frac{1}{4}\left(\frac{p_{总}}{p^{\ominus}}\right)^2$$

$$= \frac{1}{4}\left(\frac{91.1925}{100}\right)^2 = 0.2080$$

（2）$2FeSO_4(s) =\!=\!= Fe_2O_3(s) + SO_2(g) + SO_3(g)$

开始时：　　　　　　　　　　　　　60795Pa

平衡时：　　　　　　　　　　　　$p_{SO_2} + x$　　　x

则
$$K^{\ominus} = \frac{p_{SO_2} + x}{p^{\ominus}} \cdot \frac{x}{p^{\ominus}}$$

$$x^2 + x p_{SO_2} - K^{\ominus}(p^{\ominus})^2 = 0$$

$$x = 26206 \text{Pa}$$

故
$$p_总 = p_{SO_2} + x + x = 113207 \text{Pa}$$

20. 已知 A(g) 与 B(g) 可按下列反应同时进行：

$$A(g) + B(g) = Y(g) + Z(g) \qquad \qquad ①$$

$$A(g) + (g) = E(g) \qquad \qquad ②$$

在 300K 时反应①的 $\Delta_r G_m^{\ominus}(l) = 0$。若在 100kPa 总压力下，取等物质的量的 A(g) 与 B(g) 进行上述反应，达平衡时测得平衡系统的体积只有起始体积的 80%。试求

(1) 计算 300K 时平衡混合物的组成；

(2) 反应②在 300K 时的 $\Delta_r G_m^{\ominus}(2)$ ($p^{\ominus} = 100 \text{kPa}$)。

【解题思路】依题意列出起始量、转化量、平衡量，并计算。由标准平衡常数的定义式求出 $\Delta_r G_m^{\ominus}$。

解：(1)
$$\begin{array}{ccc} A(g) & + & B(g) = Y(g) + Z(g) \end{array}$$

平衡时 $\quad n_A - x - y \quad n_B - x - y \quad x \quad x$

$$A(g) + B(g) = E(g)$$

平衡时 $\quad n_A - x - y \quad n_B - x - y \quad y$

$$\sum n_B = n_A + n_B - y$$

开始时 $\qquad p(始)V(始) = (n_A + n_B)RT$

平衡时 $\qquad p(平)V(平) = (n_A + n_B - y)RT$

因恒压下进行 $\qquad p(始) = p(平) \qquad V(平) = 0.8V(始)$

故
$$\frac{n_A + n_B}{n_A + n_B - y} = 1.25 \quad 因为 \ n_A = n_B$$

所以
$$y = 0.4 n_B$$

再由
$$K_1^{\ominus} = \frac{\dfrac{x}{n_A + n_B - y} \cdot \dfrac{x}{n_A + n_B - y}}{\dfrac{n_A - x - y}{n_A + n_B - y} \cdot \dfrac{n_A - x - y}{n_A + n_B - y}} \left[\frac{p(总)}{p^{\ominus}}\right]^0$$

$$= \frac{x^2}{(0.6 n_A - x)^2}$$

因为 $\quad K_1^{\ominus} = 1 \quad$ 所以 $x^2 = (0.6 n_A - x)^2$

$$x^2 = 0.36 n_A^2 - 1.2 n_A x + x^2 \qquad 故 \ x = 0.3 n_A$$

$$y_Y = y_Z = \frac{x}{\sum n_B} = 0.1875 \qquad y_E = \frac{y}{\sum n_B} = 0.25$$

$$y_A = y_B = \frac{n_A - x - y}{\sum n_B} = 0.1875$$

(2) $K_2^{\ominus} = \dfrac{y_E}{y_A y_B} \left[\dfrac{p(总)}{p^{\ominus}}\right]^{-1} = 7.018$

$$\Delta_r G_m^{\ominus}(2) = -RT \ln K_2^{\ominus} = -4860 \text{J} \cdot \text{mol}^{-1}$$

21. 已知 298K 时 C(石墨)、$H_2(g)$、$C_2H_6(g)$ 的 $S_m^{\ominus}$ 分别为 5.69J·K^{-1}·mol^{-1}、

$130.59J \cdot K^{-1} \cdot mol^{-1}$、$229.49J \cdot K^{-1} \cdot mol^{-1}$、$C_2H_6(g)$ 的 $\Delta_f H_m^{\ominus} = -84.68kJ \cdot mol^{-1}$，试计算反应 $2C(石墨)+3H_2(g) \longrightarrow C_2H_6(g)$ 在 298K 的标准平衡常数。

【解题思路】结果可由标准平衡常数的定义式求出，关键在于由生成吉布斯自由能求反应吉布斯自由能。

解：

$$K^{\ominus} = \exp\left(-\frac{\Delta_r G_m^{\ominus}}{RT}\right) = \exp\left(-\frac{\sum \Delta_f G_m^{\ominus}}{RT}\right)$$
$$= 5.8 \times 10^5$$

22. 求算反应

$$CO(g)+Cl_2(g) === COCl_2(g)$$

在 298K 及标准压力下的 $\Delta_r G_m^{\ominus}$ 及 $K^{\ominus}$，已知 $\Delta_f G_m^{\ominus}(CO,g) = -137.3kJ \cdot mol^{-1}$，$\Delta_f G_m^{\ominus}(COCl_2,g) = -210.5kJ \cdot mol^{-1}$。

【解题思路】由生成吉布斯自由能求反应吉布斯自由能，进而计算出标准平衡常数。

解：查题意可知，298K 时

$$\Delta_f G_m^{\ominus}(CO,g) = -137.2kJ \cdot mol^{-1}$$
$$\Delta_f G_m^{\ominus}(COCl_2,g) = -210.5kJ \cdot mol^{-1}$$
$$\Delta_r G_m^{\ominus} = -73.2kJ \cdot mol^{-1}$$
$$K^{\ominus} = \exp\left(-\frac{\Delta_r G_m^{\ominus}}{RT}\right) = 6.78 \times 10^{12}$$

23. 一种酶在三羧酸循环中催化以下反应

$$柠檬酸盐 === 顺乌头酸盐+水 === 异柠檬酸盐$$

若在 298K、pH=7 时，平衡混合物中含 90.9% 柠檬酸盐、2.9% 顺乌头酸盐和 6.2% 异柠檬酸盐，试计算：在 pH=7 时，(1) 柠檬酸盐形成顺乌头酸盐的 $\Delta_r G_m^{\ominus}$；(2) 顺乌头酸盐形成异柠檬酸盐的 $\Delta_r G_m^{\ominus}$；(3) 柠檬酸盐形成异柠檬酸盐的 $\Delta_r G_m^{\ominus}$ 值。

【解题思路】本题关键在于掌握标准平衡常数和标准反应吉布斯自由能的关系式。

解：$\Delta_r G_m^{\ominus} = -RT\ln K^{\ominus}$

(1) $\Delta_r G_m^{\ominus} = -RT\ln \dfrac{2.9\%}{90.9\%} = 8537J$

(2) $\Delta_r G_m^{\ominus} = -RT\ln \dfrac{6.2\%}{2.9\%} = -1883J$

(3) $\Delta_r G_m^{\ominus} = \Delta_r G_m^{\ominus}(1) + \Delta_r G_m^{\ominus}(2) = 6654J$

24. 293K 时，实验测得下列同位素交换反应的标准为平衡常数

(1) $H_2 + D_2 === 2HD$ $K^{\ominus}(1) = 3.27$

(2) $H_2O + D_2O === 2HDO$ $K^{\ominus}(2) = 3.18$

(3) $H_2O + HD === HDO + H_2$ $K^{\ominus}(3) = 3.40$

试求 293K 时反应 $H_2O + D_2 === D_2O + H_2$ 的 $\Delta_r G_m^{\ominus}$ 及 $K^{\ominus}$。

【解题思路】掌握由反应方程式之间的关系，计算标准平衡常数。

解：所求反应为 (1)-(2)+(3)×2

$$K^{\ominus} = K_1^{\ominus} \times (K_3^{\ominus})^2 / K_2^{\ominus} = 11.9$$
$$\Delta_r G_m^{\ominus} = -RT\ln K^{\ominus} = -6.03kJ \cdot mol^{-1}$$

25. 反应甘油＋磷酸══甘油磷酸酯＋水，在 298K 时 $\Delta_r G_m^{\ominus}$ 为 11.09kJ·mol^{-1}。如果开始时用 1mol·dm^{-3} 的甘油和 0.5mol·dm^{-3} 的磷酸反应，试求在平衡时甘油磷酸酯的浓度是多少？

【解题思路】本题关键在于列出所求浓度和标准平衡常数间的函数关系。

解：$\Delta_r G_m^{\ominus} = -RT \ln K^{\ominus}$

$$K^{\ominus} = \exp\left(-\frac{\Delta_r G_m^{\ominus}}{RT}\right)$$

设平衡时甘油磷酸酯浓度为 x

$$\frac{x}{(1-x)(0.5-x)} = K^{\ominus}$$
$$x = 0.005612 \text{mol·dm}^{-3}$$

26. 已知在催化剂作用下，乙烯气体与液体水反应生成乙醇水溶液，其反应为
$$C_2H_4(g) + H_2O(l) ══ C_2H_5OH(aq)$$
298K 时纯乙醇的蒸气压为 7.60×10^3 Pa，乙醇水溶液在其标准态（即 $c = 1\text{mol·dm}^{-3}$），乙醇的蒸气压为 5.33×10^2 Pa；$C_2H_5OH(l)$，$H_2O(l)$ 和 $C_2H_4(g)$ 的标准生成吉布斯自由能分别为 -1.748×10^5 J·mol^{-1}、-2.372×10^5 J·mol^{-1} 和 6.818×10^4 J·mol^{-1}。试计算此水合反应的标准平衡常数。

【解题思路】先想办法计算出标准反应吉布斯自由能，进由定义式计算出标准平衡常数。

解：设计如下循环

$$C_2H_5OH(l) \xrightarrow{\Delta G_1} C_2H_5OH(c = 1\text{mol·dm}^{-3})$$

$$\Delta G_2 \downarrow \qquad\qquad \uparrow \Delta G_4$$

$$C_2H_5OH\ (g,\ 7.60 \times 10^3\,Pa) \xrightarrow{\Delta G_3} C_2H_5OH\ (g,\ 5.33 \times 10^2\,Pa)$$

$$\Delta G_1 = \Delta G_2 + \Delta G_3 + \Delta G_4$$
$$= -6.584 \text{kJ·mol}^{-1}$$
$$= \Delta_f G_m^{\ominus}\ (C_2H_5OH,\ c = 1\text{mol·dm}^{-3}) - \Delta_f G_m^{\ominus}\ (C_2H_5OH,\ l)$$
$$\Delta_f G_m^{\ominus}\ (C_2H_5OH,\ c = 1\text{mol·dm}^{-3}) = 181.4 \text{kJ·mol}^{-1}$$

题中反应　　$\Delta_r G_m^{\ominus} = \Delta_f G_m^{\ominus}(C_2H_5OH, c = 1\text{mol·dm}^{-3}) - \Delta_f G_m^{\ominus}(H_2O, l) - \Delta_f G_m^{\ominus}(C_2H_4, g)$
$$= -12.36 \text{kJ·mol}^{-1} = -RT \ln K^{\ominus}$$
$$K^{\ominus} = 147$$

27. 有人试图用 CH_4 和 C_6H_6 反应制取 $C_6H_5CH_3$。已知 1000K 时 CH_4、C_6H_6、$C_6H_5CH_3$ 的 $\Delta_f G_m^{\ominus}$ 分别为 14.43kJ·mol^{-1}、249.37kJ·mol^{-1}、310.45kJ·mol^{-1}。今使等物质的量的 CH_4 和 C_6H_6 的混合物在 1000K 时通过适当的催化剂催化该反应，试问 $C_6H_5CH_3$ 的最高产率是多少？

【解题思路】先由生成吉布斯自由能计算出标准反应吉布斯自由能，并求出标准平衡常数，最后用三步法计算出组成。

解：$CH_4(g) + C_6H_6(g) ══ C_6H_5CH_3(g) + H_2(g)$
1000K 时，$\Delta_r G_m^{\ominus} = [310.45 - (14.43 + 249.37)] \text{kJ·mol}^{-1}$

$$=46.65 \text{kJ} \cdot \text{mol}^{-1}$$
$$\ln K^{\ominus} = -\Delta_r G_m^{\ominus}/RT$$
$$= \frac{-46.65}{8.314 \times 1000}$$
$$= -5.611$$
$$K^{\ominus} = 3.66 \times 10^{-3}$$

设开始时　CH_4、C_6H_6 各有 1mol

达平衡时转化率为 α，则 CH_4、C_6H_6 各为 $(1-\alpha)$mol，$C_6H_5CH_3$、H_2 各为 α mol。

总量　　　　　　　　　$\sum n_B = 2\text{mol}$

$$K^{\ominus} = \frac{\alpha^2}{(1-\alpha)^2}$$
$$\alpha = 0.057$$

故 $C_6H_5CH_3$ 的最高产率为 5.7%。

28. 已知 Ag_2O 在 445℃时的分解压力为 2.097×10^4 kPa，试问在该温度下由 Ag 和 O_2 生成 1mol Ag_2O 的 $\Delta_f G_m^{\ominus}$(718.15K)。

【解题思路】由已知分解压计算出标准平衡常数，并求出标准吉布斯自由能和 $\Delta_f G_m^{\ominus}$。

解：$K^{\ominus} = [p_{O_2}/p^{\ominus}]^{1/2} = 14.4$

$\Delta_f G_m^{\ominus}(Ag_2O, s) = -\Delta_r G_m^{\ominus} = RT \ln K^{\ominus} = 15.9\text{kJ} \cdot \text{mol}^{-1}$

29. 在 323K 时，下列反应中 $NaHCO_3(s)$ 和 $CuSO_4 \cdot 5H_2O(s)$ 的分解压力分别为 4000Pa 和 6052Pa：

① $NaHCO_3(s) = Na_2CO_3(s) + H_2O(g) + CO_2(g)$

② $CuSO_4 \cdot 5H_2O(s) = CuSO_4 \cdot 3H_2O(s) + 2H_2O(g)$

求：(1) 反应①和反应②的标准平衡常数 $K^{\ominus}$；

(2) 323K 时，反应①和反应②中的四种固体物质放入一个真空容器中，平衡后 CO_2 的分压力为多少？($p^{\ominus} = 100\text{kPa}$)

【解题思路】先由已知分解压计算出反应①和反应②的标准平衡常数，由于标准平衡常数仅仅是温度的函数，在温度不变，其值不变。反应②的标准平衡常数只与 $H_2O(g)$ 有关，故 $H_2O(g)$ 的压力值可知，把 $H_2O(g)$ 的数据代入反应①的标准平衡常数表达式中，可求出 $p(CO_2)$。

解：(1) $K_1^{\ominus} = \frac{p_{H_2O} \times p_{CO_2}}{(p^{\ominus})^2} = \left(\frac{4000}{2 \times 101325}\right)^2 = 3.90 \times 10^{-4}$

$$K_2^{\ominus} = \left(\frac{p_{H_2O}}{p^{\ominus}}\right)^2 = \left(\frac{6052}{101325}\right)^2 = 3.56 \times 10^{-3}$$

(2) $\dfrac{p_{H_2O} \times p_{CO_2}}{(p^{\ominus})^2} = 3.90 \times 10^{-4}$

则　　　　　　　　　$\dfrac{6052 \times p_{CO_2}}{(101325)^2} = 3.90 \times 10^{-4}$

$$p_{CO_2} = 661\text{Pa}$$

30. 已知 298K 时，磷酸葡萄糖变位酶催化以下反应：

$$1\text{-磷酸葡萄糖} \rightleftharpoons 6\text{-磷酸葡萄糖苷} \qquad \Delta_r G_{m,1}^{\ominus} = -7.28 \text{kJ} \cdot \text{mol}^{-1}$$

同时，6-磷酸葡萄糖苷可被磷酸葡萄糖异构化酶催化转变为6-磷酸果糖，其反应为：

$$6\text{-磷酸葡萄糖} \rightleftharpoons 6\text{-磷酸果糖} \qquad \Delta_r G_{m,2}^{\ominus} = 2.09 \text{kJ} \cdot \text{mol}^{-1}$$

如果开始用 $0.1 \text{mol} \cdot \text{dm}^{-3}$ 的 1-磷酸葡萄糖，试求在平衡时混合物的成分各是多少？

【解题思路】掌握标准平衡常数和平衡浓度之间的关系。

解：设平衡时 6-磷酸葡萄糖苷浓度为 x，6-磷酸果糖为 y

$$\frac{x}{0.1-x-y} = K_1^{\ominus} = \exp\left(-\frac{\Delta_r G_{m,1}^{\ominus}}{RT}\right) = \exp\left(\frac{7280}{RT}\right)$$

$$\frac{y}{x} = K_2^{\ominus} = \exp\left(-\frac{2090}{RT}\right)$$

解得三种物质浓度分别为 $0.06745 \text{mol} \cdot \text{dm}^{-3}$、$0.02901 \text{mol} \cdot \text{dm}^{-3}$、$0.003544 \text{mol} \cdot \text{dm}^{-3}$。

31. 三磷酸腺苷（ATP）在 310K 及 pH=7 时的水解平衡常数是 1.3×10^5。如果 $\Delta_r H_m^{\ominus} = -20.08 \text{kJ} \cdot \text{mol}^{-1}$，试计算 298K 和 273K 时水的水解平衡常数。

【解题思路】范特霍夫等温方程的具体应用。

解：
$$\ln\frac{K^{\ominus}(T_2)}{K^{\ominus}(T_1)} = \frac{\Delta_r H_m^{\ominus}}{R}\left(\frac{1}{T_1} - \frac{1}{T_2}\right)$$

代入数据分别得
$$K^{\ominus}(298) = 1.78 \times 10^5$$
$$K^{\ominus}(273) = 3.74 \times 10^5$$

32. 一种酯的酶水解平衡常数在 198K 时是 32，在 310K 是 50，计算在 310K 时的反应热 $\Delta_r H_m^{\ominus}$ 和 $\Delta_r G_m^{\ominus}$。

【解题思路】先由范特霍夫等温方程计算反应热 $\Delta_r H_m^{\ominus}$，再由标准平衡常数定义式求 $\Delta_r G_m^{\ominus}$。

解：根据公式
$$\ln\frac{K^{\ominus}(T_2)}{K^{\ominus}(T_1)} = \frac{\Delta_r H_m^{\ominus}}{R}\left(\frac{1}{T_1} - \frac{1}{T_2}\right)$$

得
$$\Delta_r H_m^{\ominus} = 28.56 \text{kJ} \cdot \text{mol}^{-1}$$
$$\Delta_r G_m^{\ominus} = -RT\ln[K^{\ominus}(310)] = -10.08 \text{kJ} \cdot \text{mol}^{-1}$$

33. 已知下列两反应的 $K^{\ominus}$ 值如下：

$$FeO(s) + CO(g) \rightleftharpoons Fe(s) + CO_2(g) \qquad K_1^{\ominus}$$

$$Fe_3O_4(s) + CO(g) \rightleftharpoons FeO(s) + CO_2(g) \qquad K_2^{\ominus}$$

T/K	$K_1^{\ominus}$	$K_2^{\ominus}$
873	0.871	1.15
973	0.678	1.77

而且两反应的 $\sum \nu_B C_{p,m} = 0$　试求：

（1）在什么温度下 $Fe(s)$、$FeO(s)$、$Fe_3O_4(s)$、$CO(g)$ 及 $CO_2(g)$ 可全部存在于平衡系统中？

（2）此温度下，反应的 $p_{CO_2}/p_{CO} = ?$

【解题思路】范特霍夫等温方程的应用

解：(1) $K_1^{\ominus}=p_{CO_2}/p_{CO}$

$\qquad K_2^{\ominus}=p_{CO_2}/p_{CO}$

全部物质存在于反应平衡系统中，由必然有 $K_1^{\ominus}=K_2^{\ominus}$，此时之温度就为所要求的温度。

$$\ln K_1^{\ominus}=-\frac{\Delta_r H_{m,1}^{\ominus}}{RT}+C_1$$

$$\ln K_2^{\ominus}=-\frac{\Delta_r H_{m,2}^{\ominus}}{RT}+C_2$$

将数据代入上式，分别求得：

$$C_1=-4.29 \qquad \Delta_r H_{m,1}^{\ominus}=-31573 J \cdot mol^{-1}$$

$$C_2=+4.91 \qquad \Delta_r H_{m,2}^{\ominus}=35136 J \cdot mol^{-1}$$

$$-\frac{\Delta_r H_{m,1}^{\ominus}}{RT}+C_1=-\frac{\Delta_r H_{m,2}^{\ominus}}{RT}+C_2$$

则

$$T=\frac{\Delta_r H_{m,2}^{\ominus}-\Delta_r H_{m,1}^{\ominus}}{R(C_2-C_1)}=872 K$$

(2) 在 872K 时 $p_{CO_2}/p_{CO}=K_1^{\ominus}=K_2^{\ominus}$

故算出 $K_1^{\ominus}$ 或 $K_2^{\ominus}$ (872K)，得

$$p_{CO_2}/p_{CO}=1.071$$

34. 钢铁进行热处理时，应控制处理气氛，防止铁的氧化。已知850℃时，反应

$$Fe(s)+CO_2(g)=\!=\!=FeO(s)+CO(g) \qquad K^{\ominus}=2.4$$

试求：

(1) 若反应体系中只有 CO_2 和 CO 两种气体，二者比例为多少可防止 Fe(s) 的氧化？

(2) 若反应体系中加入摩尔分数为 0.40 的惰性气体 N_2，则 CO 与 CO_2 的比例为多少可防止 Fe(s) 的氧化？

【解题思路】化学反应方向和限度的判别：比较 $K_a^{\ominus}$ 和 Q_a 的大小，关键在于计算出压力商。

解：(1) 设 CO 的体积分数为 φ_{CO}，系统总压力为 p，则 $p_{CO}=p$，$p_{CO_2}=p(1-\varphi_{CO})$

$$Q_p=\frac{(p_{CO}/p^{\ominus})}{(p_{CO_2}/p^{\ominus})}=\frac{\varphi_{CO}}{1-\varphi_{CO}}>K_p^{\ominus}$$

即

$$\frac{\varphi_{CO}}{1-\varphi_{CO}}>2.4$$

则

$$\varphi_{CO}>0.71$$

(2)

$$Q_p=\frac{p_{CO}/p^{\ominus}}{p_{CO_2}/p^{\ominus}}=\frac{\varphi_{CO}}{0.6-\varphi_{CO}}>K_p^{\ominus}$$

$$\frac{\varphi'_{CO}}{0.6-\varphi'_{CO}}>2.4$$

解出

$$\varphi'_{CO}>0.42$$

35. 酶母羧化酶促丙酮酸的分解：

$$CH_3COCOOH(l) \xrightarrow{\text{酵母羧化酶}} CH_3CHO(g) + CO_2(g)$$

已知 298K 时丙酮酸、乙醛和二氧化碳的标准生成 Gibbs 自由能分别为：-463.48kJ·mol^{-1}、-133.72kJ·mol^{-1} 和 -394.38kJ·mol^{-1}。（1）请计算此反应在 298K 时的 $K_p^{\ominus}$；（2）若此反应的 $\Delta_r H_m^{\ominus}$ 为 25.01kJ·mol^{-1}，且与温度无关，此反应在 310K 时的 $K_p^{\ominus}$ 为多少？

【解题思路】标准平衡常数的定义式和范特霍夫等温方程的应用。

解：（1）$K_p^{\ominus} = \exp\left(\dfrac{-\Delta_r G_m^{\ominus}}{RT}\right) = 2.174 \times 10^{11}$

（2）公式 $\ln \dfrac{K^{\ominus}(T_2)}{K^{\ominus}(T_1)} = \dfrac{\Delta_r H_m^{\ominus}}{R}\left(\dfrac{1}{T_1} - \dfrac{1}{T_2}\right)$

得 $\qquad K_p^{\ominus}(310K) = 3.211 \times 10^{11}$

36. 已知 298K 时 L-天冬氨酸在其 0.0355mol·kg^{-1} 饱和水溶液中的活度系数 $\gamma_m = 0.45$，L-天冬氨酸（s）的 $\Delta_f G_m^{\ominus} = -721.4$kJ·$mol^{-1}$。此溶液中 L-天冬氨酸离子的 $\Delta_f G_m^{\ominus} = -699.2$kJ·$mol^{-1}$，试计算 L-天冬氨酸电离的 $\Delta_r G_m^{\ominus}$。

【解题思路】利用状态函数的特点，把 L-天冬氨酸电离拆分成几个含可逆过程在内的简单过程，进而求出结果。

解：L-天冬氨酸记为 L，相应离子 L^+

$$\text{设计过程 } L(s) \xrightarrow{\text{①}} L(c = 0.0355 \text{mol} \cdot kg^{-1}) \xrightarrow{\text{②}} L(a=1) \xrightarrow{\text{③}} L^+$$

$$\underbrace{\hspace{8cm}}_{\text{④}}$$

$$\Delta_r G_{m,2} = \Delta_r G_{m,4} - \Delta_r G_{m,1} - \Delta_r G_{m,3}$$

$$\Delta_r G_{m,1} = 0$$

$$\Delta_r G_{m,3} = -RT \ln \frac{1}{0.0355 \times 0.45}$$

$$\Delta_r G_{m,2} = 11.97 \text{kJ} \cdot \text{mol}^{-1}$$

知识拓展

1. 概念解析

（1）偏摩尔量与摩尔量有什么异同？

答：对于单组分系统，只有摩尔量，而没有偏摩尔量。或者说，在单组分系统中，偏摩尔量就等于摩尔量。只有对多组分系统，物质的量也成为系统的变量，当某物质的量发生改变时，也会引起系统的容量性质的改变，这时才引入了偏摩尔量的概念。系统总的容量性质要用偏摩尔量的加和公式计算，而不能用纯的物质的摩尔量乘以物质的量来计算。

（2）什么是化学势？与偏摩尔量有什么区别？

答：化学势的广义定义是：保持某热力学函数的两个特征变量和除 B 以外的其他组分不变时，该热力学函数对 B 物质的量 n_B 求偏微分。通常所说的化学势是指它的狭义定义，即偏摩尔 Gibbs 自由能，即在等温、等压下，保持除 B 以外的其他物质组成不变时，Gibbs

自由能随 B 的物质的量的改变的变化率称为化学势。用公式表示为：

$$\mu_B = \left(\frac{\partial G}{\partial n_B} \right)_{T,p,n_C(C \neq B)}$$

偏摩尔量是指在等温、等压条件下，保持除 B 以外的其他组分不变，系统的广度性质 Z 随组分 B 的物质的量 n_B 的变化率，称为物质 B 的某种广度性质 Z 的偏摩尔量，用 X_B 表示。也可以看作在一个等温、等压、保持组成不变的多组分系统中，当 $n_B = 1\text{mol}$ 时，物质 B 所具有的广度性质 Z_B，偏摩尔量的定义式为

$$Z_B \xlongequal{\text{def}} \left(\frac{\partial Z}{\partial n_B} \right)_{T,p,n_C(C \neq B)}$$

化学势与偏摩尔量的定义不同，偏微分的下标也不同。但有一个例外，即 Gibbs 自由能的偏摩尔量和化学势是一回事，狭义的化学势就是偏摩尔 Gibbs 自由能。

（3）Raoult 定律和 Henry 定律的表示式和适用条件分别是什么？

答：Raoult 定律的表示式为：$p_A = p_A^* x_A$。式中，p_A^* 为纯溶剂的蒸气压；p_A 为溶液中溶剂的蒸气压；x_A 为溶剂的摩尔分数。该公式用来计算溶剂的蒸气压 p_A。适用条件为定温、稀溶液、非挥发性溶质，后来推广到液态混合物。

Henry 定律的表示式为：$p_B = k_{x,B} x_B = k_{m,B} m_B = k_{c,B} c_B$。式中，$k_{x,B}$，$k_{m,B}$ 和 $k_{c,B}$ 分别是物质 B 用不同浓度表示时的 Henry 系数，Henry 系数与温度、压力、溶质和溶剂的性质有关。适用条件为：定温、稀溶液、气体溶质，溶解分子在气相和液相有相同的分子状态。

对于液态混合物，Henry 定律与 Raoult 定律是等效的，Henry 系数就等于纯溶剂的饱和蒸气压。

（4）硫氢化铵 $NH_4HS(s)$ 的分解反应：①在真空容器中分解；②在充有一定 $NH_3(g)$ 的容器中分解，两种情况的独立组分数是否一样？

答：两种独立组分数不一样。在①中，$C = 1$。因为物种数 S 为 3，但有一个独立的化学平衡和一个浓度限制条件，所以组分数等于 1。

在②中，物种数 S 仍为 3，有一个独立的化学平衡，但是浓度限制条件被破坏了，两个生成物之间没有量的限制条件，所以独立组分数 $C = 2$。

（5）纯的碳酸钙固体在真空容器中分解，这时独立组分数为多少？

答：碳酸钙固体的分解反应为 $\quad CaCO_3(s) \Longrightarrow CaO(s) + CO_2(g)$

物种数为 3，有一个平衡限制条件，但没有浓度限制条件。因为氧化钙与二氧化碳不处在同一个相，没有摩尔分数的加和等于 1 的限制条件，所以独立组分数为 2。

（6）制水煤气时有三个平衡反应，求独立组分数 C。

$$(1) H_2O(g) + C(s) \Longrightarrow H_2(g) + CO(g)$$

$$(2) CO_2(g) + H_2(g) \Longrightarrow H_2O(g) + CO(g)$$

$$(3) CO_2(g) + C(s) \Longrightarrow 2CO(g)$$

答：三个反应中共有 5 个物种，$S = 5$。方程（1）可以用方程（3）减去方程（2）得到，因而只有 2 个独立的化学平衡，$R = 2$。没有明确的浓度限制条件，所以独立组分数 $C = 3$。

(7) 水的三相点与冰点是否相同？

答：不相同。纯水的三相点是气-液-固三相共存，其温度和压力由水本身性质决定，这时的压力为 610.62Pa，温度为 273.16K。热力学温标 1K 就是取水的三相点温度的(1/273.16)K。

水的冰点是指在大气压力下，冰与水共存时的温度。由于冰点受外界压力影响，在101.3kPa 压力下，冰点下降 0.00747K，由于水中溶解了空气，冰点又下降 0.0024K，所以在大气压力为 101.3kPa 时，水的冰点为 273.15K。虽然两者之间只相差 0.01K，但三相点与冰点的物理意义完全不同。

(8) 沸点和恒沸点有何不同？

答：沸点是对纯液体而言的。在大气压力下，纯物质的液-气两相达到平衡，当液体的饱和蒸气压等于大气压力时，液体沸腾，这时的温度称为沸点。

恒沸点是对双组分液相混合系统而言的，是指两个液相能完全互溶，但对 Raoult 定律发生偏差，当偏差很大，在 p-x 图上出现极大值（或极小值）时，则在 T-x 图上出现极小值（或极大值），这时气相的组成与液相组成相同，这个温度称为最低（或最高）恒沸点，用简单蒸馏的方法不可能把两组分完全分开。这时，所对应的双液系统称为最低（或最高）恒沸混合物。在恒沸点时自由度为 1，改变外压，恒沸点的数值也改变，恒沸混合物的组成也随之改变。当压力固定时，条件自由度为零，恒沸点的温度有定值。

(9) 恒沸混合物是不是化合物？

答：不是。它是完全互溶的两个组分的混合物，是由两种不同的分子组成。在外压固定时，它有一定的沸点，这时气相的组成和液相组成完全相同。但是，当外部压力改变时，恒沸混合物的沸点和组成都会随之改变。化合物的沸点虽然也会随着外压的改变而改变，但它的组成是不会改变的。

(10) 为什么化学反应通常不能进行到底？

答：严格讲，反应物与产物处于同一系统的反应都是可逆的，不能进行到底。只有逆反应与正反应相比小到可以忽略不计的反应，可以粗略地认为可以进行到底。这主要是由于存在混合 Gibbs 自由能的缘故，反应物与产物混合，会使系统的 Gibbs 自由能降低。如果没有混合 Gibbs 自由能，在 Gibbs 自由能对反应进度的变化曲线上，应该是一条不断下降的直线，不会出现最低点。如果将反应在范特霍夫平衡箱中进行，反应物与生成物的压力都保持不变，反应物与生成物也不发生混合，反应物反应掉一个分子，向平衡箱中补充一个分子。生成一个生成物分子，则从平衡箱中移走一个分子，这样才能使反应进行完全。

(11) 根据公式，$\Delta_r G_m^\ominus = -RT\ln K^\ominus$，所以说 $\Delta_r G_m^\ominus$ 是在平衡状态时的 Gibbs 自由能的变化值，这样说对不对？

答：不对。在等温、等压、不作非膨胀功时，化学反应达到平衡时的 Gibbs 自由能的变化值等于零，这样才得到上述公式。而 $\Delta_r G_m^\ominus$ 是指在标准状态下 Gibbs 自由能的变化值，在数值上等于反应式中各参与物质的标准化学势的代数和，即：$\Delta_r G_m^\ominus(T) = \sum_B \nu_B \mu_B^\ominus(T)$，因此不能认为 $\Delta_r G_m^\ominus$ 是在平衡状态时的 Gibbs 自由能的变化值，否则在标准状态下，它的数值永远等于零。

(12) 在一定的温度、压力且不作非膨胀功的条件下，若某反应的 $\Delta_r G_m > 0$，能否研制出一种催化剂使反应正向进行？

答：不能。催化剂只能同时改变正向和逆向反应的速率，使平衡提前到达，而不能改变反应的方向和平衡的位置，催化剂不能影响 $\Delta_r G_m$ 的数值。用热力学函数判断出的不能自发进行的反应，用加催化剂的方法也不能使反应进行，除非对系统做非膨胀功。

2. 化学势在生产生活中应用实例

（1）农田中施肥太浓时植物会被烧死。盐碱地的农作物长势不良，甚至枯萎，试解释其原因？

答：这是由于 H_2O（l）在庄稼的细胞内和土壤中的化学势不等，发生渗透造成的。当土壤中肥料或盐类的浓度大于植物细胞内的浓度时，H_2O（l）在植物细胞中的化学势比在土壤中的要高，水通过细胞壁向土壤中渗透，所以植物就会枯萎，甚至烧死。

（2）北方人冬天吃冻梨前，将冻梨放入凉水中浸泡，过一段时间后冻梨内部解冻了，但表面结了一层薄冰。试解释原因？

答：凉水温度比冻梨温度高，可使冻梨解冻。冻梨含有糖分，故冻梨内部的凝固点低于水的冰点。当冻梨内部解冻时，要吸收热量，而解冻后的冻梨内部温度仍略低于水的冰点，所以冻梨内部解冻了，而冻梨表面上仍凝结一层薄冰。

（3）在汞面上加了一层水能减小汞的蒸气压吗？

答：不能。因为水和汞是完全不互溶的两种液体，两者共存时，各组分的蒸气压与单独存在时的蒸气压一样，液面上的总压力等于纯水和纯汞的饱和蒸气压之和。如果要蒸馏汞的话，加了水可以使混合系统的沸点降低，这就是水蒸气蒸馏的原理。所以，仅仅在汞面上加一层水，是不可能减小汞的蒸气压的，但是可以降低汞的蒸发速度。

（4）冬季建筑施工时，为保证施工质量，为什么常在浇注混凝土时加入盐类，且加 $CaCl_2$ 效果较好？

答：稀溶液依数性中凝固点的降低应用。加入盐类可降低混凝土的固化温度，相同浓度下 $CaCl_2$ 所含质点数较多。

（5）为什么海水总是表面先结冰？

答：根据克拉佩龙方程可知：水的冰点随压力增大而降低，所以海水表面先结冰。

（6）为什么高山上很难将东西煮熟？

答：由克劳修斯-克拉佩龙方程得知：外压越小沸点越低，高山上大气压降低，造成水的沸点变低。

3. 离子液体简介及其发展前景

（1）离子液体简介

离子液体是指在室温或接近室温下呈现液态的、完全由阴阳离子所组成的盐，也称为低温熔融盐。离子液体的历史可以追溯到 1914 年，当时 Walden 报道了（$EtNH_2$）＋ HNO_3 的合成（熔点 12℃）。这种物质由浓硝酸和乙胺反应制得，但是，由于其在空气中很不稳定且极易发生爆炸，它的发现在当时并没有引起人们的兴趣，这是最早的离子液体。1951 年 F. H. Hurley 和 T. P. Wiler 首次合成了在环境温度下是液体状态的离子液体。1992 年 Wilkes 以 1-甲基-3-乙基咪唑为阳离子合成氯化 1-甲基-3-乙基咪唑，在摩尔分数为 50% 的 $AlCl_3$ 存在下，其熔点达到了 8℃。在这以后，离子液体的应用研究才真正得到广泛开展。目前，离子液体逐渐成为国际科技前沿和热点，展示了广阔的应用潜力和前景，成为当今世界各国绿色高新技术竞争的战略高地。近年来，离子液体相关研究论文和报道中，Nature 有 12 篇、Science10 篇、Chem. Eng. News. 34 篇等。

离子液体作为离子化合物，其熔点较低的主要原因是因其结构中某些取代基的不对称性使离子不能规则地堆积成晶体所致。它一般由有机阳离子和无机或有机阴离子构成，常见的阳离子有季铵盐离子、季鏻盐离子、咪唑盐离子和吡咯盐离子等，阴离子有卤素离子、四氟硼酸根离子、六氟磷酸根离子等。

人们发现离子液体具有以下特点：不挥发、不可燃、导电性强、室温下离子液体的黏度很大（通常比传统的有机溶剂高 $1\sim3$ 个数量级）、热容大、蒸气压小、性质稳定，对许多无机盐和有机物有良好的溶解性。

离子液体具有以下优点：

① 离子液体无味、不可燃，其蒸气压极低，因此可用在高真空体系中，同时可减少因挥发而产生的环境污染问题；

② 离子液体对有机和无机物都有良好的溶解性能，可使反应在均相条件下进行，同时可减少设备体积；

③ 可操作温度范围宽（$-40\sim300℃$），具有良好的热稳定性和化学稳定性，易与其他物质分离，可以循环利用；

④ 表现出 Lewis、Franklin 酸的酸性，且酸强度可调。

由于离子液体所具有上述的特点和优点，它被广泛应用于化学研究的各个领域中。离子液体作为反应溶剂已被应用到以下类型反应和研究中：①氢化反应；②傅-克反应；③Heck反应；④Diels-Alder 反应；⑤不对称催；⑥ 分离提纯；⑦电化学研究。

（2）离子液体发展前景

与典型的有机溶剂不一样，在离子液体里没有电中性的分子，100%是阴离子和阳离子，在$-100℃$至$200℃$之间均呈液体状态，具有良好的热稳定性和导电性，在很大程度上允许动力学控制；对大多数无机物、有机物和高分子材料来说，离子液体是一种优良的溶剂；表现出酸性及超强酸性质，使得它不仅可以作为溶剂使用，而且还可以作为某些反应的催化剂使用，这些催化活性的溶剂避免了额外的可能有毒的催化剂或可能产生大量废弃物的缺点；价格相对便宜，多数离子液体对水具有稳定性，容易在水相中制备得到；离子液体还具有优良的可设计性，可以通过分子设计获得特殊功能的离子液体。总之，离子液体的无味、无恶臭、无污染、不易燃、易与产物分离、易回收、可反复多次循环使用、使用方便等优点，是传统挥发性溶剂的理想替代品，它有效地避免了传统有机溶剂的使用所造成严重的环境、健康、安全以及设备腐蚀等问题，是环境友好的绿色溶剂，适用于当前所倡导的清洁技术，满足可持续发展的要求，已经越来越被人们广泛认可和接受。

离子液体已经在诸如聚合反应、选择性烷基化和胺化反应、酰基化反应、酯化反应、化学键的重排反应、室温和常压下的催化加氢反应、烯烃的环氧化反应、电化学合成、支链脂肪酸的制备等方面得到应用，并显示出反应速率快、转化率高、反应的选择性高、催化体系可循环重复使用等优点。此外，离子液体在溶剂萃取、物质的分离和纯化、废旧高分子化合物的回收、燃料电池和太阳能电池、工业废气中二氧化碳的提取、地质样品的溶解、核燃料和核废料的分离与处理等方面也显示出潜在的应用前景。

从理论上讲离子液体可能有 1 万亿种，化学家和生产企业可以从中选择适合自己工作需要的离子液体。对离子液体的合成与应用研究主要集中在如何提高离子液体的稳定性，降低离子液体的生产成本，解决离子液体中高沸点有机物的分离以及开发既能用作催化反应溶剂，又能用作催化剂的离子液体新体系等领域。随着人们对离子液体认识的不断深入，离子液体绿色溶剂的大规模工业应用指日可待，并将给人类带来一个面貌全新的绿色化学高科技产业。

化学动力学基础

学习要求

（1）掌握基元反应、简单反应、复杂反应、反应分子数、反应级数、反应速率系数的概念，熟悉反应速率的表示方法。

（2）掌握具有简单级数反应的速率公式（微分式和积分式）及其反应特征和测定反应级数的几种方法。

（3）掌握典型复杂反应的动力学特征及其速率方程的建立，基本掌握复杂反应速率方程的近似处理方法。

（4）掌握温度对反应速率的影响——阿仑尼乌斯公式的应用，理解活化能的概念。

（5）了解反应速率理论的基本要点，了解溶液反应动力学，了解催化反应的常用术语，明确催化作用的基本原理，了解光化学反应的基本规律和反应机理。

内容概要

化学动力学作为物理化学的一个分支学科，主要研究化学反应的速率和机理。涉及的主要概念包括反应速率、总包反应、基元反应、化学反应历程、速率方程、质量作用定律、反应级数、反应分子数、反应速率系数、半衰期、活化能、指前因子、对峙反应、平行反应、连续反应、链反应、笼效应、催化反应、光化学反应等。对于简单级数反应、对峙反应和平行反应，可以通过解反应速率方程获得反应时间、反应涉及各物质浓度以及反应速率系数等信息；对于复杂的化学反应历程，还可以通过决速步法、稳态近似法和平衡假设法的近似处理来简化反应速率方程的求解。如果要确定反应的反应级数，可以用积分法、微分法、半衰期法和孤立法。化学反应的快慢受很多因素的影响，温度是影响反应速率的重要因素。对于大多数反应，可以利用阿仑尼乌斯公式来研究反应速率与温度之间的关系。除温度外，反应介质、催化剂、光照等均可能对反应速率产生较大的影响，可以通过改换反应介质、添加合适的催化剂或者用一定强度、频率的光照射等来控制反应速率，获得更多的期望产物。要研究化学反应的历程，就需要研究基元反应的速率方程，研究活化能、反应速率系数等。基元反应的速率理论的目标就是从理论上去解决这些问题。现代化学动力学已经可以通过激光和分子束等实验技术，通过计算机模拟计算等理论手段，探索微观层次、飞秒量级的化学反应动态。下面将本章涉及主要概念和公式总结如下。

1. 反应速率（r）

反应速率是衡量反应快慢的一个标量，定义为 $r = \dfrac{1}{V}\dfrac{d\xi}{dt}$，式中，$\xi$ 为反应进度；V 为反应体积；t 为反应时间。因此，对于恒容的化学反应，可表示为 $r = \dfrac{1}{\nu_B}\dfrac{dc_B}{dt}$，式中，$\nu_B$ 和 c_B 分别为化学计量式中 B 物种的化学计量数和 t 时刻的浓度。如对反应

$$d\text{D} + e\text{E} \longrightarrow g\text{G} + h\text{H}$$

我们有 $r = -\dfrac{1}{d}\dfrac{dc_D}{dt} = -\dfrac{1}{e}\dfrac{dc_E}{dt} = \dfrac{1}{g}\dfrac{dc_G}{dt} = \dfrac{1}{h}\dfrac{dc_H}{dt}$

2. 总包反应、基元反应、化学反应历程和反应分子数

（1）基元反应

由计量式中的反应物种经过一个单一的步骤就生成计量式中的产物物种的反应。

（2）总包反应

非基元反应，需要经过若干个基元反应才能完成。

（3）化学反应历程（或化学反应机理）

一系列代表反应所实际经过的途径的基元反应。

（4）反应分子数

参加基元反应的分子、原子、离子或自由基等的数目。已知的反应分子数只有 1、2 和 3，所以零级、非整数级以及大于三级的级数反应都不是基元反应。另外，反应分子数针对的是基元反应不是任意级数反应，所以对于一般级数反应不能通过计量式判断反应分子数。

3. 反应速率方程

在一定温度下，表示化学反应速率与浓度参数之间的函数关系，或表示浓度等参数与时间关系的方程，称为化学反应的速率方程。

（1）质量作用定律

对于基元反应 $d\text{D} + e\text{E} \longrightarrow g\text{G} + h\text{H}$，反应速率与反应物浓度之间的关系式为 $r = kc_D^d c_E^e$，式中，k 为反应速率系数。

（2）反应级数

在化学反应速率方程中，各反应物浓度项指数的代数和称为反应级数。如某反应的速率方程为 $r = kc_A^\alpha c_B^\beta c_C^\gamma$，则该反应总级数为 $\alpha + \beta + \gamma$，反应物 A 的级数为 α，B 的级数为 β，C 的级数为 γ。反应级数可为零、分数和整数，而且可正可负，有些反应也可能无级数可言。若反应级数为 n，则反应速率系数 k 的量纲为（浓度$^{1-n}$·时间$^{-1}$）。

（3）级数反应

有反应级数的反应为级数反应。如某反应速率方程为 $r = kc_A^{-2} c_B^{0.5}$，则该反应为 -1.5 级反应，A 的级数为 -2 级，B 的级数为 0.5 级。

（4）简单级数反应

反应级数为零或正整数的反应称为简单级数反应。基元反应是简单级数反应，但简单级数反应不一定是基元反应。

4. 简单级数反应的动力学特征

对于只有一种反应物的级数反应 $\text{A} \longrightarrow \text{P}$，若反应物 A 的初始浓度为 $c_{A,0}$，反应 t 时刻后反应物 A 的浓度为 c_A，定义反应物消耗掉一半所需的时间为半衰期（$t_{1/2}$），定义消耗分数 $y = \dfrac{c_{A,0} - c_A}{c_{A,0}}$，则反应速率方程的微分式、积分式、半衰期以及线性关系式如表 4-1 所示。

表 4-1   只含一种反应物的简单级数反应的动力学特征

级数	微分式	积分式	半衰期	线性关系式
0	$r = -\dfrac{dc_A}{dt} = k_0$	$c_{A,0} - c_A = k_0 t$ 或 $y c_{A,0} = k_0 t$	$t_{1/2} = \dfrac{c_{A,0}}{2k_0}$	
1	$r = -\dfrac{dc_A}{dt} = k_1 c_A$	$\ln(c_{A,0}/c_A) = k_1 t$ 或 $\ln\left(\dfrac{1}{1-y}\right) = k_1 t$	$t_{1/2} = \dfrac{\ln 2}{k_1}$	
2	$r = -\dfrac{dc_A}{dt} = k_2 c_A^2$	$\dfrac{1}{c_A} - \dfrac{1}{c_{A,0}} = k_2 t$ 或 $\dfrac{y}{1-y} = c_{A,0} k_2 t$	$t_{1/2} = \dfrac{1}{c_{A,0} k_2}$	
n>2	$r = -\dfrac{dc_A}{dt} = k_n c_A^n$	$\dfrac{1}{n-1}\left(\dfrac{1}{c_A^{n-1}} - \dfrac{1}{c_{A,0}^{n-1}}\right) = k_n t$	$t_{1/2} = \dfrac{2^{n-1}-1}{(n-1)k_n c_{A,0}^{n-1}}$	

对于多种反应物的级数反应，其速率方程的积分式与各反应物的初始浓度都有关系，需分不同情形考虑。如对于二级反应 $A + B \longrightarrow P$，若 A 和 B 的初始浓度分别为 a 和 b，经 t 时刻浓度分别降低了 x，则反应速率方程的微分式、积分式、半衰期如表 4-2 所示。

表 4-2   含两种反应物的二级反应的动力学特征

初始浓度特征	微分式	积分式	半衰期
$a = b$	$r = \dfrac{dx}{dt} = k_2(a-x)^2$	$\dfrac{1}{a-x} - \dfrac{1}{a} = k_2 t$ 或 $\dfrac{y}{1-y} = a k_2 t$	$t_{1/2} = \dfrac{1}{a k_2}$
$a \neq b$	$r = \dfrac{dx}{dt} = k_2(a-x)(b-x)$	$k_2 = \dfrac{1}{t(a-b)} \ln\left[\dfrac{b(a-x)}{a(b-x)}\right]$	由反应物浓度减少一半的物种计算另一物种浓度，然后代入积分式计算半衰期

5. 确定反应级数的方法

（1）积分法

分为直接计算法和作图法。

① 直接计算法   将实验获得的浓度或消耗分数与时间数据代入表 4-1 中级数反应的积分式，逐个计算反应速率系数。若计算结果为常数，则该公式的级数即为该反应的级数。若都不为常数，则该反应不具有简单整数级数。

② 作图法   若为一级反应，则 $\ln c_A$-t 图为一直线；若为 n 级反应（$n \neq 1$），则 c_A^{1-n}-t 图为一直线。若都不为直线，则该反应不具有简单整数级数。

（2）微分法

不仅可处理整数级数，还可处理分数级数。

（3）半衰期法

若已知该反应在不同初始浓度时对应的半衰期，则可用直接计算法或作图法获得反应级数。

① 直接计算法　用下面公式计算级数

$$n=1+\frac{\lg(t_{1/2}/t'_{1/2})}{\lg(c'_{A,0}/c_{A,0})}$$

② 作图法　数据较多时可用 $\lg(t_{1/2}/t'_{1/2})$ 为纵坐标，$\lg(c'_{A,0}/c_{A,0})$ 为横坐标作图，则斜率为 $n-1$，由此可获得反应级数。

（4）孤立法

对于有两种或两种以上反应物的反应，设其速率方程为 $r=kc_A^\alpha c_B^\beta c_C^\gamma$，则可设法保持 A 和 C 的浓度不变，从而将速率方程变为 $r=k'c_B^\beta$，通过上面几种方法求出 β。同理可求出 α 和 γ。

6. 复杂反应

（1）对峙反应及其特点　在正反两个方向上都能进行的反应叫做对峙反应。

对峙反应的特点如下所示。

① 净速率等于正逆反应速率之差，$r=r_1-r_{-1}$。

② 平衡时，净反应速率为零，$r_1-r_{-1}=0$。

③ 正逆速率系数之比等于浓度平衡常数，$K_c=\dfrac{k_1}{k_{-1}}$。

④ 达到平衡后反应物和产物的浓度不再随时间改变。

（2）平行反应及其特点

一种或多种反应物能同时进行不同的、但相互独立的反应，这个反应组合称为平行反应。若各平行反应的反应级数相同，则平行反应有以下特点。

① 平行反应的总速率等于各平行反应速率之和。

$$r=r_1+r_2$$

② 速率方程的微分式和积分式与同级的简单反应的速率方程相似，只是速率系数为各个反应速率系数的和。

$$k=k_1+k_2$$

③ 当各产物的起始浓度为零时，在任一瞬间，各产物浓度之比等于反应速率系数之比。

$$\frac{c_1}{c_2}=\frac{k_1}{k_2}$$

（3）连续反应

如果某一化学反应需经过几步反应后方能达到最终产物，并且前一步的生成物就是下一步的反应物，如此依次连续进行，则该反应被称为连续反应。

（4）链反应

只要用光、热、辐射或其他方法使反应引发，它便能通过活性组分（自由基或原子）相继发生一系列的连续反应，像链条一样使反应自动发展下去，这类反应称为链反应。

（5）复杂反应的动力学特征

复杂反应的动力学特征见表 4-3。

表 4-3　复杂反应的动力学特征

复杂反应类型	微分式	积分式	备注
1-1 级 对峙反应 $A \underset{k_{-1}}{\overset{k_1}{\rightleftharpoons}} B$	$r=\dfrac{\mathrm{d}x}{\mathrm{d}t}$ $=k_1(a-x)-k_{-1}x$	$k_1=\dfrac{x_e}{ta}\ln\dfrac{x_e}{x_e-x}$ 或 $\ln\dfrac{k_1}{k_1-(k_1+k_{-1})y}=(k_1+k_{-1})t$	A、B 的初始浓度分别为 a 和 0；经时间 t 后 B 的浓度为 x；平衡时 B 的浓度为 x_e，A 的消耗分数为 y

复杂反应类型	微分式	积分式	备注
1-1 级平行反应 $A \xrightarrow{k_1} B$ $A \xrightarrow{k_2} C$	$r = \dfrac{\mathrm{d}x}{\mathrm{d}t}$ $= (k_1 + k_2)(a - x)$	$\ln\left(\dfrac{a-x}{a}\right) = (k_1 + k_2)t$ 或 $\ln\left(\dfrac{1}{1-y}\right) = (k_1 + k_2)t$	A 的初始浓度为 a，经时间 t 后 A 的浓度降低了 x，A 的消耗分数为 y
1-1 级连续反应 $A \xrightarrow{k_1} B \xrightarrow{k_2} C$	$r_1 = -\dfrac{\mathrm{d}x}{\mathrm{d}t} = k_1 x$ $r_2 = \dfrac{\mathrm{d}y}{\mathrm{d}t} = k_1 x - k_2 y$ $r_3 = \dfrac{\mathrm{d}z}{\mathrm{d}t} = k_2 y$	$x = a\mathrm{e}^{-k_1 t}$ $y = \dfrac{k_1 a}{k_2 - k_1}(\mathrm{e}^{-k_1 t} - \mathrm{e}^{-k_2 t})$ $z = a\left(1 - \dfrac{k_2 \mathrm{e}^{-k_1 t}}{k_2 - k_1} + \dfrac{k_1 \mathrm{e}^{-k_2 t}}{k_2 - k_1}\right)$	A、B、C 的初始浓度分别为 a、0、0；经时间 t 后 A、B、C 的浓度分别为 x、y、z $x + y + z = a$

（6）复杂连续反应的近似处理方法

① 决速步法　在一个连续反应中，直接把最慢步骤的反应速率近似看作整个反应的速率。

② 稳态近似法　假定自由基等中间产物在反应达到稳定状态后，其浓度不随时间而变化，即对该中间产物 B 有 $\dfrac{\mathrm{d}c_B}{\mathrm{d}t} = 0$。

③ 平衡假设法　对于决速步前的快速平衡反应，假定快速平衡不受后面反应影响，正逆向反应间的平衡关系仍然存在，因此有 $r_正 = r_逆$。如对于连续反应 $A \underset{k_{-1}}{\overset{k_1}{\rightleftharpoons}} B \xrightarrow{k_2} C$，若 $B \xrightarrow{k_2} C$ 为决速步，则 $k_C = \dfrac{c_B}{c_A} = \dfrac{k_1}{k_{-1}}$，所以 $c_B = \dfrac{k_1}{k_{-1}} c_A$，即可用此法求出决速步反应物 B 的浓度。

7. 温度对反应速率的影响

（1）阿仑尼乌斯公式

对于大多数反应，反应速率随温度的升高而逐渐加快，它们之间有指数关系，我们可以用阿仑尼乌斯公式来表示。若用 k 表示反应速率系数，T 表示反应温度，R 为气体分子常数，E_a 为活化能，阿仑尼乌斯公式有以下的一些表达形式。

微分式　$\dfrac{\mathrm{d}\ln k}{\mathrm{d}T} = \dfrac{E_a}{RT^2}$

指数式　$k = A\mathrm{e}^{-E_a/RT}$，式中 A 为指前因子。

不定积分式　$\ln k = -\dfrac{E_a}{RT} + B$，式中 $B = \ln A$。

定积分式　$\ln\dfrac{k_2}{k_1} = -\dfrac{E_a}{R}\left(\dfrac{1}{T_2} - \dfrac{1}{T_1}\right)$，其中温度 T_1、T_2 对应的反应速率系数分别为 k_1、k_2。

（2）活化能

① 基元反应的活化能　活化分子的能量比一般分子的平均能量的超出值。活化分子是指那些比一般分子高出一定的能量，一次碰撞就可以引起化学反应的分子。

② 总包反应的活化能　即表观活化能，它是各基元反应活化能的组合。

8. 基元反应的速率理论

（1）碰撞理论要点

① 分子必须经过碰撞才能发生反应，但并非每次碰撞都能发生反应。

② 只有活化分子之间的碰撞才是能引起化学反应的有效碰撞。

③ 反应速率等于单位体积、单位时间内的有效碰撞次数。

④ 碰撞理论中能发生化学反应的两分子在质心连线方向上的相对平动能需要超过临界能 ε_c。它与活化能之间的关系为：$E_a = E_c + \dfrac{1}{2}RT$，其中 $E_c = \varepsilon_c L$（L 为阿佛加德罗常数）。

由波尔兹曼能量分布定律，能量在 ε_c 以上的分子数占总分子数的分数为 $q = e^{-E_c/RT}$。由碰撞理论可算出，对于理想双分子反应的情形，反应速率系数

$$k = L\pi d_{AB}^2 \left(\frac{8RT}{\pi} \frac{M_A + M_B}{M_A M_B} \right)^{1/2} e^{-E_c/RT} (\text{mol}^{-1} \cdot \text{m}^3 \cdot \text{s}^{-1})$$

式中，$d_{AB} = \dfrac{\sigma_A + \sigma_B}{2}$，$\sigma_A$ 和 σ_B 分别为两种分子的直径；M_A 和 M_B 分别为摩尔质量。

考虑到复杂分子的空间位阻效应，引入校正因子 P 使反应速率系数的理论计算结果与实验结果相一致。

（2）过渡态理论要点

① 反应体系的势能是原子间相对位置的函数。

② 在由反应物生成产物的过程中，分子要经历一个价键重排的过渡态。

③ 过渡态势能高于反应物或产物的势能，但它又较其他任何可能的中间态的势能低。

④ 过渡态与反应物分子处于某种平衡状态。

⑤ 总反应速率取决于过渡态的分解速率。

过渡态理论的热力学表示式为：

$$k = \frac{k_B T}{h} \cdot (c^{\ominus})^{1-n} e^{\Delta_r^{\neq} S_m^{\ominus}/R} e^{\Delta_r^{\neq} H_m^{\ominus}/(RT)}$$

$$E_a = \Delta_r^{\neq} H_m^{\ominus} - (1 - \sum \nu_i^{\neq}) RT$$

式中 $\Delta_r^{\neq} H_m^{\ominus}$、$\Delta_r^{\neq} S_m^{\ominus}$ 分别代表反应物和活化配合物浓度皆为标准态时的各热力学改变量。

9. 溶液中进行的反应

（1）笼效应

反应分子在溶剂分子形成的笼中会进行多次连续的反复碰撞。溶剂分子的存在虽然限制了反应分子的远距离的移动，减少了与远距离分子的碰撞机会，但却增加近距离反应分子的重复碰撞。

（2）原盐效应

向溶液中加入电解质使离子强度变化，可导致离子反应速率的变化。同号离子的反应，反应速率随溶液中的离子强度的增加而增大，称为正原盐效应；异号离子的反应，反应速率随溶液中的离子强度的增加而减小，称为负原盐效应。若反应物之一为非电解质，则反应速率与溶液中的离子强度无关。

10. 催化反应

（1）催化剂

能加快化学反应速率，而自身在化学反应前后数量及化学性质都不改变的物质。

（2）催化剂的基本特征

① 催化剂能改变化学反应历程，改变活化能。

② 催化剂参与化学反应，但反应前后化学性质和数量不变。

③ 催化剂不影响化学平衡，不能改变反应的平衡状态和平衡常数，对正逆反应速率同时影响。

④ 催化剂对反应的变速作用有特殊的选择性。

（3）酶催化反应的基本特征

① 酶催化反应催化效率高。

② 酶催化反应所需反应条件温和，一般常温常压条件下，中性或近中性介质中即可进行。

③ 酶对所作用的底物（反应物）具有很高的选择性。

（4）酶催化反应的速率公式、米氏常数 K_M 和酶催化反应的最大反应速率 r_m

酶催化反应速率公式为：$r = \dfrac{k_2 [E_i][S]}{K_M + [S]} = \dfrac{r_m [S]}{K_M + [S]}$，其中，[S] 为底物浓度；$[E_i]$ 为酶的起始浓度；$K_M = \dfrac{[S][E]}{[ES]}$ 为米氏常数；[E] 为酶的浓度；[ES] 为酶底复合物的浓度。

通过实验测得不同底物浓度 [S] 时的反应速率 r，可利用 $r = r_m - K_M \dfrac{r}{[S]}$ 作图计算 K_M 和 r_m。

11. 光化学反应

（1）光化学反应的特点

① 光化学反应自发进行时，体系的吉布斯自由能可能增加。

② 光化学反应能影响反应的平衡常数。

③ 光化学反应的速率主要取决于被吸收的光的强度，受温度的影响较小。

（2）光化学基本定律

① 光化学第一定律　只有被反应体系所吸收的光，才能有效地引起光化反应。

② 光化学第二定律　在初级过程中，系统吸收一个光量子就能活化一个分子或原子。

因此活化 1mol 反应物分子所需的能量为：

$$E_\lambda = Lh\nu = \frac{Lhc}{\lambda} = \frac{1.20 \times 10^8}{\lambda} \text{J} \cdot \text{mol}^{-1}$$

（3）量子效率

$$\Phi = \frac{\text{发生反应的分子数}}{\text{吸收的光量子数}} = \frac{\text{发生反应的物质的量}}{\text{吸收光量子的物质的量}}$$

12. 非线性反应动力学

（1）自催化作用　化学反应的产物之一能起催化作用的反应。

（2）弛豫法　用快速扰动的方法使原来平衡的体系偏离平衡位置，然后快速检测扰动后的不平衡态趋近于新平衡态的速度或时间。

（3）弛豫时间　当体系的浓度与平衡浓度之差达到起始时的最大偏离值的 $1/e$ 时所需的时间。1-1 对峙反应 $A \underset{k_{-1}}{\overset{k_1}{\rightleftharpoons}} B$ 的弛豫时间为 $\tau = \dfrac{1}{k_1 + k_{-1}}$。

━━━━━━━ **思考题** ━━━━━━━

1. 判断下列说法是否正确。

（1）反应级数等于反应分子数。

（2）具有简单级数的反应是基元反应。

（3）不同反应若具有相同级数形式，一定具有相同的反应机理。

（4）反应分子数只能是正整数，一般不会大于 3。

（5）某化学反应式为 A＋B══C，则该反应为双分子反应。

（6）连续反应的速率由其中最慢的一步决定，因此速率控制步骤的级数就是总反应的级数。

（7）鞍点是反应最低能量途径上的最高点，但它不是势能面上的最高点，也不是势能面上的最低点。

（8）过渡态理论中的活化配合物就是一般反应历程中的活化分子。

（9）催化剂只能加快反应速率，而不能改变化学反应的标准平衡常数。

（10）光化学反应的量子效率不可能大于 1。

2. 在何种条件下可以使用阿仑尼乌斯经验公式？实验活化能 E_a 对于基元反应和复杂反应含义有何不同？

3. 某反应物消耗掉 50％和 75％时所需时间分别为 $t_{1/2}$ 和 $t_{3/4}$，若反应对该反应物分别是一级、二级和三级，则 $t_{1/2}：t_{3/4}$ 的比值分别为多少？

4. 有一平行反应 $A\begin{smallmatrix}\nearrow B\\\searrow C\end{smallmatrix}$ ，如果活化能 $E_1 > E_2$，且 B 是所需要的产品，请从动力学的角度定性讨论如何选择反应温度。

5. 什么是阈能？它与阿仑尼乌斯经验活化能在数值上的关系如何？

6. 为什么在简单碰撞理论中要引入概率因子 P？请定性比较下述三个反应概率因子 P 的大小：

（1）$Br + Br \longrightarrow Br_2$

（2）$CH_4 + Br_2 \longrightarrow CH_3Br + HBr$

（3）$C_2H_5OH + CH_3COOH \longrightarrow C_2H_5OOCCH_3 + H_2O$

7. 当 $T \to \infty$ 时，根据阿仑尼乌斯公式，k 为何值？此结果的物理意义是否合理？

8. 溶剂对反应速率的影响主要表现在哪些方面？什么叫笼效应？什么叫原盐效应？

9. 什么叫弛豫时间？不同级数的对峙反应其弛豫时间的计算公式有何不同？

10. 某一反应在一定条件下的平衡转化率为 25.3％，当加入某催化剂后，保持其他反应条件不变，反应速率增加了 20 倍，问平衡转化率将是多少？

▰▰▰ 思考题解答 ▰▰▰

1.（1）错。

简析：基元反应的反应级数才等于反应分子数。

（2）错。

简析：基元反应具有简单级数，反之不一定成立。

（3）错。

简析：反应级数针对的是总包反应，而反应机理由一系列基元反应决定。

（4）对。

（5）错。

简析：对于基元反应成立。

（6）错。

简析：决速步的反应物不一定是总反应的反应物，因此两者级数不一定相同。如氢气与碘反应生成碘化氢气体的反应，速率控制步骤的级数为 3，而总反应级数为 2。

（7）对。

（8）错。

简析：活化分子是能量超过一定数值、一次碰撞就可以引起化学反应的反应物分子，而活化配合物是介于反应物与产物之间的一个过渡态。

（9）错。

简析：催化剂也可以减慢反应速率。

（10）错。

简析：链反应可能使量子效率大于1。比如氢气与氯气反应生成氯化氢气体的量子效率就远大于1。

2. 简析：阿仑尼乌斯公式适用于温度变化范围不大的所有基元反应和大部分非基元反应。对于基元反应，实验活化能 E_a 就是活化分子的平均能量与反应物分子平均能量之差。对于复杂反应，实验活化能为表观活化能，仅是各基元反应活化能的组合，没有明确的物理意义。

3. 简析：因为反应物消耗掉 75% 相当于反应物消耗掉 50% 后再消耗掉剩余 $a/2$ 的 50%，又有 $t_{1/2} = Aa^{1-n}$，所以 $t_{1/2} : t_{3/4} = t_{1/2} : \left[t_{1/2} + A \left(\dfrac{a}{2} \right)^{1-n} \right] = 1 : \left[1 + \left(\dfrac{1}{2} \right)^{1-n} \right]$。将级数 $n = 1$、2、3 依次代入可得，对于一级、二级和三级反应比值分别为（1:2）、（1:3）和（1:5）。

4. 简析：由阿仑尼乌斯公式的微分形式 $\dfrac{\mathrm{d}\ln k}{\mathrm{d}T} = \dfrac{E_a}{RT^2}$ 可知，若假设 A 生成 B 和 C 的反应的反应速率系数分别为 k_1 和 k_2，则 $\dfrac{\mathrm{d}\ln(k_1/k_2)}{\mathrm{d}T} = \dfrac{\mathrm{d}\ln k_1}{\mathrm{d}T} - \dfrac{\mathrm{d}\ln k_2}{\mathrm{d}T} = \dfrac{E_1 - E_2}{RT^2}$。因为 $E_1 > E_2$，所以 $\dfrac{\mathrm{d}\ln(k_1/k_2)}{\mathrm{d}T} > 0$。由此可推出温度升高，$k_1/k_2$ 增大，即对反应 1 有利。因此，当 B 为所需要的产品时，为了获得更高的产率应该选择升高温度。

5. 简析：阈能又称临界能。两个分子相撞，相对平动能在连心线上的分量必须大于一个临界值 ε_c，这种碰撞才有可能引发化学反应，临界值 ε_c 即为阈能，它与活化能 E_a 在数值上的关系为 $E_a = \varepsilon_c L + \dfrac{1}{2} RT$。

6. 简析：由于简单碰撞理论所采用的模型过于简单，没有考虑分子的结构与性质，所以需要用一个因子来校正指前因子理论计算值与实验值的偏差 $P = A(实验)/A(理论)$，这个因子即为概率因子，对于复杂分子 P 一般远小于1。考虑到空间位阻效应对概率因子的影响，三个反应概率因子 P 的大小顺序为(1)>(2)>(3)。

7. 简析：当 $T \to \infty$ 时，根据阿仑尼乌斯公式 $k = A e^{-E_a/RT}$，如果认为活化能为一常数，则 k 等于指前因子 A。但此结果的物理意义并不合理，因为实际上当温度较高时活化能 E_a 与温度有关。

8. 简析：溶剂对反应速率的影响分以下四种情况：（1）溶剂作为反应物直接参与反应；（2）溶剂对反应组分无明显作用时反应速率主要受笼效应的影响；（3）溶剂对反应组分有明显作用时反应速率与溶剂的介电常数、极性等因素相关；（4）溶剂的离子强度对反应速率的影响表现为原盐效应。

笼效应是指反应分子在溶剂分子形成的笼中进行的多次碰撞（或振动）。原盐效应是指向溶液中加入电解质使离子强度变化，导致离子反应速率的变化。

9. 简析：弛豫时间是动力学系统的一种特征时间，是指一个原来平衡的体系因受外来因素快速扰动而偏离平衡位置后，在新条件下趋向新的平衡态的过程中，当体系的浓度与平衡浓度之差达到起始时的最大偏离值的 $1/e$ 时所需的时间。

不同级数的快速对峙反应的弛豫时间公式不同，下面列表给出几种简单快速对峙反应弛豫时间（τ）的表示式

对峙反应	$1/\tau$ 的表示式
$A \underset{k_{-1}}{\overset{k_1}{\rightleftharpoons}} P$	$k_1 + k_{-1}$
$A+B \underset{k_{-1}}{\overset{k_2}{\rightleftharpoons}} P$	$k_2\{[A]_e + [B]_e\} + k_{-1}$
$A \underset{k_{-2}}{\overset{k_1}{\rightleftharpoons}} G+H$	$k_1 + 2k_{-2}x_e$
$A+B \underset{k_{-2}}{\overset{k_2}{\rightleftharpoons}} G+H$	$k_2\{[A]_e + [B]_e\} + k_{-2}\{[G]_e + [H]_e\}$

10. 答：因为催化剂只能改变反应的速率而不会改变反应的平衡常数。因此，平衡转化率仍为 25.3%。

习题解答

1. 请用质量作用定律写出下列复合反应中 $\dfrac{dc_A}{dt}$、$\dfrac{dc_B}{dt}$、$\dfrac{dc_C}{dt}$、$\dfrac{dc_D}{dt}$ 与各物质浓度的关系。

（1） $A \begin{array}{c} \xrightarrow{k_1} B \underset{k_3}{\overset{k_2}{\rightleftharpoons}} C \\ \xrightarrow{k_4} D \end{array}$

（2） $A \underset{k_2}{\overset{k_1}{\rightleftharpoons}} B$　$B+C \xrightarrow{k_3} D$

（3） $A \underset{k_2}{\overset{k_1}{\rightleftharpoons}} 2B$

（4） $2A \underset{k_2}{\overset{k_1}{\rightleftharpoons}} B \xrightarrow{k_3} C$

【解题思路】对于给定反应写出某物种 B 的反应速率方程微分式的方法如下。

第一步：找出该反应中所有与 B 物种相关的基元反应，并根据基元反应质量作用定律将这些反应的反应速率 r_i 用反应物浓度的幂指数次方表示，再写出这些反应中 B 物种的化学计量数 $\nu_{B,i}$（绝对值等于系数，对于反应物为负，生成物为正）；

第二步：由基元反应的反应速率定义式 $r_i = \dfrac{1}{\nu_{B,i}} \dfrac{dc_{B,i}}{dt}$，可得受该反应的影响 B 物种的浓度随时间的变化率为 $\dfrac{dc_{B,i}}{dt} = r_i \nu_{B,i}$；因此，对于总反应而言，B 物种的浓度随时间的变化率 $\dfrac{dc_B}{dt} = \sum_i \dfrac{dc_{B,i}}{dt} = \sum_i r_i \nu_{B,i}$，将 r_i 和 $\nu_{B,i}$ 代入即可得到微分式。

解：（1）本题共由四个基元反应构成
$$\begin{cases} A \xrightarrow{k_1} B & r_1 = k_1 c_A,\ \nu_{A,1} = -1,\ \nu_{B,1} = 1 \\ B \xrightarrow{k_2} C & r_2 = k_2 c_B,\ \nu_{B,2} = -1,\ \nu_{C,2} = 1 \\ C \xrightarrow{k_3} B & r_3 = k_3 c_C,\ \nu_{C,3} = -1,\ \nu_{B,3} = 1 \\ A \xrightarrow{k_4} D & r_4 = k_4 c_A,\ \nu_{A,4} = -1,\ \nu_{D,4} = 1 \end{cases}$$

因此
$$\frac{dc_A}{dt} = \sum_i \frac{dc_{A,i}}{dt} = r_1 \nu_{A,1} + r_2 \nu_{A,2} = -k_1 c_A - k_4 c_A$$

$$\frac{dc_B}{dt} = \sum_i \frac{dc_{B,i}}{dt} = r_1 \nu_{B,1} + r_2 \nu_{B,2} + r_3 \nu_{B,3} = k_1 c_A - k_2 c_B + k_3 c_C$$

$$\frac{dc_C}{dt} = \sum_i \frac{dc_{C,i}}{dt} = r_2\nu_{C,2} + r_3\nu_{C,3} = k_2c_B - k_3c_C$$

$$\frac{dc_D}{dt} = \sum_i \frac{dc_{D,i}}{dt} = r_4\nu_{D,4} = k_4c_A$$

（2）本题共由三个基元反应构成

$$\begin{cases} A \xrightarrow{k_1} B & r_1 = k_1c_A, \ \nu_{A,1} = -1, \ \nu_{B,1} = 1 \\ B \xrightarrow{k_2} A & r_2 = k_2c_B, \ \ \nu_{A,2} = 1, \ \nu_{B,2} = -1 \\ B+C \xrightarrow{k_3} D & r_3 = k_3c_Bc_C, \ \nu_{B,3} = -1, \ \nu_{C,3} = -1, \ \nu_{D,3} = 1 \end{cases}$$

因此

$$\frac{dc_A}{dt} = \sum_i \frac{dc_{A,i}}{dt} = r_1\nu_{A,1} + r_2\nu_{A,2} = -k_1c_A + k_2c_B$$

$$\frac{dc_B}{dt} = \sum_i \frac{dc_{B,i}}{dt} = r_1\nu_{B,1} + r_2\nu_{B,2} + r_3\nu_{B,3} = k_1c_A - k_2c_B - k_3c_Bc_C$$

$$\frac{dc_C}{dt} = \sum_i \frac{dc_{C,i}}{dt} = r_3\nu_{C,3} = -k_3c_Bc_C$$

$$\frac{dc_D}{dt} = \sum_i \frac{dc_{D,i}}{dt} = r_4\nu_{D,4} = k_3c_Bc_C$$

（3）本题共由两个基元反应构成 $\begin{cases} A \xrightarrow{k_1} 2B & r_1 = k_1c_A, \ \nu_{A,1} = -1, \ \nu_{B,1} = 2 \\ 2B \xrightarrow{k_2} A & r_2 = k_2c_B^2, \ \nu_{A,2} = 1, \ \nu_{B,2} = -2 \end{cases}$

因此

$$\frac{dc_A}{dt} = \sum_i \frac{dc_{A,i}}{dt} = r_1\nu_{A,1} + r_2\nu_{A,2} = -k_1c_A + k_2c_B^2$$

$$\frac{dc_B}{dt} = \sum_i \frac{dc_{B,i}}{dt} = r_1\nu_{B,1} + r_2\nu_{B,2} = 2k_1c_A - 2k_2c_B^2$$

（4）本题共由三个基元反应构成 $\begin{cases} 2A \xrightarrow{k_1} B & r_1 = k_1c_A^2, \nu_{A,1} = -2, \ \nu_{B,1} = 1 \\ B \xrightarrow{k_2} 2A & r_2 = k_2c_B, \nu_{A,2} = 2, \ \nu_{B,2} = -1 \\ B \xrightarrow{k_3} C & r_3 = k_3c_B, \ \nu_{B,3} = -1, \nu_{C,3} = 1 \end{cases}$

因此

$$\frac{dc_A}{dt} = \sum_i \frac{dc_{A,i}}{dt} = r_1\nu_{A,1} + r_2\nu_{A,2} = -2k_1c_A^2 + 2k_2c_B$$

$$\frac{dc_B}{dt} = \sum_i \frac{dc_{B,i}}{dt} = r_1\nu_{B,1} + r_2\nu_{B,2} + r_3\nu_{B,3} = k_1c_A^2 - k_2c_B - k_3c_B$$

$$\frac{dc_C}{dt} = \sum_i \frac{dc_{C,i}}{dt} = r_3\nu_{C,3} = k_3c_B$$

2. 实验发现某抗菌素在人体血液中分解呈现简单级数的反应，如果给病人在上午 8 点注射一针抗菌素，在不同时刻 t 测定抗菌素在血液中的浓度 c [以 mg·$(100\text{cm}^3)^{-1}$ 表示]，得到如下数据：

t/h	4	8	12	16
$c/[\text{mg}\cdot(100\text{cm}^3)^{-1}]$	0.480	0.326	0.222	0.151

（1）请确定反应级数。

（2）试求反应的速率系数 k 和半衰期 $t_{1/2}$。

（3）若抗菌素在血液中浓度不低于 $0.37\text{mg}\cdot(100\text{cm}^3)^{-1}$ 才有效，问约何时该注射第二针？

【解题思路】对于反应速率只与一种反应物浓度（c_A）相关的反应，若已知 3 组以上的 c_A-t 数据，则用积分法中的作图法来确定反应级数，并可将拟合公式与该级数反应的积分式相对比来获得反应速率系数。

解：（1）以 $\ln c$ 对 t 作图得一直线，说明该反应是一级反应。直线方程为 $\ln c = -0.09634t - 0.34916$。

（2）由一级反应积分式 $\ln(c_{A,0}/c_A) = k_1 t$，变形可得 $\ln c_A = -k_1 t + \ln c_{A,0}$，其中，$c_A$ 为 t 时刻反应物浓度，即是 C，k_1 为反应速率系数，即是 k，与直线方程对比可得 $k = 0.09634\text{h}^{-1}$。

$$t_{1/2} = \frac{\ln 2}{k} = \frac{\ln 2}{0.09634} = 7.195\text{h}$$

（3）将 $c = 0.37\text{mg}\cdot(100\text{cm}^3)^{-1}$ 代入直线方程得 $t = 6.7\text{h}$

即相隔 6.7h 后该注射第二针。

3. 蔗糖在稀酸溶液中按照下式水解

$$C_{12}H_{22}O_{11} + H_2O \longrightarrow C_6H_{12}O_6(\text{葡萄糖}) + C_6H_{12}O_6(\text{果糖})$$

当温度与酸的浓度一定时，反应速率与蔗糖的浓度成正比。今有 1dm^3 溶液中含 0.300mol 蔗糖及 0.1mol HCl，在 48℃，20min 内有 32% 的蔗糖水解。计算：

（1）反应速率常数；

（2）反应开始时（$t=0$）及 20min 时的反应速率；

（3）40min 后有多少蔗糖水解？

（4）若 60% 蔗糖发生水解，需多少时间？

【解题思路】蔗糖水解是准一级反应，直接利用一级反应速率方程的积分形式即可求出反应速率系数，再利用级数反应的速率方程基本形式可得反应速率，利用一级反应速率方程积分形式中消耗分数的形式可求出消耗分数 y 或时间 t。

解：（1）该反应为准一级反应：$k = \dfrac{1}{t}\ln\dfrac{1}{1-y} = \dfrac{1}{20}\ln\dfrac{1}{1-0.32} = 0.0193\ \text{min}^{-1}$

（2）一级反应的反应速率 $r = kc$

$t=0\text{min}$ 时，$c=0.3\text{mol}\cdot\text{dm}^{-3}$，有

$r = 0.0193 \times 0.3 = 0.00579\text{mol}\cdot\text{dm}^{-3}\cdot\text{min}^{-1}$

$t=20\text{min}$ 时，$c=0.3\times(1-0.32)=0.204\text{mol}\cdot\text{dm}^{-3}$，有

$r = 0.0193 \times 0.204 = 0.00394\text{mol}\cdot\text{dm}^{-3}\cdot\text{min}^{-1}$

（3）$k = \dfrac{1}{t}\ln\dfrac{1}{1-y}$，$t=40\text{min}$ 时，$y=53.8\%$

（4）$k = \dfrac{1}{t}\ln\dfrac{1}{1-y}$，$y=60\%$ 时，$t=47.5\text{min}$

4. 在 25℃时，测定乙酸乙酯皂化反应速率。反应开始时，溶液中碱和酯的浓度均为 $0.01\ \text{mol}\cdot\text{dm}^{-3}$，每隔一定时间，用标准酸溶液测定其中的碱含量，结果如下：

t/min	3	5	7	10	15	21	25
$c \times 10^3/\text{mol} \cdot \text{dm}^{-3}$	7.40	6.34	5.50	4.64	3.63	2.88	2.54

（1）试证明该反应为二级反应；并求出速率系数 k 的值；

（2）若碱和乙酸乙酯的起始浓度均为 $0.002\ \text{mol} \cdot \text{dm}^{-3}$，请计算该反应完成 95% 时所需时间及该反应的半衰期为多少？

【解题思路】与第 2 题类似，只是本题为二级反应。

解：（1）若该反应是二级反应，以 $\dfrac{1}{c}$ 对 t 作图应为一直线，

t/min	3	5	7	10	15	21	25
$\dfrac{1}{c/\text{dm}^3 \cdot \text{mol}^{-1}}$	135.1	157.7	181.8	215.5	275.5	347.2	393.7

作图得一直线（图略），证明该反应为二级反应，直线方程为 $\dfrac{1}{c}=11.79t+98.95$，由含两反应物的二级反应积分式 $\dfrac{1}{a-x}-\dfrac{1}{a}=k_2t$ 变形可得 $\dfrac{1}{a-x}=k_2t+\dfrac{1}{a}$，其中，$a-x$ 为 t 时刻反应物浓度即为 c；k_2 为反应速率系数即为 k，与直线方程对比可得 $k=11.79\text{dm}^3 \cdot \text{mol}^{-1} \cdot \text{min}^{-1}$。

（2）已知 $\dfrac{y}{1-y}=kat$

$$t=\frac{1}{ka}\times\frac{y}{1-y}=\frac{1}{11.79\times0.002}\times\frac{0.95}{1-0.95}=805.8\text{min}$$

$$t_{1/2}=\frac{1}{ka}=\frac{1}{11.79\times0.002}=42.4\text{min}$$

5. 乙醛的气相热分解反应为 $CH_3CHO \longrightarrow CH_4+CO$，在 $518℃$ 及等容条件下，测得如下数据：

初始压力 $p_{A,0}/\text{kPa}$	53.3	26.7
100s 后的总压力 p/kPa	66.7	30.5

已知初始压力为纯乙醛的压力，该反应为二级反应，求反应速率系（常）数。

【解题思路】本题为只有一种反应物的二级反应，要想利用反应速率方程的积分形式求出反应速率系数，必须知道反应物的初始浓度 $c_{A,0}$、某一时间 t 及该时刻反应物的浓度 c_A。本题虽然不知道初始浓度和 t 时刻的浓度，但有物质压力。如果把体系中所有物质都看作理想气体，则有 $pV=nRT$，可推出 $c=n/V=p/RT$。因此可由体系压力推出各反应物浓度，进一步计算出反应速率系数。

解：$CH_3CHO \longrightarrow CH_4+CO$

$t_0=0 \qquad p_{A,0} \qquad\qquad 0 \qquad\qquad 0$

$t=100s \quad p_{A,0}-p_{A,x} \quad p_{A,x} \quad\ p_{A,x}$

因为 100s 后的总压力 p 为 CH_3CHO、CH_4、CO 分压的总和，所以 $p=p_{A,0}+p_{A,x}$

$p_{A,0}=53.3\text{kPa}$ 时，$p_{A,x}=p-p_{A,0}=13.4\text{kPa}$，$c_{A,0}=p_0/RT=8.10\times10^{-3}\ \text{mol} \cdot \text{dm}^{-3}$

$$k=\frac{1}{tc_{A,0}}\times\frac{c_{A,0}-c_A}{c_A}=\frac{1}{tc_{A,0}}\times\frac{p_{A,x}}{p_{A,0}-p_{A,x}}$$

$$= \frac{1}{100 \times 8.10 \times 10^{-3}} \times \frac{13.4}{53.3 - 13.4}$$

$$= 0.415 \mathrm{dm^3 \cdot mol^{-1} \cdot s^{-1}}$$

$$k = \frac{1}{100 \times 4.06 \times 10^{-3}} \times \frac{3.8}{26.7 - 3.8}$$

$$= 0.409 \mathrm{dm^3 \cdot mol^{-1} \cdot s^{-1}}$$

$p_{A,0} = 26.7 \mathrm{kPa}$ 时，$p_{A,x} = 3.8 \mathrm{kPa}$，$c_{A,0} = 4.06 \times 10^{-3} \mathrm{mol \cdot dm^{-3}}$

所以反应速率系数的平均值

$$k = 0.412 \mathrm{dm^3 \cdot mol^{-1} \cdot s^{-1}}$$

6. 100℃时气相反应 $A \longrightarrow Y + Z$ 为二级反应，若从纯 A 开始在等容下进行反应，10min 后系统总压力为 24.58kPa，其中 A 的摩尔分数为 0.1085，求

（1）10min 时 A 的转化率；

（2）反应的速率系数。

【解题思路】与第 5 题类似。

解：（1）　　　　　　$A \longrightarrow Y + Z$

$t_0 = 0$ 　　　　$p_{A,0}$ 　　　 0 　　　 0

$t = 10 \mathrm{min}$ 　$p_{A,0} - p_{A,x}$ 　$p_{A,x}$ 　$p_{A,x}$

因此，总压 $p = p_{A,0} + p_{A,x}$ 　　　　　　　　　　　　　　　　　　　（1）

设 10min 后 A 的摩尔分数为 x_A，则有 $p x_A = p_{A,0} - p_{A,x}$ 　　　　　　　（2）

将 $p = 24.58 \mathrm{kPa}$，$x_A = 0.1085$ 代入(1)(2)两式可得：$p_{A,x} = 10.96 \mathrm{kPa}$，$p_{A,0} = 13.63 \mathrm{kPa}$

因此 10min 时 A 的转化率为 $y_A = p_{A,x} / p_{A,0} = 10.96 \mathrm{kPa} / 13.63 \mathrm{kPa} = 0.804 = 80.4\%$

（2）$c_{A,0} = p_{A,0} / RT = 13.63 \times 10^3 / (8.314 \times 373.15) = 4.39 \mathrm{mol \cdot m^{-3}}$

由二级反应速率常数计算公式可知：

$$k = \frac{1}{t c_{A,0}} \times \frac{c_{A,0} - c_A}{c_A} = \frac{1}{t c_{A,0}} \times \frac{p_{A,x}}{p_{A,0} - p_{A,x}}$$

$$= \frac{1}{10 \times 4.39} \times \frac{10.96}{13.63 - 10.96}$$

$$= 9.35 \times 10^{-2} \mathrm{m^3 \cdot mol^{-1} \cdot min^{-1}}$$

7. 某化合物在溶液中分解，57.4℃时测得半衰期 $t_{1/2}$ 随初始浓度 $c_{A,0}$ 的变化如下：

$c_{A,0} / (\mathrm{mol \cdot dm^{-3}})$	0.50	1.10	2.48
$t_{1/2} / \mathrm{s}$	4280	885	174

试求反应级数及反应速率系数。

【解题思路】对于反应速率只与一种反应物浓度相关的反应，若已知若干不同初始浓度对应的半衰期，则用半衰期法来确定反应级数。

解：$n = 1 + \dfrac{\lg\left(\dfrac{t_{1/2}}{t'_{1/2}}\right)}{\lg\left(\dfrac{c'_{A,0}}{c_{A,0}}\right)}$，$n = 1 + \dfrac{\lg\dfrac{4280}{880}}{\lg\dfrac{1.10}{0.50}} = 3$，$n = 1 + \dfrac{\lg\dfrac{4280}{174}}{\lg\dfrac{2.48}{0.50}} = 3$

即反应级数为 3

$$k = \frac{2^{n-1} - 1}{(n-1) t_{1/2} c_{A,0}^{n-1}} = \frac{3}{2 t_{1/2} c_{A,0}^2}$$

将表格中三组数据分别代入可得 $k_1 = k_2 = k_3 = 0.00140 dm^6 \cdot mol^{-2} \cdot s^{-1}$，所以平均反应速率系数 $k = 0.00140 dm^6 \cdot md^{-2} \cdot s^{-1}$。

8. 以二硫化碳为溶剂时，氯苯和氯能在碘的催化作用下发生反应：

$$C_6H_5Cl + Cl_2 \xrightarrow{k_1} 邻\text{-}C_6H_4Cl_2 + HCl$$

$$C_6H_5Cl + Cl_2 \xrightarrow{k_2} 对\text{-}C_6H_4Cl_2 + HCl$$

每个反应对氯苯和氯各为一级反应。在某温度下，氯苯和氯的初始浓度 c_0 都是 $0.5 mol \cdot dm^{-3}$，经过 30min 邻位和对位产物浓度分别为 c_0 的 15% 和 25%，求 k_1，k_2。

【解题思路】本题是复杂反应中的平行反应相关问题的求解。若各平行反应的反应级数相同，则平行反应满足：（1）速率方程的微分式和积分式与同级的简单反应的速率方程相似，只是速率系数为各个反应速率系数的和（$k = k_1 + k_2$）；（2）当各产物的起始浓度为零时，在任一瞬间，各产物浓度之比等于反应速率系数之比 $\dfrac{c_1}{c_2} = \dfrac{k_1}{k_2}$。

解： $t = 30min$ 时

反应物浓度 $c = (1 - 0.15 - 0.25)c_0 = 0.60c_0$

因为含两种反应物 $a = b$ 型的二级反应的速率方程的积分式为 $\dfrac{1}{a-x} - \dfrac{1}{a} = kt$，所以本题平行反应积分式为 $\dfrac{1}{c} - \dfrac{1}{c_0} = (k_1 + k_2)t$

则 $(k_1 + k_2) = \dfrac{1}{tc_0} \times \dfrac{c_0 - c}{c} = \left(\dfrac{1}{30 \times 0.5} \times \dfrac{0.40c_0}{0.60c_0} \right) = 0.0444\ dm^3 \cdot mol^{-1} \cdot min^{-1}$

$\dfrac{k_1}{k_2} = \dfrac{c_1}{c_2} = \dfrac{0.15}{0.25}$

故 $k_1 = 0.0167 dm^3 \cdot mol^{-1} \cdot min^{-1}$

$k_2 = 0.0278 dm^3 \cdot mol^{-1} \cdot min^{-1}$

9. 在一体积为 $20 dm^3$、温度为 400K 的反应器中有 10mol A（g）进行下列由两个一级反应组成的平行反应：

$$A(g) \xrightarrow{k_1} Y(g)$$

$$A(g) \xrightarrow{k_2} Z(g)$$

在反应进行 120s 时，测得 4mol Y 和 2mol Z 生成。

（1）试求 k_1 及 k_2；

（2）欲得到 5mol A（g），反应需进行多长时间？

【解题思路】本题与第 8 题类似，同样属于复杂反应中的平行反应相关问题的求解，利用的特点也与第 8 题类似。两题的差异在于第 8 题是两个二级反应组成的平行反应，而本题为两个一级反应组成的平行反应。所以本题所用速率方程的微分式和积分式是与一级反应的速率方程相似。

解：（1）$t_1 = 120s$ 时，A 的物质的量为 $n_A = n_{A,0} - n_Y - n_Z = 4mol$

所以 $c_{A,0}/c_A = n_{A,0}/n_A = 10/4 = 5/2$

因为含一种反应物的一级反应速率方程的积分式为 $\ln(c_{A,0}/c_A) = kt$，所以本题平行反应积分式为 $\ln(c_{A,0}/c_A) = (k_1 + k_2)t$

所以 $k_1 + k_2 = \dfrac{1}{t} \ln \dfrac{c_{A,0}}{c_A} = 7.636 \times 10^{-3} s^{-1}$

因为 $k_1/k_2 = c_Y/c_Z = n_Y/n_Z = 4/2 = 2$

则有 $k_1 = 5.09 \times 10^{-3} \text{s}^{-1}$，$k_2 = 2.545 \times 10^{-3} \text{s}^{-1}$；

（2）当 $n_Y = 5\text{mol}$ 时，由 $n_Y/n_Z = 2$，可得 $n_Z = 2.5\text{mol}$

$$此时, t = \frac{1}{k_1 + k_2} \ln \frac{10}{2.5} = 182\text{s}$$

10. 某连续反应 $A \xrightarrow{k_1} B \xrightarrow{k_2} C$，其中 $k_1 = 0.1\text{min}^{-1}$，$k_2 = 0.2\text{min}^{-1}$，在 $t = 0$ 时，$c_B = 0$，$c_C = 0$，$c_A = 1\text{mol} \cdot \text{dm}^{-3}$。试求算：

（1）B 的浓度达到最大的时间 $t_{B,max}$ 为多少？

（2）该时刻 A、B、C 的浓度各为若干？

【解题思路】本题是复杂反应中的 1-1 级连续反应相关问题的求解。根据其积分式有 B 物质的浓度 y 与时间 t 的关系为：$y = \frac{k_1 a}{k_2 - k_1}(e^{-k_1 t} - e^{-k_2 t})$。$y$ 的浓度最大值对应着 $\frac{dy}{dt} = 0$。由此可解出 B 的浓度达到最大时对应的时间。再将时间代入 1-1 级连续反应的各积分式即可得体系中各物种浓度。

解：（1）因为 $\dfrac{dy}{dt} = \dfrac{d\left[\dfrac{k_1 a}{k_2 - k_1}(e^{-k_1 t} - e^{-k_2 t})\right]}{dt}$

$$= \frac{k_1 a}{k_2 - k_1}(k_2 e^{-k_2 t} - k_1 e^{-k_1 t}) = 0 \text{ 所以}$$

$$t_{B,max} = \frac{\ln(k_1/k_2)}{k_1 - k_2} = \frac{\ln(0.1/0.2)}{0.1 - 0.2} = 6.93\text{min}$$

（2）将 $t_{B,max} = 6.93\text{min}$ 代入下列公式可得：

$$c_A = a e^{-k_1 t} = 1 \times e^{-0.1 \times 6.93} = 0.5\text{mol} \cdot \text{dm}^{-3}$$

$$c_B = \frac{a k_1}{k_2 - k_1}(e^{-k_1 t} - e^{-k_2 t}) = 0.25\text{mol} \cdot \text{dm}^{-3}$$

$$c_C = a - c_A - c_B = 0.25\text{mol} \cdot \text{dm}^{-3}$$

11. 实验发现高温下 DNA 双螺旋分解为两个单链，冷却时两个单链上互补的碱基配对，又恢复双螺旋结构，此为连续反应，动力学过程如下所示，

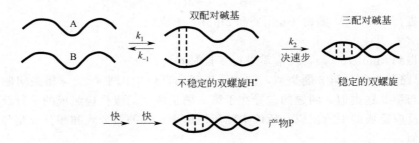

其中双配对碱基不稳定，解离比形成快，形成三配对碱基最慢，一旦形成，此后形成完整双螺旋结构的各步骤都十分迅速。已知实验测得该总反应的速率系数 $k_{实} = 10^6 \text{mol}^{-1} \cdot \text{dm}^3 \cdot \text{s}^{-1}$。不稳定双螺旋 H^* 形成的平衡常数

$$K = k_1/k_{-1} = c_{H^*}/c_A c_B = 0.1\text{mol}^{-1} \cdot \text{dm}^3$$

试写出该反应的速率方程，并求出决速步的速率系数 k_2。

【解题思路】本题是用复杂反应的近似处理方法来推导反应速率方程。其一般方法为：（1）第一步，找出其决速步，并写出决速步的微分式；（2）第二步，如果用平衡假设法，则对于存在决速步前的对峙反应，按照基元反应的质量作用定律，写出 $r_正$ 和 $r_逆$ 与各物种浓度关系的表达式，根据 $r_正 = r_逆$，得到各物种浓度之间的关系；如果用稳态近似法，则首先确定满足稳态近似法的中间产物，按照微分式的写法，写出其 $\dfrac{dc}{dt}$ 与各物种浓度关系的表达式，利用 $\dfrac{dc}{dt} = 0$，得到各物种浓度之间的关系；（3）第三步，整理各物种浓度之间关系的表达式，用总反应反应物的浓度表示决速步的反应物的浓度，并代入决速步的微分方程得到总反应速率方程。

解：在连续反应中，反应的总速率与决速步骤以后的快速步骤无关，形成双螺旋的速率方程为

$$r = \frac{c_P}{dt} = k_2 c_{H^*}$$

快平衡在决速步前，可用平衡假设法，根据题目条件有 $K = \dfrac{k_1}{k_{-1}} = \dfrac{c_{H^*}}{c_A [B]}$，所以 $c_{H^*} = K c_A c_B$，代入反应速率方程有

$$r = k_2 c_{H^*} = k_2 K c_A c_B = k_实 c_A c_B$$

所以 $k_2 = \dfrac{k_实}{K} = \dfrac{10^6}{0.1} = 10^7 \, s^{-1}$

12. 已知 N_2O_5 分解反应的历程如下：

①
$$N_2O_5 \underset{k_{-1}}{\overset{k_1}{\rightleftharpoons}} NO_2 + NO_3$$

②
$$NO_2 + NO_3 \xrightarrow{k_2} NO + O_2 + NO_2$$

③
$$NO + NO_3 \xrightarrow{k_3} 2NO_2$$

（1）当用 O_2 的生成速率表示反应速率时，试用稳态法证明：

$$r_1 = \frac{k_1 k_2}{k_{-1} + 2k_2} c_{N_2O_5}$$

（2）设反应②为决速步，反应为快速平衡，用平衡假设法写出反应的速率表达式。

（3）在什么情况下，$r_1 = r_2$？

【解题思路】本题与第 11 题类似，同样是用复杂反应的近似处理方法来推导反应速率方程，所以解题方法参照第 11 题的解题思路即可。

解：（1）用稳态法处理

$$r_1 = \frac{dc_{O_2}}{dt} = k_2 c_{NO_2} c_{NO_3} \qquad\qquad ①$$

用稳态法求出 c_{NO_3}：

$$\frac{dc_{NO_3}}{dt} = k_1 c_{N_2O_5} - k_{-1} c_{NO_2} c_{NO_3}$$
$$- k_2 c_{NO_2} c_{NO_3} - k_3 c_{NO} c_{NO_3} = 0 \qquad\qquad ②$$

$$\frac{dc_{NO}}{dt} = k_2 c_{NO_2} c_{NO_3} - k_3 c_{NO} c_{NO_3} = 0 \qquad\qquad ③$$

由式③得：$k_3 c_{NO} c_{NO_3} = k_2 c_{NO_2} c_{NO_3}$，代入式②有：

$$k_1 c_{N_2O_5} - k_{-1} c_{NO_2} c_{NO_3} - k_2 c_{NO_2} c_{NO_3} - k_2 c_{NO_2} c_{NO_3} = 0$$

整理得：
$$c_{NO_3} = \frac{k_1 c_{N_2O_5}}{(k_{-1} + 2k_2) c_{NO_2}}$$

代入式①有
$$r_1 = \frac{dc_{O_2}}{dt} = \frac{k_1 k_2 c_{N_2O_5}}{k_{-1} + 2k_2}$$

（2）用平衡假设法处理

$$r_2 = \frac{dc_{O_2}}{dt} = k_2 c_{NO_2} c_{NO_3} \qquad ④$$

因第二步为反应决速步骤，第一步反应为快速平衡，可用平衡假设法求 $[NO_3]$。

因
$$K = \frac{k_1}{k_{-1}} = \frac{c_{NO_2} c_{NO_3}}{c_{N_2O_5}}$$

则
$$c_{NO_3} = \frac{k_1}{k_{-1}} \frac{c_{N_2O_5}}{c_{NO_2}}$$

代入式④，有：

$$r_2 = \frac{dc_{O_2}}{dt} = k_2 c_{NO_2} \frac{k_1}{k_{-1}} \frac{c_{N_2O_5}}{c_{NO_2}} = \frac{k_1 k_2}{k_{-1}} c_{N_2O_5}$$

（3）要使 $r_1 = r_2$，则应有：

$$\frac{k_1 k_2}{k_{-1} + 2k_2} = \frac{k_1 k_2}{k_{-1}}$$

所以 $k_2 \ll k_{-1}$ 时，才有 $r_1 \approx r_2$。要满足这一要求，反应中第二步反应速率应很小，即该步为决速步，第一步是快速平衡。

13.（1）对于加成反应：$CH_3CH = CH_2(A) + HCl(B) \longrightarrow CH_3 CHClCH_3(P)$ 在一定时间范围内，发现下列关系：

$$c_P / c_A = k c_A^{m-1} c_B^n \Delta t$$

式中，k 为反应的实验速率系数。进一步的实验表明：c_P / c_A 这一比值与 C_3H_6（A）的浓度无关，c_P / c_B 这一比值与 HCl（B）的浓度有关。当 $\Delta t = 100h$ 时，有下列数据：

$c_B / (mol \cdot dm^{-3})$	0.4	0.2
c_P / c_B	0.05	0.01

试问此反应对每种反应物各为几级反应？

（2）有人提出了上述反应的机理，如下：

$$2B \rightleftharpoons B_2 \quad （快）$$

$$B + A \rightleftharpoons AB \quad （快）$$

$$B_2 + AB \xrightarrow{k_3} P + 2B \quad （慢）$$

请根据此机理导出反应速率公式，并说明此机理有无道理。

【解题思路】本题第一问是多种反应物情形的反应级数求解，题目已知各反应物、生成物浓度与时间的关系，以及足够的已知量，代入进行数学求解即可得 m 和 n 的值，并根据反应速率的定义式求出反应速率，最终可判断出反应级数。第二问是复杂反应速率方程的推导，决速步前存在快平衡，所以同样用第 11 题解题思路中适用平衡假设法的情形的步骤即可。

解：（1）已知 $c_P / c_A = k c_A^{m-1} c_B^n \Delta t$，且 c_B 一定时，c_P / c_A 与 c_A 无关，因此 $m - 1 = 0$，$m = 1$
代入整理可得 $c_P = k c_A c_B^n \Delta t$

因此，c_A 一定时有 $\dfrac{c_{P,1}}{c_{P,2}} = \left(\dfrac{c_{B,1}}{c_{B,2}}\right)^n$，进一步有 $\dfrac{c_{P,1}/c_{B,1}}{c_{P,2}/c_{B,2}} = \left(\dfrac{c_{B,1}}{c_{B,2}}\right)^{n-1}$

将表格中数据代入可得 $\dfrac{0.05}{0.01} = \left(\dfrac{0.4}{0.2}\right)^{n-1}$

所以 $n=1+\dfrac{\ln 5}{\ln 2}=3.3\approx 3$　代入可得 $c_P=kc_A c_B{}^3\Delta t$

（2）由假设的反应机理，第三步为速控步，前两个步骤可用平衡假设法近似处理：

前两反应的平衡常数满足 $K_1=\dfrac{c_{B_2}}{c_B^2}$，$K_2=\dfrac{c_{AB}}{c_A c_B}$

则 $c_{B_2}=K_1 c_B^2$，$c_{AB}=K_2 c_A c_B$

所以 $\dfrac{dc_P}{dt}=k_3 c_{AB} c_{B_2}=k_3 K_1 K_2 c_A c_B{}^3=kc_A c_B{}^3$

其中 $k=k_3 K_1 K_2$。由假设的反应机理导出的速率方程与实验确定的表观速率方程一致，说明所推断的反应机理有可能是正确的，有待进一步实验证实。

14. 环氧乙烷的分解是一级反应。653K 时的半衰期为 363min，反应的活化能为 $217.57 kJ\cdot mol^{-1}$。试求该反应在 723K 条件下完成 75% 所需时间。

【解题思路】本题已知一个温度下的反应速率相关量，要求另外一个温度下反应速率相关量，运用阿仑尼乌斯公式的定积分形式即可。

解：一级反应 $k(653K)=\dfrac{\ln 2}{t_{1/2}}=1.91\times 10^{-3} min^{-1}$，由 $\ln\dfrac{k(T_2)}{k(T_1)}=\dfrac{E_a}{R}\left(\dfrac{T_2-T_1}{T_1 T_2}\right)$ 得

$$\ln[k(723K)/min^{-1}]=\dfrac{217.57\times 10^3\times 70}{8.314\times 653\times 723}+\ln(1.91\times 10^{-3})$$

$$k(723K)=9.25\times 10^{-2} min^{-1}$$

$$t_{3/4}=2t_{1/2}=\dfrac{2\ln 2}{9.25\times 10^{-2}}=15.0 min$$

15. 反应 $A \underset{k_{-1}}{\overset{k_1}{\rightleftharpoons}} B$ 的正、逆反应均为一级，已知：$\ln(k_1/s^{-1})=-\dfrac{4606}{T/K}+9.212$；

$\ln K_c=\dfrac{4606}{T/K}-9.212$。反应开始时，$c_{A,0}=0.50 mol\cdot dm^{-3}$，$c_{B,0}=0.05 mol\cdot dm^{-3}$。试求算：

（1）逆向反应的活化能；

（2）400K 时反应经 10s 后 A 和 B 的浓度；

（3）400K 时，反应达平衡时 A 和 B 的浓度。

【解题思路】（1）根据对峙反应的特点 $K_c=\dfrac{k_1}{k_{-1}}$ 和阿仑尼乌斯公式的不定积分式求解活化能。（2）本题初始 B 物质浓度不为零，显然不满足 1-1 对峙反应基本积分式的使用条件。我们可以采用两种办法来求各物种浓度。方法一：我们可以把当前初始状态当作初始状态全为 A 的一个反应经过时间 t 后的中间状态，从而可由公式和 A、B 的浓度计算出 t，然后再根据公式计算初始状态全为 A 时，过 $t+10s$ 时刻 A 和 B 的浓度；方法二：写出已知初始浓度一种物种的反应速率方程的微分式（该物种反应速率与各物种浓度之间的关系式），解微积分方程，将已知浓度项和反应时间等作为边界条件代入，解出未知参数。（3）利用平衡常数与浓度间的对应关系求解。

解：（1）对峙反应：$K_c=\dfrac{k_1}{k_{-1}}$ 取对数有：$\ln K_c=\ln(k_1/s^{-1})-\ln(k_{-1}/s^{-1})$

将题给公式代入上式得：

$$\ln(k_{-1}/s^{-1})=\ln(k_1/s^{-1})-\ln K_c$$

$$=-\dfrac{4606}{T}+9.212-\dfrac{4606}{T}+9.212=-\dfrac{9212}{T}+18.424$$

根据阿仑尼乌斯公式的不定积分形式 $\ln k = -\dfrac{E_a}{RT} + B$

可推出：$E_{-1} = 9212R = 7.659 \times 10^4 \mathrm{J \cdot mol^{-1}}$

(2) 400K 时 $\ln(k_1/\mathrm{s^{-1}}) = -\dfrac{4606}{400} + 9.212 = -2.303$，所以 $k_1 = 0.100\mathrm{s^{-1}}$

$\ln(k_{-1}/\mathrm{s^{-1}}) = -\dfrac{9212}{400} + 18.424 = -4.606$，所以 $k_{-1} = 0.010\mathrm{s^{-1}}$

方法一：

若初始没有 B 存在，则由质量守恒定律该体系初始 A 的浓度为：

$$c_{A,全A} = c_{A,0} + c_{B,0} = 0.55\mathrm{mol \cdot dm^{-3}}$$

反应到 $c_{A,0} = 0.50\mathrm{mol \cdot dm^{-3}}$ 的状态，消耗分数：

$$y = \frac{c_{A,全A} - c_{A,0}}{c_{A,全A}} = \frac{0.55 - 0.50}{0.55}$$

代入积分式 $\ln \dfrac{k_1}{k_1 - (k_1 + k_{-1})y} = (k_1 + k_{-1})t$ 可得：

$t = 0.958\mathrm{s}$

则题目所要求的体系状态相当于初始状态全为 A，且 A 的浓度为 $0.55\mathrm{mol \cdot dm^{-3}}$ 时，反应经过 10.958s 的状态，所以将 $t = 10.958\mathrm{s}$ 代入积分式 $\ln \dfrac{k_1}{k_1 - (k_1 + k_{-1})y} = (k_1 + k_{-1})t$，即可求出题目所求状态对应 A 的消耗分数 $y = 0.637$。

所以 $c_A = c_{A,全A}(1 - y) = 0.20\mathrm{mol \cdot dm^{-3}}$，$c_B = c_{A,全A} - c_A = 0.35\mathrm{mol \cdot dm^{-3}}$。

方法二：

$$\mathrm{A} \underset{k_{-1}}{\overset{k_1}{\rightleftharpoons}} \mathrm{B}$$

$t=0$ 　　　　　　　　　　a 　　　 b

$t=t$ 　　　　　　　　　　$a-x$ 　$b+x$

$$\frac{\mathrm{d}x}{\mathrm{d}t} = k_1(a-x) + k_{-1}(b+x) = -(k_1 + k_{-1})x + (k_1 a - k_{-1} b)$$

$$\int_0^x \frac{\mathrm{d}x}{(k_1 a - k_{-1} b) - (k_1 + k_{-1})x} = \int_0^t \mathrm{d}t$$

$$\ln \frac{k_1 a - k_{-1} b}{(k_1 a - k_{-1} b) - (k_1 + k_{-1})x} = (k_1 + k_{-1})t$$

代入 $k_1 = 0.100\mathrm{s^{-1}}$，$k_{-1} = 0.010\mathrm{s^{-1}}$，$a = 0.50\mathrm{mol \cdot dm^{-3}}$，$b = 0.05\mathrm{mol \cdot dm^{-3}}$。

$$\ln \frac{0.0495}{0.0495 - 0.110x} = 0.110t$$

当 $t = 10\mathrm{s}$ 时，$x = 0.30\mathrm{mol \cdot dm^{-3}}$。所以剩余的 $c_A = 0.20\mathrm{mol \cdot dm^{-3}}$，$c_B = 0.35\mathrm{mol \cdot dm^{-3}}$。

(3) 400K 时 $\ln(K_c) = \dfrac{4606}{400} - 9.212 = 2.303$，所以 $K_c = 10.0$

平衡时，$K_c = \dfrac{c_{B,e}}{c_{A,e}} = \dfrac{b + x_e}{a - x_e} = 10.0$

可得 $c_{A,e} = 0.050\mathrm{mol \cdot dm^{-3}}$，$C_{B,e} = 0.50\mathrm{mol \cdot dm^{-3}}$。

16. 有如下平行反应：

$$A \begin{array}{c} \xrightarrow{k_1} Q \\ \xrightarrow{k_2} S \\ \xrightarrow{k_3} P \end{array}$$

且 $E_3 > E_1 > E_2$。试分析应如何控制反应温度可使主要产品 Q 的产量最大?

【解题思路】根据同级平行反应特点,平行反应的产量比等于反应速率系数比,所以本题研究产量最大实际就是求 $\dfrac{k_2+k_3}{k_1}$ 的最小值对应的温度 T。再从阿仑尼乌斯公式出发即可求解。

解:要使主要产品 Q 产量最大,则三个反应的反应速率应满足

$$\frac{\mathrm{d}\left(\dfrac{k_2+k_3}{k_1}\right)}{\mathrm{d}T}=0$$

根据阿仑尼乌斯公式有: $\dfrac{k_2+k_3}{k_1}=\dfrac{A_2\mathrm{e}^{-E_2/RT}+A_3\mathrm{e}^{-E_3/RT}}{A_1\mathrm{e}^{-E_1/RT}}=\dfrac{A_2}{A_1}\mathrm{e}^{(E_1-E_2)/RT}+\dfrac{A_3}{A_1}\mathrm{e}^{(E_1-E_3)/RT}$

将上式对温度求导可得: $-\dfrac{A_2}{A_1}\times\dfrac{E_1-E_2}{RT^2}\mathrm{e}^{(E_1-E_2)/RT}-\dfrac{A_3}{A_1}\times\dfrac{E_1-E_3}{RT^2}\mathrm{e}^{(E_1-E_3)/RT}=0$

解上面的方程可得: $T=\dfrac{E_3-E_2}{R}\ln\dfrac{A_3(E_3-E_1)}{A_2(E_1-E_2)}$,该温度下 $\dfrac{k_2+k_3}{k_1}$ 将取得最小值,即 Q 产量最大。

17. 反应: $[\mathrm{Co(NH_3)_5F}]^{2+}$ (A) $+\mathrm{H_2O}\xrightarrow{\mathrm{H^+}}[\mathrm{Co(NH_3)_5(H_2O)}]^{3+}$ (B) $+\mathrm{F^-}$ 被酸催化。若反应速率公式为: $r=kc_A^{\alpha}c_{H^+}^{\beta}$,在一定温度及初始浓度条件下测得分数衰期如下:

T/K	298	298	308
$c_A/(\mathrm{mol\cdot dm^{-3}})$	0.1	0.2	0.1
$c_{H^+}/(\mathrm{mol\cdot dm^{-3}})$	0.01	0.02	0.01
$t_{1/2}/(10^2\mathrm{s})$	36	18	18
$t_{1/4}/(10^2\mathrm{s})$	72	36	36

其中 $t_{1/4}$ 是指当反应物浓度为起始浓度的 1/4 时所需时间,求:

(1) 反应级数 α 和 β 的数值;

(2) 不同温度时的反应速率系数 k 的值;

(3) 反应实验活化能 E_a 值。

【解题思路】因为 H^+ 是催化剂,反应过程中浓度保持不变,所以我们可以运用反应级数确定方法中的孤立法先将该反应变为反应速率只与一种反应物浓度相关的级数反应,从而采用积分法或半衰期法等来确定反应级数。

解:(1) 因为 H^+ 浓度在整个反应过程中保持不变,因此可令 $k'=kc_{H^+}^{\beta}$,则速率方程变为 $r=k'c_A^{\alpha}$。而且若把初始浓度的一半看作初始浓度,则再次衰变掉一半所需的时间即为 $t_{1/4}-t_{1/2}$,所以可用半衰期法求得

$$\alpha=1+\frac{\lg(t_{1/2}/t_{1/2}')}{\lg(c_{A,0}'/c_{A,0})}=1+\frac{\lg[t_{1/2}/(t_{1/4}-t_{1/2})]}{\lg\left(\dfrac{1}{2}c_{A,0}/c_{A,0}\right)}=1+\frac{\lg[36/(72-36)]}{\lg\left(\dfrac{1}{2}\right)}=1$$

所以 $r=k'c_A$。

对于一级反应,我们有半衰期公式 $k'=\dfrac{\ln 2}{t_{1/2}}$,所以 $kc_{H^+}^{\beta}=\dfrac{\ln 2}{t_{1/2}}$

因此相同温度、不同 c_{H^+} 两组数据的半衰期之比满足 $\dfrac{(t_{1/2})_1}{(t_{1/2})_2}=\dfrac{(c_{H^+}^{\beta})_2}{(c_{H^+}^{\beta})_1}$

将 298K 下两组数据代入可得 $\dfrac{3600}{1800}=\dfrac{0.02^{\beta}}{0.01^{\beta}}$，可解得 $\beta=1$。

所以速率公式为 $r=kc_{A}c_{H^{+}}$，该反应为二级反应。

（2）将 $\beta=1$ 代入可得 $k=\dfrac{\ln 2}{t_{1/2}c_{H^{+}}}$

$$k(298K)=\dfrac{\ln 2}{0.01\times 3600}=1.9\times 10^{-2}\ mol^{-1}\cdot dm^{3}\cdot s^{-1}$$

$$k(308K)=\dfrac{\ln 2}{0.01\times 1800}=3.8\times 10^{-2}\ mol^{-1}\cdot dm^{3}\cdot s^{-1}$$

（3）根据阿仑乌斯公式的定积分形式可解得活化能

$$E_{a}=R\ \dfrac{T_{1}T_{2}}{(T_{2}-T_{1})}\ln\dfrac{k(T_{2})}{k(T_{1})}=R\left(\dfrac{298\times 308}{10}\right)\ln 2=52.9kJ\cdot mol^{-1}$$

18. 实验测得某酶催化反应的下列数据，试用作图法求算该反应的最大反应速率 r_{m} 和米氏常数 K_{M} 之值。

$c_{s}\times 10^{3}/mol\cdot dm^{-3}$	10	2.0	1.0	0.5	0.33
$r\times 10^{6}/mol^{-1}\cdot dm^{3}\cdot s^{-1}$	1.17	0.99	0.79	0.62	0.50

【解题思路】本题为酶催化反应，如果通过实验测得不同底物浓度 [S] 时的反应速率 r，可利用 $r=r_{m}-K_{M}\dfrac{r}{c_{s}}$ 计算 K_{M} 和 r_{m}。

解：酶催化反应 $\qquad\qquad r=r_{m}-K_{M}\dfrac{r}{c_{s}}$

以 r 对 r/c_{s} 作图，所需数据如下：

$r\times 10^{6}/mol^{-1}\cdot dm^{3}\cdot s^{-1}$	1.17	0.99	0.79	0.62	0.50
$(r/c_{s})\times 10^{3}/s^{-1}$	0.117	0.495	0.79	1.24	1.52

得一直线，斜率 -4.80×10^{-4}，截距 1.21×10^{-6}。所以 $K_{M}=4.80\times 10^{-4}\ mol\cdot dm^{-3}$，$r_{m}=1.21\times 10^{-6}\ mol\cdot dm^{-3}\cdot s^{-1}$

19. 试分析下列几个反应的反应速率系数与溶液中的离子强度的关系。

（1）$2O_{2}^{-}+2H^{+}\longrightarrow O_{2}+H_{2}O_{2}$

（2）蔗糖 $+H^{+}+H_{2}O\longrightarrow$ 果糖 + 葡萄糖

（3）$[Co(NH_{3})_{5}Br]^{2+}+Hg^{2+}+H_{2}O\longrightarrow [Co(NH_{3})_{5}H_{2}O]^{3+}+(HgBr)^{+}$

【解题思路】本题属于判断溶液中离子强度变化对反应速率的影响，需要运用原盐效应的规律。

解：由原盐效应的规律可知：

（1）$z_{A}z_{B}<0$，负原盐效应，k 随 I 的增加反而下降；

（2）$z_{A}z_{B}=0$，无原盐效应，k 不受 I 的影响；

（3）$z_{A}z_{B}>0$，正原盐效应，k 随 I 增大而变大。

20. 用波长 253.7nm 的紫外线照射 HI 气体时，因吸收 307J 的光能，HI 分解了 $1.30\times 10^{-3}mol$，

$$2HI\longrightarrow I_{2}+H_{2}$$

（1）求此光化学反应的量子效率；

（2）请从量子效率的计算结果推断该反应的可能机理。

【解题思路】本题属于光化学反应动力学问题。可依据每摩尔光量子的能量和吸收光量子的总能量计算出吸收光量子的物质的量，从而计算出量子效率。再根据根据光化学第二定律（在初级过程中，系统吸收一个光量子就能活化一个分子或原子）可知反应物分子除了在初级过程中出现外，在次级过程中应该会再次作为反应物出现。

解：（1）1mol 该紫外光光量子的能量为

$$E_\lambda = Lh\nu = \frac{Lhc}{\lambda} = \frac{1.20 \times 10^8}{253.7} = 4.73 \times 10^5 \, J \cdot mol^{-1}$$

所以量子效率 $\Phi = \dfrac{\text{发生反应的分子数}}{\text{吸收的光量子数}} = \dfrac{1.30 \times 10^{-3} \times 4.73 \times 10^5}{307} = 2.00$

（2）从 $\Phi = 2$ 知，一个光子可使两个 HI 分子分解，可能机理为：

$$HI + h\nu \longrightarrow H \cdot + I \cdot$$
$$H \cdot + HI \longrightarrow H_2 + I \cdot$$
$$I \cdot + I \cdot \longrightarrow I_2$$

或

$$HI + h\nu \longrightarrow H \cdot + I \cdot$$
$$I \cdot + HI \longrightarrow I_2 + H \cdot$$
$$H \cdot + H \cdot \longrightarrow H_2$$

21. 已知某气相双分子反应，$A(g) \longrightarrow B(g) + C(g)$ 能发生反应的临界能为 $1 \times 10^5 \, J \cdot mol^{-1}$。又知 A 的相对分子质量为 60，分子直径为 0.35nm，请计算在 300K 时，该分解反应的速率系数 k 的值。

【解题思路】直接利用碰撞理论速率系数公式计算即可。

解：根据碰撞理论速率系数公式

$$k = L\pi d_{AB}^2 \left(\frac{8RT}{\pi} \frac{M_A + M_B}{M_A M_B} \right)^{1/2} e^{-E_c/RT}$$

对于只有一种反应物的双分子反应 $d_{AB} = d_{AA}$，$M_B = M_A$，代入可得

$$k = 4\pi d_{AA}^2 L \sqrt{\frac{RT}{\pi M_A}} \exp\left(-\frac{E_c}{RT} \right)$$

$$= 4 \times 3.14 \times (0.35 \times 10^{-9})^2 \times 6.023 \times 10^{23} \times \sqrt{\frac{8.314 \times 300}{3.14 \times 60 \times 10^{-3}}} \times \exp\left(-\frac{1 \times 10^5}{8.314 \times 300} \right)$$

$$= 4.126 \times 10^{-10} \, (mol \cdot m^{-3})^{-1} \cdot s^{-1}$$

22. 设 $N_2O_5(g)$ 的分解为一基元反应，在不同温度下测得的速率系数 k 值如下表所示：

T/K	273	298	318	338
k/min^{-1}	4.7×10^{-5}	2.0×10^{-3}	3.0×10^{-2}	0.30

试从这些数据求：阿仑尼乌斯经验式中的指数前因子 A，表观活化能 E_a，在 273K 时过渡态理论中的 $\Delta_r^{\neq} S_m^{\ominus}$ 和 $\Delta_r^{\neq} H_m^{\ominus}$。

【解题思路】本题给出一系列温度对应的反应速率系数，所以首先应该根据阿仑尼乌斯公式的不定积分形式求解指数前因子 A，表观活化能 E_a。然后再根据过渡态理论中活化能、反应速率系数、标准摩尔活化焓、标准摩尔活化熵之间的关系进行求解。

解：根据阿仑尼乌斯公式

$$\ln k = \ln A - \frac{E_a}{RT}$$

以 $\ln k$ 对 $\dfrac{1}{T}$ 作图，从截距 $\ln A = 35.66$ 和斜率 $-\dfrac{E_a}{R} = -12.46 \times 10^3$ 可求得 $A = 3.07 \times 10^{15} \, s^{-1}$，$E_a = 103.6 kJ \cdot mol^{-1}$

$$\Delta_r^{\neq} H_m^{\ominus} = E_a - (1 - \sum v_i^{\neq})RT = E_a - RT$$

$$= 103.6 kJ \cdot mol^{-1} - (8.314 J \cdot K^{-1} \cdot mol^{-1}) \times 273K = 101.3 kJ \cdot mol^{-1}$$

在 273K 时，$k = 4.7 \times 10^{-5} \, min^{-1} = 7.83 \times 10^{-7} \, s^{-1}$

$$k = \frac{k_B T}{h} (c^\ominus)^{1-n} \exp\left(\frac{\Delta_r^{\neq} S_m}{R}\right) \exp\left(\frac{-\Delta_r^{\neq} H_m}{RT}\right)$$

即 $7.83 \times 10^{-7} \, s^{-1} = \dfrac{1.38 \times 10^{-23} \times 273}{6.63 \times 10^{-34}} \times \exp\left(\dfrac{\Delta_r^{\neq} S_m}{8.314}\right) \times \exp\left(\dfrac{-101.3 \times 10^3}{8.314 \times 273}\right)$

解得 $\Delta_r^{\neq} S_m^\ominus = 10 \, J \cdot K^{-1} \cdot mol^{-1}$

23. 已知在 198K 时，反应 $N_2O_4(g) \underset{k_{-1}}{\overset{k_1}{\rightleftharpoons}} 2NO_2(g)$ 的速率系数 $k_1 = 4.80 \times 10^4 \, s^{-1}$，$NO_2$ 和 N_2O_4 的生成吉布斯自由能分别为 $51.3 \, kJ \cdot mol^{-1}$ 和 $97.8 \, kJ \cdot mol^{-1}$，试求 298K、$N_2O_4$ 的始压为 $101.325 \, kPa$ 时，$NO_2(g)$ 的平衡分压及该反应的弛豫时间。

【解题思路】弛豫时间与正逆反应速率系数以及平衡时的压力相关。正反应的反应速率系数已知，逆反应的反应速率系数可以利用对峙反应的特点由压力平衡常数算出，平衡时的压力也可由压力平衡常数算出。所以本题实际就是要计算压力平衡常数。而在第三章中我们学习了压力平衡常数和标准平衡常数的关系以及标准平衡常数与反应吉布斯自由能变之间的关系，因此本题可以通过体系中各物种的生成吉布斯自由能计算压力平衡常数，从而计算 $NO_2(g)$ 的平衡分压及该反应的弛豫时间。

解：
$$\Delta_r G_m^\ominus (198K) = 2\Delta_f G_m^\ominus (NO_2) - \Delta_f G_m^\ominus (N_2O_4)$$
$$= 2 \times 51.3 - 97.8 = 4800 \, J \cdot mol^{-1}$$
$$K^\ominus = \exp\left(\frac{-\Delta_r G_M^\ominus}{RT}\right)$$
$$= \exp\left(\frac{-4800}{8.314 \times 298}\right)$$
$$= 0.144$$

由标准平衡常数与压力平衡常数的关系可知：$K^\ominus = K_p (p^\ominus)^{-\Delta_r \nu} = K_p / p^\ominus$

所以 $K_p = K^\ominus p^\ominus = 0.144 \times 10^5 = 1.44 \times 10^4 \, Pa$

由对峙反应的特点可知：$k_{-1} = \dfrac{k_1}{K_p} = \dfrac{4.80 \times 10^4}{1.44 \times 10^4} = 3.33 \, s^{-1} \cdot Pa^{-1}$

$$N_2O_4(g) \rightleftharpoons 2NO_2(g)$$

$t = 0$	p_0	0
$t = t_e$	$p_0 - \dfrac{1}{2}p$	p

因此
$$K_p = \frac{p_{NO_2}^2}{p_{N_2O_4}} = \frac{p^2}{p_0 - \dfrac{1}{2}p} = \frac{p^2}{101325 - \dfrac{1}{2}p}$$

将 $K_p = 1.44 \times 10^4 \, Pa$ 代入可得 $p = 3.48 \times 10^4 \, Pa$

$$\tau = \frac{1}{k_1 + 4k_{-1}p}$$
$$= \frac{1}{4.80 \times 10^4 + 4 \times 3.33 \times 3.48 \times 10^4}$$
$$= 1.95 \times 10^{-6} \, s$$

24. 在某些生物体中，存在一种超氧化酶（E），它可将有害的 O_2^- 变成 O_2，反应如下：

$$2O_2^- + 2H^+ \xrightarrow{E} O_2 + H_2O_2$$

在 pH$=9.1$、酶的初始浓度 $c_{E,0}=4\times10^{-7}$mol·dm^{-3}的条件下，测得实验数据列入下表中。

实验编号	$r(O_2)/(mol\cdot dm^{-3}\cdot s^{-1})$	$c_{O_2^-}/(mol\cdot dm^{-3})$
1	3.85×10^{-3}	7.69×10^{-6}
2	1.67×10^{-2}	3.33×10^{-5}
3	0.1	2.00×10^{-4}

注：$r(O_2)$ 为以产物 O_2 表示的反应速率。

设此反应的机理为

$$E+O_2^- \xrightarrow{k_1} E^- + O_2 \qquad\qquad (a)$$

$$E^- + O_2^- \xrightarrow{k_2} E + O_2^{2-} \qquad\qquad (b)$$

其中 E^- 为中间物，可看作自由基，过氧离子的质子化是速率极快的反应，可以不予讨论。已知 $k_2=2k_1$。请求出 k_1 及 k_2 的值，并建立该反应的动力学方程式。

【解题思路】本题属于已知反应机理推导反应动力学方程，同时计算反应速率、浓度、反应速率系数之间的关系。

解：反应（a）为基元反应，由质量作用定律可得 $r(O_2)=\dfrac{dc_{O_2}}{dt}=k_1 c_E c_{O_2^-}$

所以
$$k_1 c_E = \frac{r_{O_2}}{c_{O_2^-}}$$

将实验 1、2、3 的数据代入依次可得 $k_1 c_E$ 值为 500.7s^{-1}、501.5s^{-1} 和 500.0s^{-1}，取平均值可得 $k_1 c_E=500.7$s^{-1}。所以动力学方程为 $\dfrac{dc_{O_2}}{dt}=500.7 c_{O_2^-}$

反应（a）与反应（b）为基元反应，由质量作用定律可得

$$\frac{dc_{E^-}}{dt}=k_1 c_E c_{O_2^-} - k_2 c_{E^-} c_{O_2^-}$$

应用稳态近似法有 $\dfrac{dc_{E^-}}{dt}=0$ 所以 $k_1 c_E - k_2 c_{E^-}=0$

又根据质量守恒定律有 $c_E + c_{E^-}=c_{E_0}$ 同时 $k_2=2k_1$

所以
$$c_{E^-}=\frac{2c(E)_0}{3}$$

所以
$$k_1=\frac{500.7}{c_E}=\frac{3\times500.7}{2\times(4\times10^{-7})}=1.88\times10^9 dm^3\cdot mol^{-1}\cdot s^{-1}$$

$$k_2=\Delta k_1=3.76\times10^9 dm^3\cdot mol^{-1}\cdot s^{-1}$$

25. 乙烷在 $823\sim923$K 间分解，实验观察其主要产物是氢和乙烯，此外还有少量的甲烷；实验发现，在较高的压力下，它是一级反应，实验活化能为 284.5kJ·mol^{-1}，在反应过程中有 $CH_3\cdot$ 和 $C_2H_5\cdot$ 生成。反应方程式为

$$C_2H_6 \longrightarrow C_2H_4 + H_2$$

其速率方程为

$$-\frac{dc_{C_2H_6}}{dt}=k c_{C_2H_6}$$

根据实验事实，有人提出以下链反应机理

(1) $C_2H_6 \xrightarrow{k_1} 2CH_3 \cdot$ $\qquad$ $E_a = 351.5 \text{kJ} \cdot \text{mol}^{-1}$

(2) $CH_3 \cdot + C_2H_6 \xrightarrow{k_2} CH_4 + C_2H_5 \cdot$ $\qquad$ $E_a = 33.5 \text{kJ} \cdot \text{mol}^{-1}$

(3) $C_2H_5 \cdot \xrightarrow{k_3} C_2H_4 + H \cdot$ $\qquad$ $E_a = 167 \text{kJ} \cdot \text{mol}^{-1}$

(4) $H \cdot + C_2H_6 \xrightarrow{k_4} H_2 + C_2H_5 \cdot$ $\qquad$ $E_a = 29.3 \text{kJ} \cdot \text{mol}^{-1}$

(5) $H \cdot + C_2H_5 \cdot \xrightarrow{k_5} C_2H_6$ $\qquad$ $E_a = 0 \text{kJ} \cdot \text{mol}^{-1}$

试分析是否合理。

【解题思路】 判断反应机理是否合理主要从两个方面着手：(1) 正确的反应机理推导出的反应速率方程应与实验测定结果相一致；(2) 正确机理对应的表观活化能应与实验结果相一致。如果总包反应的反应速率系数是基元反应的反应速率系数的幂指数次方的简单乘、除组合，则总包反应的反应速率系数可通过将幂指数变为系数、相乘变相加、相除变相减获得。

解：
$$r = \frac{dc_{H_2}}{dt} = k_4 c_{H \cdot} c_{C_2H_6} \tag{1}$$

$$r = \frac{dc_{C_2H_4}}{dt} = k_3 c_{C_2H_5 \cdot} \tag{2}$$

联立式(1) 和式(2) 可得 $\qquad$ $k_3 c_{C_2H_5 \cdot} = k_4 c_{H \cdot} c_{C_2H_6}$ $\qquad$ (3)

由稳态近似法可得：
$$\begin{cases} \dfrac{dc_{CH_3 \cdot}}{dt} = 2k_1 c_{C_2H_6} - k_2 c_{CH_3 \cdot} c_{C_2H_6} = 0 \\ \dfrac{dc_{C_2H_5 \cdot}}{dt} = k_2 c_{CH_3 \cdot} c_{C_2H_6} - k_3 c_{C_2H_5 \cdot} + k_4 c_{H \cdot} c_{C_2H_6} - k_5 c_{H \cdot} c_{C_2H_5 \cdot} = 0 \end{cases} \tag{4}$$

式(3) 与方程组(4) 联立可得 $\qquad$ $c_{C_2H_5 \cdot} = \left(\dfrac{2k_1 k_4}{k_3 k_5} \right)^{1/2} c_{C_2H_6}$ $\qquad$ (5)

将式(5) 代入式(2) 可得 $\qquad$ $r = \dfrac{dc_{C_2H_4}}{dt} = \left(\dfrac{2k_1 k_3 k_4}{k_5} \right)^{1/2} c_{C_2H_6}$

实验所得反应速率方程与按题目机理推出速率方程相吻合。对比可知反应速率系数

$$k = \left(\frac{2k_1 k_3 k_4}{k_5} \right)^{1/2}$$

因此其表观活化能

$$E_a = \frac{1}{2}(E_{a,1} + E_{a,3} + E_{a,4} - E_{a,5}) = \frac{1}{2}(351.5 + 167 + 29.3 - 0) = 273.9 \text{kJ} \cdot \text{mol}^{-1}$$

与实验测得表观活化能基本一致。

所以题目提出的链反应机理合理。

───── **知 识 拓 展** ─────

1. 如何判断反应级数？

讨论：

情形一：对于基元反应，可以直接由反应物系数加和来确定反应级数。

例题 1： 已知基元反应 $dD + eE \longrightarrow gG + hH$，其级数为 _____ 。

分析：反应物系数和为 $d+e$，所以级数为 $d+e$。

情形二：若已知反应速率系数的量纲为（浓度^x·时间$^{-1}$），则反应级数为 $1-x$。

例题 2： 已知反应 $NO_2(g) \rightleftharpoons NO(g) + (1/2)O_2(g)$ 以 NO_2 的消耗速率表示的反应速率系数与温度的关系为 $\ln(k/dm^3 \cdot mol^{-1} \cdot s^{-1}) = -12884K/T + 20.2664$，则该反应的级数为 _____。

分析：本题给出一个化学反应方程式，但并未说明是总包反应还是基元反应，所以不能够直接由化学反应方程式来判断反应级数。但题目给出了反应速率系数 k 的量纲。题目中浓度相关项单位为 $dm^3 \cdot mol^{-1}$，即（$mol \cdot dm^{-3}$）$^{-1}$。所以反应级数为 $1-(-1)=2$。

情形三：若已知反应速率与各反应物浓度之间关系的反应速率方程，则级数为各反应物幂指数的加和。

例题 3： 若速率方程为 $r = kc_A^{\alpha} c_B^{\beta} c_C^{\gamma}$，则该反应总级数为 $\alpha + \beta + \gamma$。

情形四：对于反应速率只与一种反应物浓度相关的反应，若已知若干时刻对应的该反应物的浓度，则用积分法或微分法来确定反应级数；若反应级数为简单整数，则用积分法来确定。

例题 4： 某简单级数反应，已知反应物的消耗分数 $y = \dfrac{19}{27}$ 所用时间是 $y = \dfrac{1}{3}$ 所用时间的 3 倍，则反应级数是 _____。

分析：已知消耗分数与时间 t 之间的关系：$\begin{cases} t=t & y=1/3 \\ t=3t & y=19/27 \end{cases}$，数据只有两个，采用积分法中直接计算法。从级数为零开始尝试。对于零级反应有 $yc_{A,0} = k_0 t$，因此将两组 t 和 y 代入算出的反应速率系数 k_0 分别为 $k_0 = \dfrac{c_{A,0}}{3t}$ 和 $k_0 = \dfrac{19c_{A,0}}{81t}$，两者显然不相等，所以不是零级反应。对于一级反应有 $\ln\dfrac{1}{1-y} = k_1 t$，将两组 t 和 y 代入算出的反应速率系数 k_0 分别为 $k_1 = \dfrac{\ln(3/2)}{t}$ 和 $k_1 = \dfrac{\ln\dfrac{1}{1-19/27}}{3t} = \dfrac{\ln(3/2)}{t}$，两者相等，所以可判断该反应为一级反应。

例题 5： 若对两反应分别做动力学实验，测出若干时刻 t 对应的反应物 A 的浓度 c_A，然后其中一反应以 c_A^{-2} 对 t 作图发现可得一直线，则该反应的级数为 _____。另一反应若以 $\ln(c_{A,0}/c_A)$ 对 t 作图发现可得一直线，则该反应的级数为 _____。

分析：由积分法知 $n \neq 1$ 时 c_A^{1-n}-t 图为一直线，对其中一个反应 $1-n=-2$，因此级数 $n=3$。对于另一反应，$\ln(c_{A,0}/c_A)$ 对 t 作图发现可得一直线，因为 $\ln(c_{A,0}/c_A) = \ln c_{A,0} - \ln c_A$，所以 $\ln c_A$ 对 t 作图也为一直线，所以该反应为一级反应。

情形五：对于反应速率只与一种反应物浓度相关的反应，若已知若干不同初始浓度对应的半衰期，则用半衰期法来确定反应级数。

例题 6： 当一反应物的初始浓度为 $0.06mol \cdot dm^{-3}$ 时，反应的半衰期为 $100s$，初始浓度为 $0.02mol \cdot dm^{-3}$ 时，半衰期为 $300s$，则此反应的级数为 _____。

分析：半衰期法确定级数的公式为 $n = 1 + \dfrac{\lg(t_{1/2}/t'_{1/2})}{\lg(c'_{A,0}/c_{A,0})} = 1 + \dfrac{\lg(100/300)}{\lg(0.02/0.06)} = 2$，即该反应为 2 级反应。

情形六：对于反应速率只与一种反应物浓度相关的反应，若不能用积分法和半衰期法来确定反应级数，则用微分法来确定反应级数。

情形七：对于反应速率与多种反应物浓度相关的反应，用孤立法来确定反应级数。

例题 7：300K 时某有机化合物 A 在酸的催化下发生水解反应。当 H^+ 浓度为 0.001mol · dm^{-3} 时其半衰期为 9.36min；当 H^+ 浓度为 0.003mol · dm^{-3} 时其半衰期为 3.12min。且已知当 H^+ 浓度一定时 $t_{1/2}$ 均与 A 的初始浓度无关，设反应的速率方程为：$r = kc_A^{\alpha} c_{H^+}^{\beta}$，试计算 α、β 的值。

分析：孤立法是设法保持某种反应物浓度不变，从而将速率方程变为形如 $r = k' c_A^{\alpha}$ 的形式，再用适用于一种反应物的级数确立方法进行分析。

（1）本题中 H^+ 为催化剂，因此整个反应过程中 H^+ 浓度不变。所以我们可以首先将 H^+ 浓度并入到反应速率系数中，设 $k' = kc_{H^+}^{\beta}$，则 $r = k' c_A^{\alpha}$。

（2）因为 H^+ 浓度一定时 $t_{1/2}$ 均与 A 的初始浓度无关，因此可由半衰期法确定级数

$$\alpha = 1 + \frac{\lg(t_{1/2}/t'_{1/2})}{\lg(c'_{A,0}/c_{A,0})} = 1 + \frac{\lg 1}{\lg(c'_{A,0}/c_{A,0})} = 1。$$

（3）由一级反应的半衰期公式可求出反应速率系数 $k' = \frac{\ln 2}{t_{1/2}}$，所以 $\frac{k'_1}{k'_2} = \frac{(t_{1/2})_2}{(t_{1/2})_1}$。

（4）将 $k' = kc_{H^+}^{\beta}$ 代入可得 $\frac{kc_{H^+,1}^{\beta}}{kc_{H^+,2}^{\beta}} = \frac{(t_{1/2})_2}{(t_{1/2})_1}$，所以

$$\beta = \ln \frac{(t_{1/2})_2}{(t_{1/2})_1} / \ln \frac{c_{H^+,1}}{c_{H^+,2}} = \ln \frac{3.12}{9.36} / \ln \frac{0.001}{0.003} = 1。$$

情形八：放射性同位素衰变为典型的一级反应，蔗糖水解为准一级反应，乙酸乙酯皂化为二级反应。

2. 如何求反应速率系数？

讨论：

情形一：若已知反应级数和初始浓度，以及时间 t 与 t 时刻浓度或消耗分数，则我们可以通过下面的步骤来求反应速率系数。

（1）第一步：根据级数和反应物种数选择对应的积分式；

（2）第二步：将时间 t 与 t 时刻浓度或消耗分数代入积分式求出反应速率系数；

要点：记清教材表 4-1、表 4-2 和表 4-3 的公式和各量的含义。教材 P140 例 1、例 2，P143 例 4 都是此种情形。

情形二：若已知反应级数和若干组的 c_A-t 数据，则可以根据线性关系图和该级数反应的积分式，通过作图法来求反应速率系数。

例题 8：若对某反应做动力学实验，测出若干时刻 t 对应的反应物 A 的浓度 c_A，然后以 $\ln c_A$ 对 t 作图可得一直线，直线的截距为 56，斜率为 $-1.0 \times 10^{-2} s^{-1}$，则该反应的反应速率系数为 _____ 。

分析：由 $\ln c_A$ 与 t 之间的线性关系可知该反应是一个一级反应，由一级反应的积分式 $\ln(c_{A,0}/c_A) = k_1 t$ 变形可得 $\ln c_A = -k_1 t + \ln c_{A,0}$，所以该反应的反应速率系数 $k_1 = 1.0 \times 10^{-2} s^{-1}$。

情形三：若已知反应级数和半衰期，则我们可以直接通过该级数对应的半衰期公式来求解。

例题 9：有一放射性元素，已知它的半衰期 $t_{1/2} = 4.3$min，则反应速率系数为 _____ 。

分析：该反应为一级反应，对应半衰期公式为 $t_{1/2}=\dfrac{\ln 2}{k}$，因此 $k=\dfrac{\ln 2}{t_{1/2}}=\dfrac{\ln 2}{4.3}=0.16\text{min}^{-1}$。

情形四：若已知反应速率系数与温度的关系，则可直接将温度代入已知关系式求反应速率系数。如教材 P151 例 2 和 P194 习题 15。

例题 10：$NO_2(g)\!=\!=\!=\!NO(g)+(1/2)O_2(g)$ 以 NO_2 的消耗速率表示的反应速率系数与温度的关系为 $\ln(k/\text{dm}^3\cdot\text{mol}^{-1}\cdot\text{s}^{-1})=-12884K/T+20.2664$，则 400℃ 时的速率系数为_____。

分析：直接将温度 400℃ 代入关系式（注意转化为开氏温度）有：$\ln[k/(\text{dm}^3\cdot\text{mol}^{-1}\cdot\text{s}^{-1})]=-12884/673.15+20.2664=1.1265$，所以 $k=3.085\text{dm}^3\cdot\text{mol}^{-1}\cdot\text{s}^{-1}$。

3. 对于已知反应速率系数的整数级数反应，如何计算反应物浓度、生成物浓度或者消耗分数与时间的关系以及半衰期？

讨论：

方法一：

（1）第一步：确定反应级数；

（2）第二步：根据级数和反应物种数选择对应的积分式或半衰期公式；

（3）第三步：将反应速率系数和各浓度项或时间项代入积分式或半衰期公式求解。

要点：还是记清教材中表 4-1、表 4-2 和表 4-3 的公式和各量的含义。用半衰期公式的如教材中 P140 例 1、例 2，P143 例 4；用积分式的如教材中 P140 例 5、P150 例 1 和 P151 例 2。

注意 1：对于有气体参与的反应，若已知不是初始浓度和经过时间 t 后的浓度，而是初始压力和经过时间 t 后的压力，则由理想气体状态方程 $pV=nRT$，用压力来表示浓度 $c=\dfrac{n}{V}=\dfrac{p}{RT}$，再按已知浓度的情形来计算。

例题 11：400℃ 时将压力为 28753Pa 的 $NO_2(g)$ 通入反应器中，使之发生分解反应 $NO_2(g)\!=\!=\!=\!NO(g)+(1/2)O_2(g)$，已知该温度下的反应速率系数为 $3.085\text{dm}^3\cdot\text{mol}^{-1}\cdot\text{s}^{-1}$，试计算反应器的压力达到 33798Pa 时所需时间。

分析：（1）由反应级数的确定方法二（反应速率系数的单位）可知该反应的级数为二级。

（2）因为反应物为一种，适用公式为 $\dfrac{1}{c_{NO_2}}-\dfrac{1}{c_{NO_2,0}}=kt$。

（3）由初始时刻 NO_2 的浓度 $c_{NO_2,0}$ 与初始压力 p_0 之间的关系：$c_0=\dfrac{n}{V}=\dfrac{p_0}{RT}$ 和 t 时刻 NO_2 的浓度 c_{NO_2} 与 t 时刻 NO_2 的分压 p_{NO_2} 之间的关系 $c_{NO_2}=\dfrac{p_{NO_2}}{RT}$，可得 $\dfrac{RT}{p_{NO_2}}-\dfrac{RT}{p_0}=kt$；

（4）t 时刻 NO_2 的分压未知，可由初始和 t 时刻的总压以及化学反应方程式的计量关系求出。

$$NO_2(g)\!=\!=\!=\!NO(g)+(1/2)O_2(g)$$

$$t=t \qquad p_{NO_2} \qquad p_0-p_{NO_2} \qquad \frac{1}{2}(p_0-p_{NO_2})$$

总压 $p=p_{NO_2}+(p_0-p_{NO_2})+\dfrac{1}{2}(p_0-p_{NO_2})$

将 $p_0=28753\text{Pa}$，$p=33798\text{Pa}$ 代入可得 $p_{NO_2}=18663\text{Pa}$

(5) 将 p_0、p_{NO_2}、$T=673.15K$ 和 $k=3.085\times10^{-3}\,m^3\cdot mol^{-1}\cdot s^{-1}$ 代入 $\dfrac{RT}{p_{NO_2}}-\dfrac{RT}{p_0}=kt$，即可求出 $t=34.11s$。注意单位的统一，气体分子常数的数值若用 8.314 代入，则浓度对应单位要化为 $m^3\cdot mol^{-1}\cdot s^{-1}$，不能用 $dm^3\cdot mol^{-1}\cdot s^{-1}$。

注意 2：对于初始条件与公式不一致的情形，可想法使初始条件变得与公式一致。如教材 P194 习题 15（2）的解法一。

方法二：对于无法用方法一直接计算的一般情形，可通过下面两步来求解：

（1）第一步：写出已知一种或几种物种初始浓度的反应速率方程的微分式；

（2）第二步：解这些微分式，将已知浓度项和反应时间等作为边界条件代入，解出未知参数。

如教材 P194 习题 15（2）也可用此法来求解，具体过程参见解法三。

4. 如何求活化能？

讨论：

情形一：已知两个不同温度（T_1、T_2）下的同一反应的反应速率系数（k_1、k_2），可用阿仑尼乌斯公式的定积分形式 $\ln\dfrac{k_2}{k_1}=-\dfrac{E_a}{R}\left(\dfrac{1}{T_2}-\dfrac{1}{T_1}\right)$ 求活化能 $E_a=\dfrac{RT_1T_2}{T_2-T_1}\ln\dfrac{k_2}{k_1}$。

例题 12： 有对峙反应 $A(g)\underset{k_{-1}}{\overset{k_1}{\rightleftharpoons}}2B(g)$，300K 时式中正向和逆向基元反应的反应速率系数 k_1 和 k_{-1} 分别为 $4.50\times10^{-3}\,s^{-1}$ 和 $9.00\times10^{-2}\,m^3\cdot mol^{-1}\cdot s^{-1}$，400K 时 k_1 和 k_{-1} 分别为 $9.00\times10^{-3}\,s^{-1}$ 和 $1.80\times10^{-1}\,m^3\cdot mol^{-1}\cdot s^{-1}$，分别计算正向反应与逆向反应的活化能 $E_{a,1}$ 和 $E_{a,-1}$。

分析：$E_{a,1}=\dfrac{RT_1T_2}{T_2-T_1}\ln\dfrac{k_2}{k_1}=\dfrac{8.314\times300\times320}{320-300}\ln\dfrac{9.00\times10^{-3}}{4.50\times10^{-3}}=27.7\times10^3\,J\cdot mol^{-1}$

类似代入可求得 $E_{a,-1}=27.7\times10^3\,J\cdot mol^{-1}$

情形二：已知几个不同温度下的化学反应速率系数，或者反应速率系数与温度的关系，可用阿仑尼乌斯公式的不定积分式 $\ln k=-\dfrac{E_a}{RT}+B$ 求活化能。如配套教材 P162 例 2 和 P194 习题 15 和 22。

例题 13： 已知反应 $NO_2(g)\Longrightarrow NO(g)+(1/2)O_2(g)$ 以 NO_2 的消耗速率表示的反应速率系数与温度的关系为 $\ln(k/dm^3\cdot mol^{-1}\cdot s^{-1})=-12884K/T+20.2664$，则活化能 $E_a=$ _____。

分析：对照阿仑尼乌斯公式的不定积分形式 $\dfrac{E_a}{R}=12884K$，所以 $E_a=12884R=12884\times8.314=107.1kJ\cdot mol^{-1}$。

情形三：已知基元反应的活化能以及基元反应和总包反应反应速率系数之间的关系，求总包反应的表观活化能。

（1）如果总包反应的反应速率系数是基元反应的反应速率系数的幂指数次方的简单乘、除组合，则总包反应的反应速率系数可通过将幂指数变为系数、相乘变相加、相除变相减获得。

例题 14： 已知总包反应速率系数 $k=k_1^2k_2^{-1/2}/k_3$，则表观活化能 $E_a=2E_{a,1}-1/2\,E_{a,2}-E_{a,3}$。

（2）如果不能用上面的方法来计算表观活化能，则可利用阿仑尼乌斯公式的微分式 $\dfrac{\mathrm{d}\ln k}{\mathrm{d}T}=\dfrac{E_\mathrm{a}}{RT^2}$ 来计算。微分式可变形为 $\dfrac{\mathrm{d}k}{\mathrm{d}T}=\dfrac{kE_\mathrm{a}}{RT^2}$，对总包反应和基元反应同样适用。再将总包反应的反应速率系数与基元反应的反应速率系数关系式代入，则可得到表观活化能。

例题 15： 已知某总包反应速率系数 $k=k_1k_2+k_3$，对应基元反应活化能分别为 $E_{\mathrm{a},1}$、$E_{\mathrm{a},2}$ 和 $E_{\mathrm{a},3}$，求其表观活化能。

分析：由阿仑尼乌斯公式微分式 $\dfrac{\mathrm{d}k}{\mathrm{d}T}=\dfrac{kE_\mathrm{a}}{RT^2}$ 和反应速率系数之间的关系可知

$$\begin{cases} \dfrac{\mathrm{d}k}{\mathrm{d}T}=\dfrac{\mathrm{d}(k_1k_2+k_3)}{\mathrm{d}T}=k_2\,\dfrac{\mathrm{d}k_1}{\mathrm{d}T}+k_1\,\dfrac{\mathrm{d}k_2}{\mathrm{d}T}+\dfrac{\mathrm{d}k_3}{\mathrm{d}T}=k_2\,\dfrac{k_1E_{\mathrm{a},1}}{RT^2}+k_1\,\dfrac{k_2E_{\mathrm{a},2}}{RT^2}+\dfrac{k_3E_{\mathrm{a},3}}{RT^2} \\[3mm] \dfrac{\mathrm{d}k}{\mathrm{d}T}=\dfrac{kE_\mathrm{a}}{RT^2}=\dfrac{(k_1k_2+k_3)E_\mathrm{a}}{RT^2} \end{cases}$$

上下两式相等 $\dfrac{(k_1k_2+k_3)E_\mathrm{a}}{RT^2}=k_2\,\dfrac{k_1E_{\mathrm{a},1}}{RT^2}+k_1\,\dfrac{k_2E_{\mathrm{a},2}}{RT^2}+\dfrac{k_3E_{\mathrm{a},3}}{RT^2}$

可解得 $E_\mathrm{a}=\dfrac{k_1k_2E_{\mathrm{a},1}+k_1k_2E_{\mathrm{a},2}+k_3E_{\mathrm{a},3}}{k_1k_2+k_3}$

情形四：若基元反应活化能未知，可用理论方法来预估活化能。

（1）对于放热方向基元反应 $(A\!-\!A)+(B\!-\!B)\xrightarrow{k}2(A\!-\!B)$　$E_\mathrm{a}\approx(E_{A-A}+E_{B-B})\times30\%$。

（2）对于有自由基参加的放热方向基元反应 $A\cdot+(B\!-\!B)\xrightarrow{k}(A\!-\!B)+B\cdot$　$E_\mathrm{a}\approx E_{B-B}\times5.5\%$

（3）对于分子裂解成两个原子或自由基的反应 $(B\!-\!B)\xrightarrow{k}B\cdot+B\cdot$　$E_\mathrm{a}\approx E_{B-B}$

（4）对于自由基的复合反应 $B\cdot+B\cdot\xrightarrow{k}(B\!-\!B)\cdot$　$E_\mathrm{a}\approx0$

例题 16： 已知 $H\!-\!H$ 键键能为 $E_{H-H}=436\mathrm{kJ\cdot mol^{-1}}$，$Cl\!-\!Cl$ 键键能为 $E_{Cl-Cl}=243\mathrm{kJ\cdot mol^{-1}}$，试估下列反应的活化能。（1）$Cl_2+H_2\longrightarrow2HCl$（2）$Cl\cdot+H_2\longrightarrow HCl+H\cdot$（3）$Cl_2+M\longrightarrow2Cl\cdot+M$（4）$2Cl\cdot+M\longrightarrow Cl_2+M$

分析：题目的 4 种情况恰好对应上面用键能预估活化能的 4 种情形，直接套用公式可得：

（1）$E_\mathrm{a}\approx(E_{Cl-Cl}+E_{H-H})\times30\%=(243+436)\times30\%=203.7\mathrm{kJ\cdot mol^{-1}}$

（2）$E_\mathrm{a}\approx E_{H-H}\times5.5\%=436\times5.5\%=24\mathrm{kJ\cdot mol^{-1}}$

（3）$E_\mathrm{a}\approx E_{Cl-Cl}=243\mathrm{kJ\cdot mol^{-1}}$

（4）$E_\mathrm{a}\approx0\mathrm{kJ\cdot mol^{-1}}$

5. 根据阿仑尼乌斯公式，当作 $\ln k$-$\dfrac{1}{T}$ 图时，可得一直线。但对于某反应作图发现所得直线发生明显弯折，可能是什么原因？

答：可能有如下两种原因：

（1）该反应属于不满足阿仑尼乌斯公式的类型；

（2）$\ln k=-\dfrac{E_\mathrm{a}}{RT}+B$ 的斜率为 $-\dfrac{E_\mathrm{a}}{R}$，当 E_a 为常数时可得一直线。但由碰撞理论可知 $E_\mathrm{a}=E_\mathrm{c}+\dfrac{1}{2}RT$，当温度足够高时 $\dfrac{1}{2}RT$ 不可忽略，活化能会随温度的改变而改变，从而使直线发生弯折。

6. 浅议光化学烟雾的形成过程

汽车、工厂等污染源排入大气的碳氢化合物（HC）和氮氧化物（NO$_x$）等一次污染物在阳光中紫外线照射下发生光化学反应，生成臭氧、醛、酮、酸、过氧乙酰硝酸酯（PAN）等二次污染物，参与光化学反应过程的一次污染物和二次污染物的混合物所形成的烟雾污染称为光化学烟雾。

光化学烟雾的形成机制复杂，涉及众多的链反应。下面我们仅从过氧乙酰硝酸酯（PAN）的生成过程出发，简单介绍一下光化学烟雾的形成过程。

大量的碳氢化合物和氮氧化物由汽车、工厂等污染源排入大气。晚间由于氧化作用，大气中会积累一定量 NO$_2$。日出时，这些 NO$_2$ 可发生光解产生 O·，并引发系列链反应。

$$NO_2 + h\nu \longrightarrow NO + O\cdot$$
$$O\cdot + O_2 + M \longrightarrow O_3 + M$$
$$O_3 + NO \longrightarrow NO_2 + O_2$$

从上面的反应可看出，如果产生的 O$_3$ 完全被用来氧化 NO 而消耗掉，则 O$_3$ 不会积累。

然而，实际上，因为碳氢化合物的存在，可发生一系列的次级反应，碳氢化合物被 O·氧化产生 HO·自由基：

$$RH + O\cdot \longrightarrow R\cdot + HO\cdot$$

HO·又进一步氧化碳氢化合物生成一批自由基，如：

$$\begin{cases} RH + HO\cdot \longrightarrow R\cdot + H_2O \\ R\cdot + O_2 \longrightarrow RO_2\cdot \end{cases}$$

这些自由基有效地将 NO 转化为 NO$_2$，如

$$RO_2\cdot NO \longrightarrow NO_2 + RO\cdot$$

使 NO$_2$ 浓度上升，碳氢化合物及 NO 浓度下降。当 NO$_2$ 达到一定值时，O$_3$ 开始积累，而自由基与 NO$_2$ 的反应又使 NO$_2$ 的增长受到限制，从而影响 O$_3$ 的生成量，如下过程就是一个消耗 NO$_2$ 的过程：

$$RO\cdot + O_2 \longrightarrow R'CHO + HO_2\cdot$$
$$R'CHO + HO\cdot \longrightarrow R'\dot{C}O + H_2O$$
$$R'\dot{C}O + O_2 \longrightarrow R'\dot{C}(O)O_2\cdot$$
$$R'C(O)O_2\cdot + NO_2 \rightleftharpoons R'C(O)O_2NO_2\cdot \ (PAN)$$

这个过程同时也就是二级污染物过氧乙酰硝酸酯（PAN）的产生过程，自由基与 NO$_2$ 反应产生 PAN 等产物，稳定产物产生同时使自由基消除，链传递终止。

5

电 化 学

（1）原电池与电解池的异同点；掌握电导、电导率、摩尔电导率的定义、离子独立运动定律及电导测定应用。理解离子迁移数、离子电迁移率的定义；了解迁移数的测定方法。

（2）掌握电解质的活度、离子平均活度和离子平均活度系数因子的定义及计算。掌握德拜-休克尔极限定律。

（3）掌握可逆电池概念，掌握可逆电池热力学关系式及应用。

（4）重点掌握电池反应和电极反应的能斯特方程，会利用能斯特方程计算电池电动势和电极电势。理解浓差电池的原理，了解液接电势的计算。

（5）理解分解电压和极化的概念以及极化的结果。

内容概要

电化学是研究电能和化学能之间的相互转化有关规律的科学。本章内容主要包括以下几点。

① 电解质溶液理论　主要研究电解质溶液的导电性质（离子电迁移、电导等）和电解质溶液的热力学性质（平均活度、活度等）。

② 电化学平衡　主要研究有关电化学反应平衡的规律（电化学体系中没有电流通过时体系的性质），表征这一规律的是可逆电池热力学和能斯特（W. Nernst）方程。

③ 电极过程　属电化学体系的动力学范畴，主要研究电化学中有电流通过时体系的性质。其重要概念是超电势（over potential），可用来衡量电化学体系中有电流通过时偏离平衡的程度（不可逆程度）。

5.1 电解质溶液导电现象

5.1.1 电解质溶液的导电机理

① 电流通过溶液由正、负离子的定向迁移实现，正负离子迁移方向虽然相反，但它们的导电方向却是一致的。

② 电流在电极与溶液界面得以连续，是由于两电极分别发生氧化还原作用时导致电子得失而形成。电极命名的对照关系见表 5-1。

表 5-1　电极命名的对照关系

原电池	电解池
正(＋)极(电势高)是阴极(还原电极)	正(＋)极(电势高)是阳极(氧化电极)
负(一)极(电势低)是阳极(氧化电极)	负(一)极(电势低)是阴极(还原电极)

5.1.2　法拉第定律

① 电极上发生化学变化物质的物质的量与通过的电量成正比。

② 对于串联电解池，通入一定电量后，每一个电解池的每一个电极上发生电极反应的物质的量相等，析出物质的质量与其摩尔质量成正比。

当电解时通过的电量为 Q 时，则电极上参加反应的物质的量 n 为

$$Q = nzF = It = \frac{m}{M}zF$$

式中，F 是 1mol 元电荷所具有的电量，称为法拉第常数，用 F 表示

$$F = Le = 6.02205 \times 10^{23} \times 1.60219 \times 10^{-19}$$
$$= 9.64846 \times 10^4 \text{C} \cdot \text{mol}^{-1}$$
$$\approx 96500 \text{C} \cdot \text{mol}^{-1}$$

5.2　电解质溶液的电导和应用

5.2.1　电导、电导率、摩尔电导率

(1) 电导

电解质溶液的导电能力通常用其电阻的倒数来表示，以 G 表示。电导的单位符号 S 或 Ω^{-1} 表示。

$$G = \frac{1}{R} \tag{5.2.1}$$

(2) 电导率

将电解质溶液置于面积各为 1m^2，距离为 1m 两平行电极时呈现的电导。

用符号 κ 表示，单位是 $\text{S} \cdot \text{m}^{-1}$。$\kappa$ 与 G 的关系见式(5.2.2)。ρ 是电阻率，即电导率的倒数。

$$G = \kappa \frac{A}{l} \quad \text{或} \quad \kappa = \frac{1}{\rho} = G \frac{l}{A} \tag{5.2.2}$$

(3) 摩尔电导率

将 1mol 电解质的溶液置于相距为 1m 的电导池两平行电极之间所具有的电导，用 Λ_m 表示，单位是 $\text{S} \cdot \text{m}^2 \cdot \text{mol}^{-1}$。$\Lambda_m$ 与 κ 和 c 的关系为

$$\Lambda_m = \kappa V_m = \frac{\kappa}{c} \tag{5.2.4}$$

5.2.2　电导的测定

电导的测量原理和物理学上测电阻的韦斯顿（Wheatstone）电桥类似。

先测出电阻 R_x：

$$\frac{R_1}{R_x} = \frac{R_3}{R_4}$$

故溶液的电导为

$$G_x = \frac{1}{R_x} = \frac{R_3}{R_1 R_4} = \frac{AC}{BC}\frac{1}{R_1} \qquad (5.2.5)$$

待测溶液的电导率可由下式获得

$$\kappa_x = G_x \frac{l}{A} = \frac{1}{R_x}\frac{l}{A} = \frac{1}{R_x}K_{cell} \qquad (5.2.6)$$

对于一个固定的电导池，l 和 A 都是定值，故比值 $\frac{l}{A}$ 为一常数，称此常数为**电导池常数**，用符号 K_{cell} 表示，单位为 m^{-1}。

由于电导池中两极之间的距离 l 和电极之间的面积 A 难以精确测量。通常将一个已精确测出电导率的电解质溶液（通常为 KCl 水溶液）注入该电导池中，测其电阻，根据式（5.2.6）计算 K_{cell} 之值。测知该电导池的电导池常数后，再将待测溶液注入此电导池中，测其电阻，即可由式（5.2.6）求出待测溶液的电导率，并可根据式（5.2.4）计算其摩尔电导率。

5.2.3 电导率、摩尔电导率与浓度的关系（见图 5-1、图 5-2）

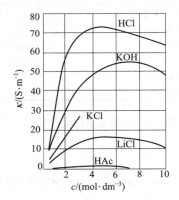

图 5-1 电导率与浓度的关系

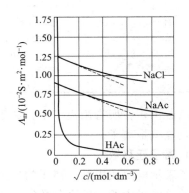

图 5-2 摩尔电导率与浓度的关系

由图 5-1 可以看出：

① κ（强酸）$>\kappa$（强碱）$>\kappa$（盐）$>\kappa$（弱酸）；

② 强电解质稀溶液电导率与浓度成正比

$$\kappa = Bc \qquad (B \text{ 是比例常数)};$$

③ 电解质稀溶液电导率浓度增大，先升高后下降；

④ 强电解质稀溶液的摩尔电导率与浓度的二分之一次方成正比（科尔劳乌施方程）

$$\Lambda_m = \Lambda_m^\infty (1 - \beta\sqrt{c}) \qquad (\beta \text{ 是比例常数)} \qquad (5.2.7)$$

⑤ 无论是强电解质还是弱电解质摩尔电导率随浓度增大均下降。

5.2.4 （科尔劳乌施）离子独立移动定律

在无限稀释的溶液中，无论是强电解质还是弱电解质都全部电离，离子之间独立运动，不受其他离子的影响，每一种离子对电解质溶液的导电都有恒定的贡献。

$$\Lambda_m^{\infty} = \nu_+ \lambda_{m,+}^{\infty} + \nu_- \lambda_{m,-}^{\infty} \tag{5.2.8}$$

例如 $CaCl_2$：

$$\Lambda_m^{\infty}(CaCl_2) = \lambda_{m,Ca^{2+}}^{\infty} + 2\lambda_{m,Cl^-}^{\infty}$$

5.2.5 离子的电迁移

（1）离子运动速率与离子淌度 离子的运动速率除了与离子的本性（离子半径、所带电荷等）、介质的性质（如黏度）以及温度等因素有关外，还与电场的电位梯度 dE/dl 有关。因此，当其他因素一定时，离子的运动速率与电位梯度成正比，即

$$\left.\begin{array}{l} r_+ = U_+ \dfrac{dE}{dl} \\[2mm] r_- = U_- \dfrac{dE}{dl} \end{array}\right\} \tag{5.2.9}$$

式中，U_+、U_- 称作正负**离子迁移率**、又称作**离子的淌度**（ionic mobility），其物理意义是电位梯度为单位数值时离子的迁移速率，单位是 $m^2 \cdot s^{-1} \cdot V^{-1}$，表 5-2 为 298.15K 下离子在无限稀释水溶液中的离子迁移率。

表 5-2 298.15K 离子在无限稀释水溶液中的离子迁移率

正离子	$U_+^{\infty}(m^2 \cdot s^{-1} \cdot V^{-1})$	负离子	$U_-^{\infty}(m^2 \cdot s^{-1} \cdot V^{-1})$
H^+	36.30×10^{-8}	OH^-	20.52×10^{-8}
K^+	7.62×10^{-8}	SO_4^{2-}	8.27×10^{-8}
Ba^{2+}	6.59×10^{-8}	Cl^-	7.91×10^{-8}
Na^+	5.19×10^{-8}	NO_3^-	7.40×10^{-8}
Li^+	4.01×10^{-8}	HCO_3^-	4.61×10^{-8}

可以看出，在所有阳离子中，离子淌度最大的是氢离子；在所有阴离子中，离子的淌度最大的是氢氧根离子。

（2）离子迁移数

为了表示电解质中某一离子的导电贡献，人们把在电解质溶液中每一种离子传输的电量在通过的总电量中所占的百分数定义为离子迁移数，用 t_B 表示。离子迁移数的定义有多种表现形式，以 t_+ 为例。

$$\left\{\begin{array}{l} t_+ = \dfrac{Q_+}{Q_+ + Q_-} = \dfrac{I_+}{I_+ + I_-} = \dfrac{r_+}{r_+ + r_-} = \dfrac{U_+}{U_+ + U_-} = \dfrac{\nu_+ \lambda_{m,+}}{\nu_+ \lambda_{m,+} + \nu_- \lambda_{m,-}} = \dfrac{\nu_+ \lambda_{m,+}}{\Lambda_m} \\[3mm] t_+ + t_- = 1 \end{array}\right.$$

$$\tag{5.2.13}$$

（3）离子迁移率与摩尔电导率关系

$$\Lambda_m = \alpha(U_+ + U_-)F$$

无限稀释时，

$$\Lambda_m^{\infty} = \alpha(U_{m,+}^{\infty} + U_{m,-}^{\infty})F$$

假定

$$U_+ + U_- \approx U_+^{\infty} + U_-^{\infty}$$

有

$$\alpha = \frac{\Lambda_m}{\Lambda_m^{\infty}} \tag{5.2.14}$$

5.2.6 电导测定的一些应用

(1) 求算弱电解质的电离度及电离常数

以电解质为 AB 型（即 1-1 型）为例，其初浓度为 c，则

$$AB \rightleftharpoons A^+ + B^-$$

开始时　　c　　　0　　　0

平衡时　$c(1-\alpha)$　$c\alpha$　$c\alpha$

电离平衡常数（dissociation constant）如下

$$K_c = \frac{\frac{c}{c^{\ominus}}\alpha^2}{1-\alpha} \tag{5.2.15}$$

代入 $\alpha = \dfrac{\Lambda_m}{\Lambda_m^{\infty}}$ 后得

$$K_c = \frac{\frac{c}{c^{\ominus}}\left(\frac{\Lambda_m}{\Lambda_m^{\infty}}\right)^2}{1-\frac{\Lambda_m}{\Lambda_m^{\infty}}} = \frac{\frac{c}{c^{\ominus}}\Lambda_m^2}{\Lambda_m^{\infty}(\Lambda_m^{\infty}-\Lambda_m)} \tag{5.2.16}$$

(2) 测定难溶盐的溶解度

先测定纯水的电导率 $\kappa(H_2O)$，再用此水配制待测难溶盐的饱和溶液，测定该饱和溶液的电导率 κ（溶液），于是可得难溶盐的电导率 κ（盐）。

$$\kappa(盐)=\kappa(溶液)-\kappa(H_2O)$$

由于难溶盐的溶解度很小，溶液极稀，可以认为 $\Lambda_m(盐) \approx \Lambda_m^{\infty}(盐) = \nu_+ \lambda_{m,+}^{\infty} + \nu_- \lambda_{m,-}^{\infty}$。于是可得难溶盐饱和溶液物质的量浓度 c，即其溶解度 S。

$$c_{饱和} = \frac{\kappa(盐)}{\Lambda_m^{\infty}} = \frac{\kappa(溶液)-\kappa(H_2O)}{\nu_+ \lambda_{m,+}^{\infty} + \nu_- \lambda_{m,-}^{\infty}} \tag{5.2.17}$$

(3) 电导滴定

在滴定分析中，关键问题之一是确定滴定终点。对于那些在终点附近溶液电导发生突变的反应，就可利用电导的突变来确定滴定终点，称为**电导滴定**。电导滴定可以用于酸碱中和反应、氧化-还原反应、沉淀反应等。特别对于那些有颜色或沉淀不易判断终点的反应具有特别意义。图 5-3 是强碱滴定强酸的电导滴定曲线，图 5-4 是弱碱滴定弱酸的电导滴定曲线。

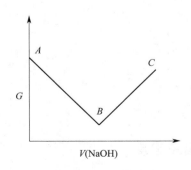

图 5-3　强碱滴定强酸的电导滴定曲线

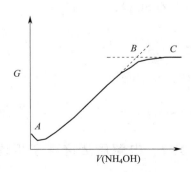

图 5-4　弱碱滴定弱酸的电导滴定曲线

（4）水的纯度

假定水中其他杂质已经除去，只有电解质杂质的话，则水越纯，电导率越低。

普通蒸馏水的电导率：$\qquad 1.0 \times 10^{-3} \mathrm{s \cdot m^{-1}}$

重蒸水或去离子水电导率：$\quad < 1.0 \times 10^{-4} \mathrm{s \cdot m^{-1}}$

理论纯水的电导率：$\qquad 1.0 \times 10^{-6} \mathrm{s \cdot m^{-1}}$

电导在农业、生物科学中有广泛应用，在盐碱地区进行土壤调查时常用电导法测土壤浸提液的电导率来判断其含盐量；用电导滴定法还可测定蛋白质的等电点，判断乳状液的类型，对环境污染中 SO_2 等气体进行分析等。

5.3 电解质溶液活度

5.3.1 电解质活度及离子平均活度、离子平均活度因子

电解质溶液中离子间的静电力是远程力，即使浓度很稀，其热力学行为也偏离理想溶液，因此，需引入电解质溶液活度和活度系数的概念。由于在电解质溶液中，正、负离子总是同时存在，向电解质溶液单独添加正离子或负离子都是做不到的，单种离子化学势的绝对值不能测定，为此，将电解质作为整体来处理。

设任一电解质 $M_{\nu_+} A_{\nu_-}$，在溶液中以下式完全电离

$$M_{\nu_+} A_{\nu_-} \longrightarrow \nu_+ M^{z+} + \nu_- A^{z-}$$
$$a = a_+^{\nu_+} a_-^{\nu_-} \tag{5.3.4}$$

电解质活度 a 可测，但是到目前为止，离子活度 $a_\pm$ 却因为电解质溶液整体呈电中性而是不可测的。为了知晓离子活度的数量级大小，引入离子平均活度概念：定义为离子活度的几何平均值。定义式如下：

$$a^{\frac{1}{\nu}} = (a_+^{\nu_+} a_-^{\nu_-})^{\frac{1}{\nu}} = a_\pm$$

或

$$a = a_+^{\nu_+} a_-^{\nu_-} = a_\pm^{\nu_+ + \nu_-} = a_\pm^{\nu}$$

$$a_\pm = \gamma_\pm \frac{b_\pm}{b_\pm^\ominus} \tag{5.3.7}$$

电解质活度，离子平均活度，离子平均活度因子和电解质浓度之间存在如下关系：

$$a^{\frac{1}{\nu}} = a_\pm = \gamma_\pm (\nu_+^{\nu_+} \cdot \nu_-^{\nu_-})^{\frac{1}{\nu}} \frac{b}{b^\ominus} \tag{5.3.9}$$

例如：若已知电解质的 $\gamma_\pm$ 和浓度 b，不同类型的电解质 $a_\pm$ 不同。

$\mathrm{NaCl(ZnSO_4)}$： $\qquad a_\pm = \gamma_\pm \dfrac{b}{b^\ominus} (1^1 \cdot 1^1)^{\frac{1}{1+1}} = \gamma_\pm \dfrac{b}{b^\ominus}$

$\mathrm{CaCl_2(Na_2SO_4)}$： $\qquad a_\pm = \gamma_\pm \dfrac{b}{b^\ominus} (1^1 \cdot 2^2)^{\frac{1}{1+2}} = \gamma_\pm \dfrac{b}{b^\ominus} 4^{\frac{1}{3}}$

$\mathrm{FeCl_3(Na_3PO_4)}$： $\qquad a_\pm = \gamma_\pm \dfrac{b}{b^\ominus} (1^1 \cdot 3^3)^{\frac{1}{1+3}} = \gamma_\pm \dfrac{b}{b^\ominus} (27)^{\frac{1}{4}}$

$\mathrm{Al_2(SO_4)_3}$： $\qquad a_\pm = \gamma_\pm \dfrac{b}{b^\ominus} (2^2 \cdot 3^3)^{\frac{1}{2+3}} = \gamma_\pm \dfrac{b}{b^\ominus} (108)^{\frac{1}{5}}$

5.3.2 电解质活度离子平均活度因子与离子强度

$$I = \frac{1}{2} \sum_B b_B z_B^2 \tag{5.3.10}$$

$$\ln\gamma_\pm = -常数\sqrt{I} \quad (I < 0.01\,\mathrm{mol \cdot kg^{-1}})$$

例如：浓度为 b 不同类型电解质离子强度计算不同：

NaCl： $\qquad I = \dfrac{1}{2}\sum_B b_B z_B^2 = \dfrac{1}{2}[b \times 1^2 + b \times (-1)^2]b$

$CaCl_2$： $\qquad I = \dfrac{1}{2}\sum_B b_B z_B^2 = \dfrac{1}{2}[b \times 2^2 + 2b \times (-1)^2] = 3b$

$ZnSO_4$： $\qquad I = \dfrac{1}{2}\sum_B b_B z_B^2 = \dfrac{1}{2}(b \times 2^2 + b \times 2^2) = 4b$

$FeCl_3$： $\qquad I = \dfrac{1}{2}\sum_B b_B z_B^2 = \dfrac{1}{2}[b \times 3^2 + 3b \times (-1)^2] = 6b$

5.4 强电解质溶液理论

5.4.1 离子氛模型

电解质溶液中的离子是相互作用的。在每一个中心离子的周围形成一个如同大气式的球形异电性"离子氛"，越接近中心离子，异电性离子越多。

5.4.2 德拜-休克尔极限公式

$$\lg\gamma_\pm = -A\,|z_+ z_-|\,\sqrt{I} \quad (I < 0.01\,\mathrm{mol \cdot kg^{-1}}) \qquad (5.4.2)$$

$\gamma_\pm$ 与离子强度和 $Z^+ Z^-$ 乘积有关。离子强度 $I\uparrow$，$\gamma_\pm\downarrow$，$Z^+ Z^-$ 乘积 $\uparrow$，$\gamma_\pm\downarrow$。判断同浓度电解质平均活度因子时要注意此知识点。

若不把离子看成点电荷，考虑到离子的直径，可以把式(5.4.3)修正为

$$\lg\gamma_\pm = -\frac{A\,|z_+ z_-|\,\sqrt{I}}{1 + aB\sqrt{I}} \qquad (5.4.3)$$

式中，a 是离子平均有效直径；A、B 为与温度、溶剂有关的常数，在很稀溶液中，$aB\sqrt{I} \ll 1$，上式还原为式(5-17-1)。

25℃时的水溶液 $aB \approx 1$，式(5-17-2)可简化为 $aB\sqrt{I} \ll 1$

$$\lg\gamma_\pm = -\frac{A\,|z_+ z_-|\,\sqrt{I}}{1 + \sqrt{I}} \qquad (5.4.4)$$

5.5 可逆电池概论

5.5.1 电化学体系

在两相或多相间存在电势差的体系称为**电化学体系**。

5.5.2 电池电动势产生的机理

(1) 电极与溶液界面电势差的形成 当一种金属（M）插入含有该种金属离子（M^{z+}）

的溶液中时，将会由于金属离子在固液两相的化学势不等而发生金属离子的迁移。迁移的结果是使金属表面带上负电（金属离子水化能大于晶格能时）或正电（金属离子水化能小于晶格能时），从而导致电极与溶液相界面间产生电势差。

（2）液体接界电势差　在液-液界面处形成稳定电势差，即为液体接界电势。液体接界电势通常不超过 0.03V。液接电势公式：

$$E_j = (t_+ - t_-)\frac{RT}{ZF}\ln\frac{b}{b'}$$

常用盐桥（salt bridge）消除液体接界电势。**盐桥**一般是正、负离子电迁移率接近相等的电解质（如饱和 KCl、NH_4NO_3 或 KNO_3 溶液等）装在倒置的 U 型管中构成，为避免流出，常冻结在琼脂中。

（3）金属与金属的相间接触电势　接触电势发生在两种不同金属接界处。当达到动态平衡时，建立在金属接界上的电势差叫接触电势。

5.5.3　可逆电池

可逆电池（reversible cell）必须满足下列条件：

① 电池反应必须是可逆的，即电池的充电反应和放电反应互为逆反应；

② 能量转换必须可逆，即电池工作时通过的电流应无限小，这样才能保证电池内的化学反应是在无限接近平衡条件下进行的；

③ 电池中发生的其他过程（如离子迁移等）必须是可逆的。

若原电池工作时不符合可逆条件，即为**不可逆电池**（irreversible cell）。

研究可逆电动势有重要意义，即能通过可逆电池电动势的测定等电化学方法来研究热力学问题，又能通过热力学的知识来研究某化学能转变为电能的最高限度，从而为改善电池性能提供理论依据。

5.5.4　可逆电极的种类

① **第一类电极**　包括金属电极、汞齐电极和气体电极。

② **第二类电极**　包括难溶盐电极和难溶氧化物电极。

③ **第三类电极**　又称氧化还原电极。

④ **第四类电极**　膜电极。

5.5.5　电池书写方法

书写原则如下所示：

左侧负极被氧化，右侧正极被还原；

化学物态需标明，单质放在两极端；

界面单线或逗号，液间双线架盐桥。

5.5.6　电池符号表示式与电池反应方程式的对应关系

讨论由电池符号表示式书写电池反应方程式的原则和方法，如表 5-3 所示。

表 5-3　书写电池反应方程式的原则和方法

原则	方法
先电极后电池,化学物态标明	先写电极反应,后写电池反应;化学物态标出相态,活度,分压等
负极低反高产,正极高反低产	负极低价态物质作为反应物,负极高价态物质作为产物,正极反之
电子得失相等,物质反产守恒	反应方程式应符合电荷,物质守恒原则

5.5.7　可逆电池电动势的测定

按照定义,可逆电池电动势是在电路中没有电流通过时的电动势。所以不能用伏特计或万用电表直接测定。德国波根多夫设计了对消法进行测定,基于此原理的仪器叫做电位差计,原理见图 5-5。

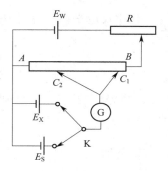

图 5-5　波根多夫对消法测电动势原理图

5.6　可逆电池热力学

原电池热力学建立了可逆电池电动势与相应电池反应热力学函数间的关系,因而可以通过对前者的精确测量来确定后者。

5.6.1　电动势 E 及其温度系数与电池反应 $\Delta_r G_m$、$\Delta_r S_m$、$\Delta_r H_m$ 等热力学量的关系

(1) 摩尔吉布斯函数变 $\Delta_r G_m$ 与电动势 E 关系

根据热力学,系统在定温、定压可逆过程中所做的非体积功在数值上等于吉布斯函数的减少,即

$$\Delta G = W_r' = -EQ = -EzF\xi$$

当 $\xi = 1\text{mol}$ 时,$\Delta_r G_m = -zFE$　$\Delta_r G_m^\ominus = -zFE^\ominus$

式(5-19-2)是联系化学热力学和电化学的桥梁性公式,一边是热力学,一边是电化学,联系的条件是**定温、定压可逆电池**。

(2) 摩尔熵变 $\Delta_r S_m$ 与电动势 E 关系

$$\Delta_r S_m = -\left[\frac{\partial \Delta_r G_m}{\partial T}\right]_p = -\left[\frac{\partial(-zFE)}{\partial T}\right]_p$$

$$\Delta_r S_m = zF\left(\frac{\partial E}{\partial T}\right)_p \tag{5.6.3}$$

式中 $\left(\dfrac{\partial E}{\partial T}\right)_p$ 叫做原电池电动势的温度系数。如测出 $\left(\dfrac{\partial E}{\partial T}\right)_p$,即可求出电池反应的熵变量 $\Delta_r S_m$,并且可以求出原电池在可逆条件下进行放电过程的热:

(3) 摩尔熵变 Q_r 与电动势 E 关系

$$Q_r = T\Delta_r S_m = zFT\left(\frac{\partial E}{\partial T}\right)_p \tag{5.6.5}$$

(4) 摩尔熵变 $\Delta_r H_m$ 与电动势 E 关系

$$\Delta_r H_m = \Delta_r G_m + T\Delta_r S_m$$
$$= W_r' + Q_r \tag{5.6.4}$$

$$= -zFE + zFT\left(\frac{\partial E}{\partial T}\right)_p$$

$$= Q_p$$

Q_p 是 $W'_r = 0$（电池短路或反应在一般容器中进行时）条件下的热效应。

5.6.2 能斯特方程——电池电动势与参加反应各组分活度的关系

化学反应平衡的等温方程式普遍适用于各类反应，当然也适用于可逆电池反应。

$$0 = \sum_B \nu_B B$$

$$\Delta_r G_m = \Delta_r G_m^\ominus + RT \ln \Pi a_B^{\nu_B}$$

将 $\Delta_r G_m = -zFE$、$\Delta_r G_m^\ominus = -zFE^\ominus$ 代入得

$$E = E^\ominus - \frac{RT}{zF} \ln \Pi a_B^{\nu_B} \tag{5.6.1a}$$

25℃时，

$$E = E^\ominus - \frac{0.05916}{z} \lg \Pi a_B^{\nu_B} \tag{5.6.1b}$$

式(5.6.1a)和式(5.6.1b)称为电池反应的能斯特方程（Nernst equation），它是原电池的基本方程式，表示一定温度下可逆电池的电动势与参加电池反应的各组分的活度或逸度之间的定量关系。

5.6.3 标准电动势与电池反应的平衡常数

达平衡时，$E = 0$，$\Pi a_B^{\nu_B} = K_a^\ominus$，所以

$$\ln K_a^\ominus = \frac{zFE^\ominus}{RT} \tag{5.6.2}$$

5.7 电极电势和电动势的计算

5.7.1 标准氢电极

为确定不同电极的相对电极电势值，目前国际上采用的标准电极是**标准氢电极**，规定其电极电势为零，即 $\varphi^\ominus(H^+ | H_2) = 0$。

5.7.2 任意电极的电极电势 φ

对于任意给定的电极，使其与标准氢电极组合为电池

标准氢电极 ‖ 待测电极

若已消除液体接界电势则此电池的电动势就作为该待测电极的氢标电极电势，简称为电极电势，并用 φ 来表示。

5.7.3 电极电势的能斯特方程

任意电极，设其电极反应通式为

氧化态 $+ z e^- \longrightarrow$ 还原态

其电极电势的表达式为

$$\varphi = \varphi^{\ominus} - \frac{RT}{zF} \ln \frac{a_{\text{还原态}}}{a_{\text{氧化态}}} \qquad (5.7.1)$$

式(5.7.1) 称为**电极电势的能斯特方程**。

5.7.4 电动势的计算方法

电动势的计算方法有从电极电势的能斯特方程来计算和用电池反应的能斯特方程计算两种方法。

5.7.5 各种类型电池及其电动势的计算

有如下电池种类计算。计算例子参见教材 $P_{229\sim231}$ 例题 1 和例题 2。

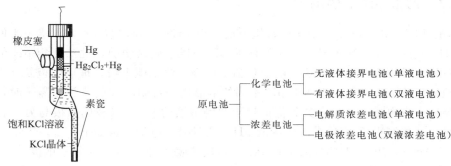

图 5-6 甘汞电极的结构

5.7.6 参比电极

由于氢电极制备困难、使用严格，人们常用简便、稳定、制备方便的电极来代替氢电极进行实验操作。最常用的参比电极是甘汞电极，其结构见图 5-6。

5.8 电动势测定的应用

5.8.1 求电解质的离子平均活度系数 $\gamma_{\pm}$

例如电池反应　　$Zn(s) + 2AgCl(s) \longrightarrow 2Ag(s) + ZnCl_2(0.01\text{mol} \cdot \text{kg}^{-1})$

有　　　　$E = E^{\ominus} - \frac{RT}{F} \ln a(Zn^{2+}) a(Cl^-) = E^{\ominus} - \frac{RT}{F} \ln a_{\pm}^3$

测得电动势和标准电动势，就可得平均活度和平均活度因子。

5.8.2 求难溶盐的活度积 K_{sp}（电池设计方法）

求难溶盐的活度积 K_{sp}，其实质就是求难溶盐溶解过程的平衡常数。如将难溶盐的溶解反应作为一个电池反应，将该反应设计成一个电池，则可利用电池电动势求算其 K_{sp}，难溶盐在水中溶解形成离子过程的标准吉布斯自由能的变化与难溶盐的溶度积的关系是：

$$\Delta_r G_m^{\ominus} = -RT \ln K_{sp} = -zE^{\ominus}F$$

$$\ln K_{sp} = \frac{zE^{\ominus}F}{RT}$$

例　试求难溶盐 AgCl 在 298.15K 时的活度积 K_{sp}。

解：根据 AgCl 的溶解过程：$AgCl \longrightarrow Ag^+ + Cl^-$ 可设计电池如下

$$Ag \mid AgNO_3 \parallel KCl \mid AgCl \mid Ag$$

负极 $$Ag \longrightarrow Ag^+ + e^-$$

正极 $$AgCl + e^- \longrightarrow Ag + Cl^-$$

电池反应 $$AgCl \longrightarrow Ag^+ + Cl^-$$

在298.15K时电池的标准电动势为

$$E^\ominus = \varphi_+^\ominus - \varphi_-^\ominus = 0.22216 - 0.7994 = -0.5772V$$

$$\ln K_{sp} = \frac{zE^\ominus F}{RT} = \frac{1 \times (-0.5772) \times 96484.6}{8.314 \times 298.15} = -22.467$$

$$K_{sp} = 1.75 \times 10^{-10}$$

5.8.3 溶液 pH 值的测定

pH 值的测定，在实际工作中是非常重要的。由 $pH = -\lg a(H^+)$ 知，求 pH 值实际上是确定 $a(H^+)$ 的大小。用电动势测定溶液的 pH 值既准确又快捷，此法测定 pH 值的关键在于选择对氢离子可逆的电极，这类电极包括氢电极、醌氢醌电极，玻璃电极及锑电极等。

以玻璃电极测 pH 为例，当两个 pH 不同的溶液用一特制的玻璃薄膜相隔开时，在玻璃薄膜的两侧就会有电势差产生，其数值依赖于两侧溶液的 pH。当玻璃电极与另一甘汞电极组成电池时，就能测得 E 值，求出溶液的 pH。测量时，电池组成如下：

$$Ag \mid AgCl(s) \mid HCl(0.1mol \cdot kg^{-1}) \mid 玻璃膜 \mid 溶液(a_{H^+}) \parallel 甘汞电极$$

在298.15K时，电动势为

$$E = \varphi_{甘汞} - \varphi_{玻璃} = \varphi_{甘汞} - \left(\varphi_{玻璃}^\ominus - \frac{RT}{F}\ln\frac{1}{a_{H^+}}\right)$$

$$= \varphi_{甘汞} - (\varphi_{玻璃}^\ominus - 0.05916pH)$$

$$pH_x = pH_s + \frac{(E_x - E_s)F}{2.303RT}$$

由于玻璃薄膜的电阻很大，一般可达 $10 \sim 100M\Omega$，因此测量 E 时不能用普通的电位计，而要用放大器装置，这种借助于玻璃电极专门用来测量溶液酸度的仪器就称为 **pH 计**。值得注意的是，玻璃电极除了可作为 H^+ 的指示电极外，若是改变玻璃薄膜的组成比，另外加入相应的阳离子氧化物，则可制得 Li^+、Na^+、K^+、Rb^+、Cs^+、Ag^+、Tl^+ 等各种离子的指示电极。用类似 pH 测定方法，待测出电池的电动势后，便可求出被测离子的活度。称为**离子计**。

5.8.4 电势滴定

在滴定分析中，用电池电动势的突变来指示终点的方法称为**电势滴定法**。该法可用于酸碱中和、沉淀生成、氧化还原等各类滴定反应。

5.8.5 判断反应方向

当 $E > 0$ 时，$\Delta_r G_m < 0$，给定条件下的电池反应能自发进行；

当 $E < 0$ 时，$\Delta_r G_m > 0$，给定条件下的电池反应不能自发进行。

例 有电池 $Ag(s) \mid AgBr(s) \mid Br^-(a=0.01) \parallel Cl^-(a=0.01) \mid AgCl(s)Ag(s)$，试计算25℃时的电动势，并判断反应能否自发进行？

解：

负极 $$Ag + Br^- \longrightarrow AgBr + e^-$$

正极 $\qquad AgCl+e^{-}\longrightarrow Ag+Cl^{-}$

电池反应 $\qquad AgCl+Br^{-}\longrightarrow AgBr+Cl^{-}$

查表得 $\varphi^{\ominus}_{Cl^{-}/AgCl,Ag}=0.22216V$，$\varphi^{\ominus}_{Br^{-}/AgBr,Ag}=0.07116V$

该电池电动势

$$E=E^{\ominus}-\frac{RT}{F}\ln\frac{a_{AgBr}a_{Cl^{-}}}{a_{AgCl}a_{Br^{-}}}=E^{\ominus}-\frac{RT}{F}\ln\frac{a_{Cl^{-}}}{a_{Br^{-}}}=E^{\ominus}-\frac{RT}{F}\ln\frac{0.01}{0.01}=E^{\ominus}$$

$$=\varphi^{\ominus}_{Cl^{-}/AgCl,Ag}-\varphi^{\ominus}_{Br^{-}/AgBr,Ag}=0.22216-0.07116=0.15V$$

电池电动势为正（显然此时，$\Delta_r G_m=-zEF<0$），该反应能自发进行。

5.9 生物电化学简介

生物电化学是一门处于电化学、生物化学和生理学等多学科交叉点上的边缘学科，应用电化学的基本原理和实验方法来研究生物体系在分子和细胞水平上的电荷与能量传输的运动规律及其对生物体系活性功能影响，并通过这些研究反过来促进电化学理论和应用的发展。

5.9.1 生化标准电极电势

有 H^{+} 参加的电极反应 氧化态 $+mH^{+}+ze^{-}\longrightarrow$ 还原态

$$\varphi^{\oplus}=\varphi^{\ominus}+\frac{2.303RT}{zF}\times m\lg a_{H^{+}} \tag{5-28-1}$$

$$\varphi=\varphi^{\oplus}-\frac{2.303RT}{zF}\lg\frac{a_{还原态}}{a_{氧化态}} \tag{5-28-2}$$

$\varphi^{\oplus}$ 称为**生化标准电极电势**，它是在氧化态和还原态物质活度均为 1、pH 固定条件下电极反应的电极电势。生理反应和一些土壤中的反应是在近中性条件下进行的，所以生命体系和土壤科学中经常要用到 pH=7.00 的 $\varphi^{\oplus}$ 值。

5.9.2 膜电势

将一个只允许某种离子通过的膜放在两种不同浓度的该离子的溶液之间，离子将进行扩散，由于膜两侧离子浓度不同，两侧离子的扩散速度也不同，故导致在膜的两边形成电势差，这种电势差称为**膜电势**（membrane potential）。

生物学上常用式(5-29-1)表示膜电势

$$\Delta\varphi=\varphi_{内}-\varphi_{外}=\frac{RT}{F}\ln\frac{a_{K^{+}}(外)}{a_{K^{+}}(内)} \tag{5-29-1}$$

例如在静止的神经细胞膜内，液体中 K^{+} 的浓度是膜外的 35 倍，所产生的电势差即为膜电势，若假定活度系数均为 1，则

$$\Delta\varphi=\frac{RT}{zF}\ln\frac{1}{35}=-91mV \tag{5-29-2}$$

5.9.3 生物传感器

生物传感器是利用生物物质与被测定物质接触时所产生的物理、化学变化，将其转化为电信号来输出的装置。例如电化学葡萄糖传感器是目前研究最多最成功的一种酶传感器，用于检测血糖和尿糖、诊断糖尿病，具有快速、准确、简便、样品量少、不需要其他试剂等优

点，已广泛用于临床检验。

5.10 极化作用和超电势

前面我们讨论的可逆电池及可逆电极电路中无电流通过，此时电极上的反应才是可逆的。研究可逆电极的规律对于处理热力学问题以及解决许多实际生产和科研问题是十分有益的。然而在实际的电化学过程中，不论是电解池还是原电池，都不可能在没有电流通过的情况下运行，因为 $I \to 0$ 意味着没有任何生产价值。因此，实际过程中的电极是有电流通过的，即实际的电极过程是不可逆电极过程，这种情况下的电极电势叫不可逆电极电势。有了可逆和不可逆两方面的知识，才能比较全面地分析、解决电化学的问题。

5.10.1 分解电压

若外加一电压在一个电池上，逐渐增加电压直至使电池中化学反应发生逆转，这就是电解。在大气压力下在硫酸的水溶液中放入两个 Pt 电极，如图 5-7 所示。

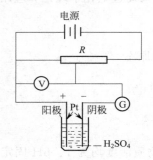

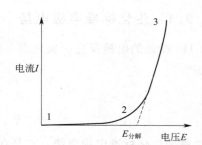

图 5-7 分解电压的测定　　　　图 5-8 分解电压测定时的电流-电压曲线

在电解池中进行的电极反应是：

阴极
$$2H^+(a_{H^+}) + 2e^- \longrightarrow H_2(p)$$

阳极
$$H_2O(l) \longrightarrow 2H^+(a) + \frac{1}{2}O_2(p) + 2e^-$$

电解反应
$$H_2O(l) \longrightarrow H_2(p) + \frac{1}{2}O_2(p)$$

将直线部分外延到电流强度为零处所得的电压就是 $E_{b,max}$，这是使某电解质溶液能连续不断发生电解时所必须的最小外加电压称为**分解电压**（decomposition voltage），分解电压分解电压并没有确切的理论意义，但却具有实用价值。分解电压随电极材料、电解液、温度等因素而变化。

实际分解电压
$$E_{实} = E_{理论} + \eta_{阳} + \eta_{阴} + IR \tag{5.10.1}$$

式中，$\eta_{阳}$ 和 $\eta_{阴}$ 分别为阳极超电势和阴极超电势（后面进一步介绍）；IR 为由于溶液的内阻引起的电位降。

5.10.2 极化作用和超电势

(1) 极化作用

在有电流通过电极时，电极电势偏离平衡电极电势的现象称为电极的**极化**。

某一电流密度下的实际电极电势 $\varphi_{实}$（不可逆电极电势）与其平衡电极电势 $\varphi_{平}$（可逆电极电势）之差的绝对值称为**超电势**，以 η 表示。η 的数值表示极化程度的大小。

$$\eta = |\varphi_{实} - \varphi_{平}| \tag{5.10.2}$$

（2）极化产生的原因

① 电阻极化　用来克服电位降 IR 部分电压，称为电阻极化，相应的超电势称之为电阻超电势。

② 浓差极化　以 Ag^+ 的阴极还原过程为例说明。以两支银电极插入 $AgNO_3$ 溶液进行电解为例，当电流通过电极时，溶液中阴极附近的银离子首先到电极上放电。

$$\varphi_{阴} = \varphi^{\ominus}_{Ag^+|Ag} - \frac{RT}{F}\ln\frac{1}{a(Ag^+)}$$

这种由于电极附近的浓度与电解质本体溶液中的浓度不同而产生的极化称为**浓差极化**，由此产生的超电势称为**浓差超电势**。

③ **电化学极化**

由于电化学反应本身的迟缓性而引起的极化称为**电化学极化**，由此产生的超电势称为活化超电势。

（3）极化曲线

氢超电势 η 与电流密度 J 的关系称为塔费尔公式：

$$\eta = a + b\lg J \tag{5.10.3}$$

式中，a 和 b 为经验常数。

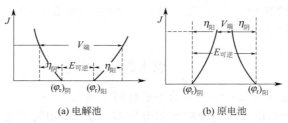

图 5-9　电解池和原电池的极化曲线

电解池和原电池的极化曲线见图 5-9。无论是电解池还是原电池，极化的结果都是使阴极电极电势变得更负；使阳极电极电势变得更正。

5.11　析出电势和电化学腐蚀

5.11.1　析出电势

在一个指定的电解池中，每一种离子从溶液中析出时的电极电势称为相应物质的**析出电势**。一个溶液中通常含有多种离子，各种物质的析出电势一般并不相同。外加电压与析出电势的关系为：

$$E = \varphi_{实,阳} - \varphi_{实,阴}$$

在阳极上总是析出电势较低的物质先从电极上析出，即按照析出电势从小到大的顺序依次析出。而在阴极上则是析出电势较高的物质先析出来，即按照析出电势从大到小的顺序依次析出。若某溶液中两种金属的析出电势相差较大，当后一种离子开始在阴极上沉积时，先析出离子在溶液中的残留量便相当少，人们常利用这一方法将金属离子进行分离。为了有效地将两种离子分离，这两种金属的析出电势至少应相差 0.2V 左右。

例　在 298.15K 时用石墨电解浓度为 $1.0\,mol \cdot kg^{-1}$ 的 $CuCl_2$ 水溶液，Cu^{2+} 和 H^+ 的活度系数均为 1，已知氢超电势为 0.1V，析出铜的超电势可忽略，溶液的 pH＝4.0，问阴极何者先析出？

解：铜、氢两种正离子都向阴极迁移，均有可能还原。

$$Cu^{2+} + 2e^- \longrightarrow Cu$$
$$2H^+ + 2e^- \longrightarrow H_2(g)$$

若析出是铜

$\varphi_{Cu,析出} = \varphi^\ominus - \dfrac{RT}{2F}\ln\dfrac{1}{a_{Cu^{2+}}}$，将 $a_{Cu^{2+}} = 1$，$\varphi^\ominus = 0.3417V$ 代入，得到 $\varphi_{Cu,析出} = 0.3417V$

若析出是氢气

$$\varphi_{H_2,析出} = -\dfrac{RT}{2F}\ln\dfrac{1}{a_{H_2}^2} - \eta_{H_2} = -0.05916pH - \eta_{H_2}$$
$$= -0.05916 \times 4 - 0.1 = -0.337V$$

$E_{Cu,析出} > E_{H_2,析出}$，所以阴极 Cu 先析出。

5.11.2 电化学腐蚀

全世界每年有大量因腐蚀而报废的金属设备及材料，因此研究金属的腐蚀和防腐是一项很有意义的工作。当金属表面在介质（如潮湿空气、电解质溶液等）中，因形成微电池而发生电化学作用所引起的腐蚀，称为**电化学腐蚀**（electrochemical corrosion）。在腐蚀作用中以电化学腐蚀情况最为严重。金属的防腐的方法：①非金属保护层；②金属保护层；③金属的钝化；④电化学保护：牺牲阳极保护法、加缓蚀剂保护、阴极电保护法、阳极电保护法。

思考题

1. 电导率、摩尔电导率和溶液浓度的关系有何不同？

2. 测定强电解质和弱电解质的极限摩尔电导率 Λ_m^∞，所用的方法一样吗？为什么？

3. 已知，298K 时

$$\Lambda_m^\infty(CH_3COOK) = 0.01144 S \cdot m^2 \cdot mol^{-1}, \Lambda_m^\infty\left(\frac{1}{2}K_2SO_4\right) = 0.01535 S \cdot m^2 \cdot mol^{-1}$$

$$\Lambda_m^\infty\left(\frac{1}{2}H_2SO_4\right) = 0.04298 S \cdot m^2 \cdot mol^{-1}$$

则 $\Lambda_m^\infty(CH_3COOH)$ 为多少？

4. 为什么要引入离子平均活度的概念？

5. 原电池的两个电极符号是如何规定的？

6. 电池电动势能否用电压表来直接测定？为什么？

7. 电化学与热力学联系的主要桥梁是什么？

8. 可逆电池中的化学反应都是在等温等压下进行，因此 $\Delta G = 0$。这种说法错误何在？

9. 氯化银在标准状态下的生成反应是 $Ag(s) + Cl_2(g, 298K, p^\ominus) \longrightarrow AgCl(s)$ 这个反应在常温下进行缓慢，不能用量热法测定反应热，如何借助电化学知识用实验方法测定氯化银的标准摩尔生成热？

10. 电池可能在下述三种情况下放电：电流趋近于零；有一定大小的工作电流；短路。试问上述三种情况下

（1）电池的电动势相同吗？在放电过程中改变吗？

（2）电池的工作电压相同吗？

（3）如果电池的温度系数为正 $\left(\dfrac{\partial E}{\partial T}\right)_p > 0$，能判断电池放电时是吸热还是防热放热吗？

11. 什么叫盐桥？为什么它能消除液界电势？能消除到什么程度？

12. 标准氢电极的电极电势真的为零吗？

13. 极化和超电势两个概念相同吗？为什么？

14. 电解池中阴极极化后其电极电势值如何变化？若是原电池又将如何？

15. 金属防腐有哪些方法？什么叫阴极保护（防腐）？

思考题解答

1. 简析：（1）电导率：随电解质稀溶液浓度增大，先升高后下降；

摩尔电导率：无论是强电解质还是弱电解质随浓度增大均下降。

（2）强电解质稀溶液**电导率**与浓度成正比：

$$\kappa = Bc \qquad （B \text{ 是比例常数}）；$$

强电解质稀溶液**摩尔电导率**与浓度的二分之一次方成正比（科尔劳乌施方程）：

$$\Lambda_m = \Lambda_m^{\infty}(1 - \beta\sqrt{c}) \qquad （\beta \text{ 是比例常数}）$$

2. 简析：不一样。

强电解质利用科尔劳乌施方程：$\Lambda_m = \Lambda_m^{\infty}(1 - \beta\sqrt{c})$，作 Λ_m-$\sqrt{c}$ 图外推得到 Λ_m^{∞}。

弱电解质有如下两种方法：

（1）利用离子摩尔电导率数据和离子独立运动定律求得，$\Lambda_m^{\infty} = \nu_+ \lambda_{m,-}^{\infty} + \nu_- \lambda_{m,-}^{\infty}$

（2）利用强电解质的 Λ_m^{∞} 数据，依据离子独立运动定律求得（见思考题3）。

3. 简析：$\Lambda_m^{\infty}(CH_3COOH) = \lambda_m^{\infty}(H^+) + \lambda_m^{\infty}(CH_3COO^-)$

$$= \Lambda_m^{\infty}(CH_3COOK) + 2\Lambda_m^{\infty}\left(\frac{1}{2}H_2SO_4\right) - 2\Lambda_m^{\infty}\left(\frac{1}{2}K_2SO_4\right)$$

$$= 0.001144 + 2 \times 0.04298 - 2 \times 0.01535$$

$$= 0.001144 + 2 \times 0.04298 - 2 \times 0.01535$$

$$= 0.1178 \text{S} \cdot \text{m}^2 \cdot \text{mol}^{-1}$$

4. 简析：因为任一电解质 $M_{\nu_+} A_{\nu_-}$，在溶液中以下式完全电离时

$$M_{\nu_+} A_{\nu_-} \longrightarrow \nu_+ M^{z+} + \nu_- A^{z-}$$

$$a = a_+^{\nu_+} a_-^{\nu_-}$$

电解质活度 a 可测，但是到目前为止，离子活度 a_+、a_- 却因为电解质溶液整体呈电中性而是不可测的。所以为了大致知晓离子活度的数量级大小，引入离子平均活度概念：定义务离子活度的几何平均值。定义是如下：

$$a^{\frac{1}{\nu}} = (a_+^{\nu} a_-^{\nu})^{\frac{1}{\nu}} = a_{\pm}$$

或

$$a = a_+^{\nu_+} a_-^{\nu_-} = a_{\pm}^{\nu_+ + \nu_-} = a_{\pm}^{\nu}$$

5. 简析：规定见表 5-4。

表 5-4　电极命名的对照关系

原电池	电解池
正（+）极（电势高）是阴极（还原电极）	正（+）极（电势高）是阳极（氧化电极）
负（-）极（电势低）是阳极（氧化电极）	负（-）极（电势低）是阴极（还原电极）

6. 简析：按照定义可逆电池电动势是在电路中没有电流通过时的电动势。所以不能用伏特计或万用电表直接测定。应该用波根多夫设计的对消法进行测定，所用仪器叫做电位差计。

7. 简析：根据热力学，系统在定温、定压可逆过程中所做的非体积功在数值上等于吉布斯函数的减少，即 $\Delta G = W'_r = -EQ = -EzF\xi$，这就是联系化学热力学和电化学的桥梁性公式。该公式一边是热力学量 ΔG，一边是电化学量 E，联系的条件是定温、定压可逆电池。

8. 简析：错误在于在可逆电池化学反应中有电功这个非体积功存在，此时 $\Delta G = W'_r = -EQ = -EzF\xi \neq 0$。只有 $W' = 0$ 时，才有等温等压可逆化学反应的 $\Delta G = 0$。

9. 简析：可以将反应 $Ag(s) + Cl_2(g, 298K, p^\ominus) \longrightarrow AgCl(s)$ 设计成电池反应，测定该电池反应不同温度下的电动势，通过电动势和电动势温度系数求得其标准摩尔生成热。

设计电池如下：

$$Ag \mid AgCl(s) \mid Cl^- \parallel Cl_2(g, 298K, p^\ominus), Pt$$

负极 $\qquad\qquad\qquad\qquad Ag + Cl^- - e^- = AgCl(s)$

正极 $\qquad\qquad\qquad\qquad \dfrac{1}{2}Cl_2(g, 298K, p^\ominus) + e^- = Cl^-$

电池反应 $\qquad\qquad\qquad Ag + \dfrac{1}{2}Cl_2(g, 298K, p^\ominus) = AgCl(s)$

测定该电池不同温度下的 E，可得电池温度系数。计算公式如下：

$$\Delta_r H_m^\ominus = -zFE^\ominus + zFT\left(\frac{\partial E^\ominus}{\partial T}\right)_p$$

10. 简析：(1) 不同，$E(1) > E(2) > E(3)$。在放电过程中改变，E 随放电时间延长越来越小。

(2) 起始时相同，放电时不同。

(3) 能。因为根据公式，$Q_r = zFT\left(\dfrac{\partial E}{\partial T}\right)_p$，当 $\left(\dfrac{\partial E}{\partial T}\right)_p > 0$ 时，$Q_r > 0$，吸热。

11. 简析：盐桥一般是正、负离子电迁移率接近相等的电解质（如饱和 KCl、NH_4NO_3 或 KNO_3 等）溶液和琼脂装在倒置的 U 型管中构成的凝胶状具有消除液接电势作用的装置。液体接界电势通常不超过 0.03V。但由于扩散是自发的不可逆过程，它的存在引起电池的不可逆性。因而难以由实验测得稳定的数值，所以常用盐桥消除液体接界电势。由于盐桥中电解质浓度很高（如饱和 KCl 溶液），因此盐桥两端与电极溶液相接触的界面上，扩散主要来自于盐桥，又因盐桥中正、负离子电迁移率接近相等，从而产生的扩散电势很小，且盐桥两端产生的电势差方向相反，相互抵消，从而可把液体接界电势降低到几毫伏以下。公式依据如下：

$$E_J = (t_+ - t_-)\frac{RT}{ZF}\ln\frac{b}{b'}，当 t_+ \approx t_- 时，E_J 很小，但是不等于零。$$

12. 简析：为确定不同电极的相对电极电势值，目前国际上采用的标准电极是标准氢电极，人为规定其电极电势为零，即 $\varphi^\ominus(H^+ \mid H_2) = 0$。是规定值，不是绝对值。

13. 简析：是。因为定义不同。

在有电流通过电极时，电极电势偏离平衡电极电势的现象称为电极的**极化**。

某一电流密度下的实际电极电势 $\varphi_{实}$ 与其平衡电极电势 $\varphi_{平}$ 之差的绝对值称为**超电势**。

14. 简析：无论是电解池还是原电池，极化的结果都是阴极电极电势变得更负，阳极电极电势变得更正。

15. 简析：金属的防腐的方法有：（1）非金属保护层；（2）金属保护层；（3）金属的钝化；（4）电化学保护：牺牲阳极保护法、加缓蚀剂保护、阴极电保护法、阳极电保护法等方法。

阴极电保护法：外加直流电，把负极接在被保护金属上，让它成为阴极。正极接在一些废钢铁上成为阳极。此时构成的电解池不会腐蚀阴极，而遭到腐蚀的则是作阳极的废钢铁。例如一些装酸性溶液的管道常用这种方法进行保护。

━━━━━ 习题解答 ━━━━━

1. 用两个铜片电解 $CuSO_4$ 溶液，以 0.25A 的电流通电 1h，问阴极增重多少？已知铜的相对原子量为 63.54，并设副反应可以忽略。

【解题思路】这是求在一定电流下电解一定时间，电极上析出多少物质的问题。涉及知识点为法拉第电解定律与焦耳-楞次定律的结合应用。

解：由公式 $n=\dfrac{Q}{zF}$、$n=\dfrac{m}{M}$、$I=\dfrac{Q}{t}$ 得

$$m=\frac{ItM}{zF}=\frac{0.25\times1\times3600\times63.54}{2\times96500}=0.296\text{g}$$

2. 在 18℃ 时用一电导池测得 $0.01\text{mol}\cdot\text{dm}^{-3}$ KCl 和 $0.001\text{mol}\cdot\text{dm}^{-3}$ 的 K_2SO_4 溶液的电阻分别为 145.00Ω 和 712.2Ω。试求 （1） 电导池常数 l/A； （2） $0.001\text{mol}\cdot\text{dm}^{-3}$ 的 K_2SO_4 溶液的电导率 κ。

【解题思路】本题是典型的利用已知标准物质电导率，求出电导池常数，然后再求待测液电导率的基本题型。涉及知识点为 （1） 电导池常数公式； （2） 电导率 κ、电阻与电导池常数关系式。

解：

（1） 电导池常数 $K_{cell}=\dfrac{l}{A}=\kappa(\text{KCl})\cdot R(\text{KCl})=0.12205\times145.00=17.70\text{m}^{-1}$

（$0.01\text{mol}\cdot\text{dm}^{-3}$ 的 KCl 溶液的电导率为 $0.12205\text{S}\cdot\text{m}^{-1}$）

（2） $\kappa=G\dfrac{l}{A}=\dfrac{1}{R}\dfrac{l}{A}=\dfrac{K_{cell}}{R}=\dfrac{17.70}{712.2}=0.02485\text{S}\cdot\text{m}^{-1}$

3. 在 25℃ 时，将某电导池装入 $0.1\text{mol}\cdot\text{dm}^{-3}$ KCl，测的电阻为 23.78Ω；若换以 $0.002414\text{mol}\cdot\text{dm}^{-3}$ 的 HAc 溶液，则电阻为 3942Ω。求 HAc 溶液电离度和其电离常数。

【解题思路】本题已知条件虽与题 2 相似，看似简单，其实所求的问题比较综合。需在题 2 所求的基础上进一步求解弱电解质 HAc 溶液电离度及其电离常数。涉及知识点比较多： （1） 电导率 κ、电阻与电导池常数关系式； （2） 摩尔电导率与电导率和浓度关系式； （3） 离子独立运动； （4） 电离度公式； （5） 弱电解质解离常数公式。

解：由 $\dfrac{\kappa(\text{HAc})}{\kappa(\text{KCl})}=\dfrac{K_{cell}/R(\text{HAc})}{K_{cell}/R(\text{KCl})}=\dfrac{R(\text{HAc})}{R(\text{KCl})}$，得

$$\kappa(\text{HAc})=\frac{R(\text{HAc})}{R(\text{KCl})}\cdot\kappa(\text{KCl})=\frac{23.78}{3942}\times1.29=7.778\times10^{-3}\text{S}\cdot\text{m}^{-1}$$

$$\Lambda_m(\text{HAc})=\frac{\kappa(\text{HAc})}{c(\text{HAc})}=\frac{7.778\times10^{-3}}{0.002414\times10^3}=3.222\times10^{-3}\text{S}\cdot\text{m}^2\cdot\text{mol}^{-1}$$

由离子独立定律得

$$\Lambda_m^\infty(\text{HAc})=\lambda_m^\infty(\text{H}^+)+\lambda_m^\infty(\text{Ac}^-)$$

$$=349.82+40.9\times10^{-4}=0.03907\text{S}\cdot\text{m}^2\cdot\text{mol}^{-1}$$

所以

$$\alpha=\frac{\Lambda_m(\text{HAc})}{\Lambda_m^{\infty}(\text{HAc})}=\frac{3.222\times10^{-3}}{0.03907}=8.247\times10^{-2}$$

$$K^{\ominus}=\frac{\dfrac{c}{c^{\ominus}}\alpha^2}{1-\alpha}=\frac{0.002414\times(8.247\times10^{-2})^2}{1-8.247\times10^{-2}}=1.789\times10^{-5}$$

4. 在 25℃时，由等量的 0.05mol·kg^{-1}的 LaCl$_3$ 水溶液及 0.05mol·kg^{-1}的 NaCl 水溶液混合后，计算溶液的离子强度。

【解题思路】本题是简单的套用离子强度定义式计算离子强度问题。需注意的地方就是混合液中各离子浓度计算。涉及知识点：离子强度定义式公式。

解：
$$b_{\text{La}^{3+}}=0.0025\text{mol}\cdot\text{kg}^{-1}\quad z_{\text{La}^{3+}}=3$$
$$b_{\text{Cl}^-}=0.0025\times3+0.025=0.1\text{mol}\cdot\text{kg}^{-1},z_{\text{Cl}^-}=-1$$
$$b_{\text{Na}^+}=0.0025\text{mol}\cdot\text{kg}^{-1},z_{\text{Na}^+}=1$$
$$I=\frac{1}{2}\sum_B b_B z_B^2=\frac{1}{2}[0.025\times3^2+0.10\times(-1)^2+0.025\times1^2]$$
$$=0.175\text{mol}\cdot\text{kg}^{-1}$$

5. 在 25℃时，某溶液含 CaCl$_2$ 的浓度为 0.002mol·kg^{-1}，含 ZnSO$_4$ 的浓度为 0.002mol·kg^{-1}，应用 Debye-Hückel 极限公式，计算 25℃时，ZnSO$_4$ 的离子平均活度系数（提示：在计算离子强度时要把所有的离子都考虑进去）。

【解题思路】本题与题 4 相比，不仅计算离子强度，还要计算 ZnSO$_4$ 的离子平均活度系数。需注意的地方是尽管只是计算 ZnSO$_4$ 的离子平均活度系数，但是计算离子强度时必须把所有的离子都考虑进去。涉及知识点：（1）离子强度定义式公式；（2）Debye-Hückel 极限公式。

解：
$$I=\frac{1}{2}\sum_B b_B z_B^2=\frac{1}{2}[2\times0.002\times(-1)^2+0.002\times2^2+0.002\times2^2+0.002\times(-2)^2]$$
$$=0.14\text{mol}\cdot\text{kg}^{-1}$$
$$\lg\gamma_{\pm}=-A|Z_+Z_-|\sqrt{I}=-0.509(\text{mol}\cdot\text{kg}^{-1})^{-\frac{1}{2}}\times|2\times(-2)|\cdot\sqrt{0.014\text{mol}\cdot\text{kg}^{-1}}$$
$$=-0.2409$$
$$\gamma_{\pm}=0.574$$

6. 分别计算下列两种溶液的离子平均质量摩尔浓度、离子平均活度和电解质的活度 a_B。

（1）0.001mol·kg^{-1}的 K$_3$Fe(CN)$_6$　　（$\gamma_{\pm}=0.808$）

（2）0.1mol·kg^{-1}的 MgCl$_2$　　（$\gamma_{\pm}=0.528$）

【解题思路】本题是关于电解质活度，离子平均活度，离子平均活度因子和电解质浓度之间关系计算的问题。涉及知识点：（1）离子平均浓度计算公式；（2）电解质活度、离子平均活度、离子平均活度因子和电解质浓度的关系公式。

解：相关公式为
$$b_{\pm}=(\nu_+^{\nu_+}\nu_-^{\nu_-})^{\frac{1}{\nu}}b$$
$$a^{\frac{1}{\nu}}=a_{\pm}=\gamma_{\pm}(\nu_+^{\nu_+}\nu_-^{\nu_-})^{\frac{1}{\nu}}\frac{b}{b^{\ominus}}$$

(1) $0.001\,\mathrm{mol \cdot kg^{-1}}$ 的 $K_3Fe(CN)_6$　（$\gamma_\pm = 0.808$）

$$b_\pm = (\nu_+^{\nu_+} \nu_-^{\nu_-})^{\frac{1}{\nu}} b = (3^3 \times 1^1)^{\frac{1}{4}} \times 0.001 = 0.00228\,\mathrm{mol \cdot kg^{-1}}$$

$$a^{\frac{1}{\nu}} = a_\pm = \gamma_\pm (\nu_+^{\nu_+} \nu_-^{\nu_-})^{\frac{1}{\nu}} \frac{b}{b^\ominus}$$

$$a^{\frac{1}{4}} = a_\pm = 0.808 \times (3^3 \times 1^1)^{\frac{1}{4}} \frac{0.001}{b^\ominus} = 0.00184$$

$$a_\pm = \gamma_\pm \frac{b}{b^\ominus} = 0.808 \times \frac{0.00228}{1} = 0.00184$$

$$a = a_\pm^4 = (0.00184)^4 = 1.15 \times 10^{-11}$$

(2) $0.1\,\mathrm{mol \cdot kg^{-1}}$ 的 $MgCl_2$　（$\gamma_\pm = 0.528$）

$$b_\pm = (\nu_+^{\nu_+} \nu_-^{\nu_-})^{\frac{1}{\nu}} b = (1^1 \times 2^2)^{\frac{1}{3}} \times 0.1 = 0.159\,\mathrm{mol \cdot kg^{-1}}$$

$$a^{\frac{1}{\nu}} = a_\pm = \gamma_\pm (\nu_+^{\nu_+} \nu_-^{\nu_-})^{\frac{1}{\nu}} \frac{b}{b^\ominus}$$

$$a^{\frac{1}{4}} = a_\pm = 0.528 \times (1^1 \times 2^2)^{\frac{1}{3}} \frac{0.1}{b^\ominus} = 0.08395$$

或

$$a_\pm = \gamma_\pm \frac{b}{b^\ominus} = 0.528 \times \frac{0.159}{1} = 0.08395$$

$$a = a_\pm^4 = (0.08395)^3 = 5.92 \times 10^{-4}$$

7. 在 $18\,℃$ 时，测得 CaF_2 饱和水溶液及配制该溶液的纯水的电导率分别为
$3.86 \times 10^{-3}\,\mathrm{S \cdot m^{-1}}$ 和 $1.5 \times 10^{-4}\,\mathrm{S \cdot m^{-1}}$，已知在 $18\,℃$ 时，

$$\Lambda_m^\infty(CaCl_2) = 0.02334\,\mathrm{S \cdot m^2 \cdot mol^{-1}}, \quad \Lambda_m^\infty(NaCl) = 0.01089\,\mathrm{S \cdot m^2 \cdot mol^{-1}}$$

$$\Lambda_m^\infty(NaF) = 0.00902\,\mathrm{S \cdot m^2 \cdot mol^{-1}}$$

求 $18\,℃$ 时 CaF_2 的溶解度和溶度积。

【解题思路】本题是关于利用电解质电导知识计算难溶盐溶解度和溶度积的问题。涉及知识点：(1) 离子独立运动；(2) 摩尔电导率与电导率和浓度关系式；(3) 强电解质溶度积公式。

解：
$$\begin{aligned}
\Lambda_m^\infty(CaF_2) &= \Lambda_m^\infty(CaCl_2) + 2\Lambda_m^\infty(NaF) - 2\Lambda_m^\infty(NaCl) \\
&= 0.02334 + 2 \times 0.00902 - 2 \times 0.01089 \\
&= 0.0196\,\mathrm{S \cdot m^2 \cdot mol^{-1}}
\end{aligned}$$

$$\begin{aligned}
\kappa(CaF_2) &= \kappa(CaF_2\,溶液) - \kappa(H_2O) \\
&= 3.86 \times 10^{-3} - 1.5 \times 10^{-4} = 3.71 \times 10^{-3}\,\mathrm{S \cdot m^{-1}}
\end{aligned}$$

溶解度
$$c = \frac{\kappa(CaF_2)}{\Lambda_m^\infty(CaF_2)} = \frac{3.71 \times 10^{-3}}{0.0196} = 0.189\,\mathrm{mol \cdot m^{-3}} = 1.89 \times 10^{-4}\,\mathrm{mol \cdot dm^{-3}}$$

溶度积
$$K_{sp}^\ominus = \frac{c(Ca^{2+})}{c^\ominus}\left[\frac{c(F^-)}{c^\ominus}\right]^2 = 4\left[\frac{c(CaF_2)}{c^\ominus}\right]^3 = 2.71 \times 10^{-11}$$

8. 写出下列电池的电极反应和电池反应

(1) $Pt \mid H_2(p_{H_2}) \mid HCl(a) \mid Cl_2(p_{Cl_2}) \mid Pt$

(2) $Pt \mid H_2(p_{H_2}) \mid NaOH(a) \mid HgO(s) \mid Hg(l) \mid Pt$

(3) $Pt \mid H_2(p_{H_2}) \mid NaOH(a) \mid O_2(p_{O_2}) \mid Pt$

(4) $Ag(s) \mid AgBr(s) \mid Br^-(a_{Br^-}) \parallel Cl^-(a_{Cl^-}) \mid AgCl(s) \mid Ag(s)$

(5) $Pt \mid Fe^{3+}(a_1), Fe^{2+}(a_2) \parallel Ag^+(a_{Ag^+}) \mid Ag(s)$

【解题思路】本题是由电池符号表示式书写电极和电池反应式的问题。这是解电化学原电池和电解池问题的必须基本功。该题涉及了不同类型的反应方程式的书写，很有代表性。涉及知识点：(1) 熟悉电极符号对应的电极反应（半反应）（参见教材 P227～228 一些电极反应电极电势表）；(2) 熟悉书写原则：先电极后电池，化学物态标明（先写电极反应，后写电池反应；化学物态标出相态、活度、分压等）；负极低反高产，正极高反低产（负极低价态物质作为反应物，负极高价态物质作为产物，正极反之）；电子得失相等，物质反产守恒（反应方程式应符合电荷，物质守恒原则）。

解：(1) 正极 $\qquad Cl_2(p_{Cl_2}) + 2e^- \Longrightarrow 2Cl^-(a_{Cl^-})$

负极 $\qquad H_2(p_{Cl_2}) - 2e^- \Longrightarrow 2H^+(a_{H^+})$

电池反应 $\qquad H_2(p_{Cl_2}) + Cl_2(p_{Cl_2}) \Longrightarrow 2HCl(a)$

(2) 正极 $\qquad HgO(s) + H_2O + 2e^- \Longrightarrow Hg(l) + 2OH^-$

负极 $\qquad H_2(p_{H_2}) + 2OH^- - 2e^- \Longrightarrow 2H_2O$

电池反应 $\qquad HgO(s) + H_2(p_{H_2}) \Longrightarrow Hg(l) + H_2O$

(3) 正极 $\qquad \dfrac{1}{2}O_2(p_{O_2}) + 2e^- + H_2O(l) \Longrightarrow 2OH^-(a)$

负极 $\qquad H_2(p_{H_2}) + 2OH^-(a) - 2e^- \Longrightarrow 2H_2O$

电池反应 $\qquad H_2(p_{H_2}) + \dfrac{1}{2}O_2(p_{O_2}) \Longrightarrow H_2O(l)$

(4) 正极 $\qquad AgCl(s) + e^- \Longrightarrow Ag(s) + Cl^-(a_{Cl^-})$

负极 $\qquad Ag(s) + Br^-(a_{Br^-}) - e^- \Longrightarrow AgBr(s)$

电池反应 $\qquad AgCl(s) + Br^-(a_{Br^-}) \Longrightarrow AgBr(s) + Cl^-(a_{Cl^-})$

(5) 正极 $\qquad Ag^+(a_{Ag^+}) + e^- \Longrightarrow Ag(s)$

负极 $\qquad Fe^{2+}(a_2) - e^- \Longrightarrow Fe^{3+}(a_1)$

电池反应 $\qquad Fe^{2+}(a_2) + Ag^+(a_{Ag^+}) \Longrightarrow Fe^{3+}(a_1) + Ag(s)$

9. 将下列化学反应设计成电池，并以电池图式表示。

(1) $Fe^{2+}(a_{Fe^{2+}}) + Ag^+(a_{Ag^+}) \longrightarrow Fe^{3+}(a_{Fe^{3+}}) + Ag(s)$

(2) $H_2(p^{\ominus}) + Hg_2Cl_2(s) \longrightarrow 2Hg(l) + 2HCl(aq)$

(3) $Ag_2O(s) \longrightarrow 2Ag(s) + \dfrac{1}{2}O_2(g)$

(4) $H_2(p_{H_2}) + \dfrac{1}{2}O_2(p_{O_2}) \longrightarrow H_2O(l)$

(5) $Ag^+ + I^- \Longrightarrow AgI(s)$

【解题思路】本题是由电池反应式设计（书写）电池符号表示式的问题。和题 8 一样都是解电化学原电池和电解池问题的必须基本功。该题涉及不同类型的反应方程式的书写，很有代表性。涉及知识点：(1) 熟悉电极符号对应的电极反应（半反应）（参见教材 $P_{227～228}$ 一些电极反应电极电势表）；(2) 熟悉书写原则：左侧负极被氧化，右侧正极被还原；化学物态需标明，单质放在两极端；界面单线或逗号，液间双线架盐桥。

解：(1) $Pt \mid Fe^{3+}(a_{Fe^{3+}}), Fe^{2+}(a_{Fe^{2+}}) \parallel Ag^+(a_{Ag^+}) \mid Ag(s)$

检验：正极 $\qquad Ag^+(a_{Ag^+}) + e^- \Longrightarrow Ag(s)$

负极 $\qquad Fe^{2+}(a_{Fe^{2+}}) - e^- \Longrightarrow Fe^{3+}(a_{Fe^{3+}})$

电池反应 $\mathrm{Fe^{2+}}(a_{\mathrm{Fe^{2+}}})+\mathrm{Ag^+}(a_{\mathrm{Ag^+}})\longrightarrow \mathrm{Fe^{3+}}(a_{\mathrm{Fe^{3+}}})+\mathrm{Ag(s)}$

同理，有

(2) $\mathrm{Pt}\mid\mathrm{H_2}(p_{\mathrm{H_2}})\mid\mathrm{KCl(aq)}\mid\mathrm{Hg_2Cl_2(s)}\mid\mathrm{Hg(l)}\mid\mathrm{Pt}$

(3) $\mathrm{Pt}\mid\mathrm{O_2}(p_{\mathrm{O_2}})\mid\mathrm{OH^-(aq)}\mid\mathrm{Ag_2O(s)}\mid\mathrm{Ag(s)}$

(4) $\mathrm{Pt}\mid\mathrm{H_2}(p_{\mathrm{H_2}})\mid\mathrm{H^+}(或\ \mathrm{OH^-})\mathrm{(aq)}\mid\mathrm{O_2}(p_{\mathrm{O_2}})\mid\mathrm{Pt}$

(5) $\mathrm{Ag(s)}\mid\mathrm{AgI(s)}\mid\mathrm{I^-}\parallel\mathrm{Ag^+}\mid\mathrm{Ag(s)}$

10. 已知 25℃ 时，$\mathrm{Fe^{2+}}\mid\mathrm{Fe}$，$\mathrm{Fe^{3+}}\mid\mathrm{Fe^{2+}}$ 的标准电极电势分别为 $-0.4402\mathrm{V}$ 和 $0.77\mathrm{V}$，求 $\mathrm{Fe^{3+}}\mid\mathrm{Fe}$ 的标准电极电势。

【解题思路】本题是关于多价态金属半反应电极电势计算的问题。解这类问题的关键是要清楚电极电势或电动势是强度性质，不具加和性。半反应的吉布斯熵变具有加和性。涉及知识点：(1) 吉布斯熵变的加和性；(2) $\Delta_r G_m^\ominus=-zFE^\ominus$ 关系式。

解：
$$\mathrm{Fe^{2+}}+2\mathrm{e^-}=\!=\!=\mathrm{Fe} \tag{1}$$
$$\mathrm{Fe^{3+}}+\mathrm{e^-}=\!=\!=\mathrm{Fe^{2+}} \tag{2}$$
$$\mathrm{Fe^{3+}}+3\mathrm{e^-}=\!=\!=\mathrm{Fe} \tag{3}$$

(1)+(2) 得 (3)，有

$$\Delta_r G_{m,1}^\ominus+\Delta_r G_{m,2}^\ominus=\Delta_r G_{m,3}^\ominus$$
$$-z_1 F\varphi_1^\ominus+(-z_2 F\varphi_2^\ominus)=-z_3 F\varphi_3^\ominus$$
$$z_1\varphi_1^\ominus+z_2\varphi_2^\ominus=z_3\varphi_3^\ominus$$
$$\varphi_3^\ominus=(z_1\varphi_1^\ominus+z_2\varphi_2^\ominus)/z_3=[2\times(-0.4402)+0.77]/3=0.037\mathrm{V}$$

11. 已知 25℃ 时，AgCl 的标准摩尔生成熵是 $-127.04\mathrm{kJ\cdot mol^{-1}}$，Ag、AgCl 和 $\mathrm{Cl_2(g)}$ 的标准摩尔熵分别是 42.702、96.11 和 $222.95\mathrm{J\cdot K^{-1}\cdot mol^{-1}}$。试计算 25℃ 时电池：

$$\mathrm{Pt}\mid\mathrm{Cl_2}(p^\ominus)\mid\mathrm{HCl}(0.1\mathrm{mol\cdot dm^{-3}})\mid\mathrm{AgCl(s)}\mid\mathrm{Ag(s)}$$

(1) 电池的电动势；(2) 电池可逆放电时的热效应；(3) 电池电动势的温度系数。

【解题思路】本题是化学反应的热力学数据计算电化学反应数据的问题。涉及知识点：(1) 热力学关系式；(2) 可逆电池热力学关系式。

解：电池反应 $\mathrm{Ag(s)}=\!=\!=\mathrm{Ag(s)}+\dfrac{1}{2}\mathrm{Cl_2(g)}$

$$\Delta_r H_m^\ominus=\Delta_f H_m^\ominus(\mathrm{AgCl})=\!=\!=127.04\mathrm{kJ\cdot mol^{-1}}$$

$$\Delta_r S_m^\ominus=\frac{1}{2}S_m^\ominus(\mathrm{Cl_2})+S_m^\ominus(\mathrm{Ag})+S_m^\ominus(\mathrm{AgCl})=58.067\mathrm{kJ\cdot mol^{-1}\cdot K^{-1}}$$

$$\Delta_r G_m^\ominus=\Delta_r H_m^\ominus-T\Delta_r S_m^\ominus=109.74\mathrm{kJ\cdot mol^{-1}}$$

(1) $E=E^\ominus=\Delta_r S_m^\ominus/F=-1.137\mathrm{V}$ $(n=1)$

(2) $Q_r=T\Delta_r S_m^\ominus=298\times58.067=17.30\mathrm{J\cdot mol^{-1}}$

(3) $\left(\dfrac{\partial E}{\partial T}\right)_p=\Delta_r S_m^\ominus/F=6.02\times10^{-4}\mathrm{V\cdot K^{-1}}$

12. 25℃ 时，下面电池的电动势 E 为 1.228V。

$$\mathrm{Pt}\mid\mathrm{H_2}(p^\ominus)\mid\mathrm{H_2SO_4}(0.01\mathrm{mol\cdot kg^{-1}})\mid\mathrm{O_2}(p^\ominus)\mid\mathrm{Pt}$$

已知 $\mathrm{H_2O(l)}$ 的生成熵 $\Delta_f H_m^\ominus$ 为 $-286.1\mathrm{kJ\cdot mol^{-1}}$。试求：

(1) 该电池的温度系数；

(2) 该电池在 0℃ 时电动势（设反应熵在 0～25℃ 为常数）。

【解题思路】本题也是化学反应的热力学数据计算电化学反应数据的问题。

关键是要熟练掌握热力学关系式和可逆电池热力学关系式。涉及知识点：（1）热力学关系式；（2）可逆电池热力学关系式。

解：电池反应 $H_2(g) + O_2(g) = 2H_2O(l)$ （$z = 4$）

$$\Delta_r H_m = \Delta_r H_m^\ominus = 2\Delta_f H_m^\ominus(H_2O) = 572.2 \text{kJ} \cdot \text{mol}^{-1}$$

$$\Delta_r G_m = \Delta_r H_m - T\Delta_r S_m$$

$$-zEF = \Delta_r H_m - zFT\left(\frac{\partial E}{\partial T}\right)_p$$

（1）$\left(\dfrac{\partial E}{\partial T}\right)_p = \dfrac{1}{T}\left(\dfrac{\Delta_r H_m}{zF} + E\right) = -8.54 \times 10^{-4} \text{V} \cdot \text{K}^{-1}$

（2）反应焓在 0～25℃ 为常数，即 $\left(\dfrac{\partial E}{\partial T}\right)_p$ 为常数，所以

$$E(298K) - E(273K) = \left(\frac{\partial E}{\partial T}\right)_p (298 - 273)$$

（3）$E(273K) = 1.25V$

13. 下述电池在 25℃ 时测得电动势 $E = 0.664V$，试计算待测溶液的 pH 值。

$$Pt | H_2(g, 100kPa) | 待测 pH 溶液 \parallel 1\text{mol} \cdot \text{dm}^{-3} KCl | Hg_2Cl_2(s) | Hg(l)$$

【解题思路】本题是利用能斯特方程式计算 pH 值的问题。

涉及知识点：电极及电池反应的能斯特方程式。

$1\text{mol} \cdot \text{kg}^{-1} KCl \approx 1\text{mol} \cdot \text{dm}^{-3} KCl$，查表 $\varphi_{甘汞} = 0.2801V$

解：$$E = \varphi_{甘汞} - \varphi(H^+ | H_2)$$

$$\varphi(H^+ | H_2) = \varphi^\ominus(H^+ | H_2) - \frac{RT}{F}\ln\frac{(p_{H_2}/p^\ominus)^{\frac{1}{2}}}{a(H^+)} = -\frac{RT}{F}\ln\frac{1}{a(H^+)}$$

$$E = \varphi_{甘汞} - \varphi(H^+ | H_2) = \varphi_{甘汞} + \frac{RT}{F}\ln\frac{1}{a(H^+)} = \varphi_{甘汞} + \frac{2.303RT}{F}[\lg 1 - \lg a(H^+)]$$

$$= \varphi_{甘汞} + 0.05916 \text{pH}$$

$$\text{pH} = \frac{E - \varphi_{甘汞}}{0.05916} = \frac{0.664 - 0.2801}{0.05916} = 6.49$$

14. 试从下述两个电池，求胃液的 pH 值，25℃ 时

$$Pt | H_2 | H^+(a=1) \parallel KCl(0.1\text{mol} \cdot \text{kg}^{-1}) | Hg_2Cl_2(s) | Hg(l) \quad E = 0.3338V$$

$$Pt | H_2 | 胃液 \parallel KCl(0.1\text{mol} \cdot \text{kg}^{-1}) | Hg_2Cl_2(s) | Hg(l) \quad E = 0.420V$$

【解题思路】本题是利用能斯特方程式计算 pH 值的问题。解题关键是先写出能斯特方程式及其与 pH 的关系式后将两个电池联立求解。

涉及知识点：电池反应的能斯特方程式及其与 pH 的关系。

解：对两个电池而言，均有

负极 $$\frac{1}{2}H_2(p_{H_2}) \longrightarrow H^+(a_{H^+}) + e^-$$

正极 $$\frac{1}{2}Hg_2Cl_2(s) + e^- \longrightarrow Hg + Cl^-(0.01\text{mol} \cdot \text{dm}^{-3})$$

电池反应 $$\frac{1}{2}H_2(p_{H_2}) + \frac{1}{2}Hg_2Cl_2(s) \longrightarrow Hg + H^+(a_{H^+}) + Cl^-(0.01\text{mol} \cdot \text{dm}^{-3})$$

$$E = E^\ominus - \frac{RT}{F}\ln\frac{a(H^+)a(Cl^-)}{(p_{H_2}/p^\ominus)^{\frac{1}{2}}}$$

$$= E^{\ominus} - \frac{RT}{F} \ln \frac{a(\text{Cl}^-)}{(p_{\text{H}_2}/p^{\ominus})^{\frac{1}{2}}} - \frac{RT}{F} \ln a(\text{H}^+)$$

$$= E^{\ominus} - \frac{RT}{F} \ln \frac{a(\text{Cl}^-)}{(p_{\text{H}_2}/p^{\ominus})^{\frac{1}{2}}} + 0.0592 \text{pH}$$

对电池 1 $\qquad$ $0.420\text{V} = E^{\ominus} - \frac{RT}{F} \ln \frac{a(\text{Cl}^-)}{(p_{\text{H}_2}/p^{\ominus})^{\frac{1}{2}}} + 0.0592 \text{pH}$ $\qquad$ (1)

对电池 2 $\qquad$ $0.3338\text{V} = E^{\ominus} - \frac{RT}{F} \ln \frac{a(\text{Cl}^-)}{(p_{\text{H}_2}/p^{\ominus})^{\frac{1}{2}}} + 0.0592 \text{pH}$ $\qquad$ (2)

式（2）代入式（1）得

$$0.420 = 0.3338 + 0.0592 \text{pH}$$

$$\text{pH}(\text{胃液}) = \frac{0.420 - 0.3338}{0.0592} = 1.456\text{V}$$

15. 设计一个电池，使其进行如下反应：

$$\text{Fe}^{2+}(a_{\text{Fe}^{2+}}) + \text{Ag}^+(a_{\text{Ag}^+}) \longrightarrow \text{Fe}^{3+}(a_{\text{Fe}^{3+}}) + \text{Ag(s)}$$

写出电池符号表示式。

（1）计算上述电池在 25℃ 时，反应进度 $\xi = 1\text{mol}$ 时的平衡常数 $K_a^{\ominus}$。

（2）若将过量磨细的银粉加到浓度为 $0.05\text{mol} \cdot \text{kg}^{-1}$ $\text{Fe(NO}_3)_3$ 溶液中，求当反应达到平衡后 Ag^+ 的浓度为多少？（设活度系数均等于 1）。

【解题思路】本题是平衡常数与标准电池电动势的相关计算问题。涉及知识点：（1）平衡常数与标准电池电动势关系式；（2）平衡常数与平衡组成关系式。

解：反应式中 Fe^{2+} 被氧化成 Fe^{3+}，Ag^+ 被还原成 Ag(s)，故设计的电池为

$$\text{Pt} \mid \text{Fe}^{3+}(a_{\text{Fe}^{3+}}), \text{Fe}^{2+}(a_{\text{Fe}^{2+}}) \parallel \text{Ag}^+(a_{\text{Ag}^+}) \mid \text{Ag(s)}$$

（1）25℃ 时，反应进度 $\xi = 1\text{mol}$ 时的平衡常数 $K_a^{\ominus}$

根据 $\ln K_a^{\ominus} = \dfrac{zFE^{\ominus}}{RT} = \dfrac{zF[\varphi^{\ominus}(\text{Ag}^+ \mid \text{Ag}) - \varphi^{\ominus}(\text{Fe}^{3+}, \text{Fe}^{2+})]}{RT}$

$$K_a^{\ominus} = \exp\left(\frac{zFE^{\ominus}}{RT}\right) = \exp\left(\frac{zF[\varphi^{\ominus}(\text{Ag}^+ \mid \text{Ag}) - \varphi^{\ominus}(\text{Fe}^{3+}, \text{Fe}^{2+})]}{RT}\right)$$

$$= \exp\left[\frac{96500 \times (0.7991 - 0.771)}{8.314 \times 298}\right] = 2.988$$

（2）设平衡时 Ag^+ 的浓度为 $x\,\text{mol} \cdot \text{kg}^{-1}$（活度系数等于 1）

$$\text{Fe}^{2+} + \text{Ag}^+ \Longleftrightarrow \text{Ag(s)} + \text{Fe}^{3+}$$

平衡时 $\qquad x \qquad\qquad x \qquad\qquad\qquad 0.05 - x$（银粉过量）

$$K^{\ominus} = \frac{(0.05 - x)/b^{\ominus}}{(x/b^{\ominus})^2} = 2.988$$

解得 $\quad x = 0.0442$

16. 25℃ 时，$\varphi^{\ominus}(\text{Ag}^+ \mid \text{Ag}) = 0.7994\text{V}$，$\varphi^{\ominus}(\text{Br}_2(l) \mid \text{Br}^-) = 1.065\text{V}$ 银-溴化银电极的标准电极电势 $\varphi^{\ominus}(\text{Br}^- \mid \text{AgBr(s)} \mid \text{Ag}) = 0.0710\text{V}$，求 25℃ 时

（1）AgBr 的溶度积 K_{sp}。

（2）AgBr(s) 的标准生成吉布斯自由能。

【解题思路】本题是通过电池设计来求得难溶盐溶度积常数及标准生成吉布斯自由能计算问题的。涉及知识点：（1）求难溶盐溶度积反应的电池设计；（2）求难溶盐标准生成吉布

斯自由能反应的电池设计；（3）溶度积常数与标准电池电动势关系式；（4）电极电势与吉布斯自由能关系式。

解：（1）

$$Ag(s) - e^- \longrightarrow Ag^+ \qquad \Delta_r G_1^\ominus = F\varphi_1^\ominus(Ag^+ \mid Ag)$$

$$AgBr(s) + e^- \longrightarrow Ag(s) + Br^- \qquad \Delta_r G_2^\ominus = -F\varphi_2^\ominus(Br^- \mid AgBr(s) \mid Ag)$$

$$AgBr(s) \longrightarrow Ag^+ + Br^- \qquad \Delta_r G_3^\ominus = -RT\ln K_{sp}$$

所以

$$\Delta_r G_{m,1}^\ominus + \Delta_r G_{m,2}^\ominus = \Delta_r G_{m,3}^\ominus$$

$$F\varphi_1^\ominus(Ag^+ \mid Ag) + [-F\varphi_2^\ominus(Br^- \mid AgBr(s) \mid Ag)] = -RT\ln K_{sp}$$

$$0.071 = 0.7994 + \frac{8.314 \times 298.15}{96500}\ln K_{sp}$$

$$K_{sp} = 4.84 \times 10^{-13}$$

（2）

$$\frac{1}{2}Br_2(l) + e^- \longrightarrow Br^- \qquad \Delta_r G_1^\ominus = F\varphi_1^\ominus[Br_2(l) \mid Br^-]$$

$$AgBr(s) + e^- \longrightarrow Ag(s) + Br^- \qquad \Delta_r G_2^\ominus = -F\varphi_2^\ominus[Br^- \mid AgBr(s) \mid Ag]$$

$$Ag(s) + \frac{1}{2}Br_2(l) \longrightarrow AgBr(s) \qquad \Delta_r G_3^\ominus = \Delta_f G_3^\ominus[AgBr(s)]$$

$$\Delta_r G_{m,3}^\ominus = \Delta_r G_{m,1}^\ominus - \Delta_r G_{m,2}^\ominus$$

$$= 96500 \times (1.506 - 0.0710) = -95.92 \text{kJ} \cdot \text{mol}^{-1}$$

17. 25℃时，$Pt \mid H_2(g, p^\ominus) \mid NaOH(aq) \mid HgO(s) \mid Hg(l)$ 的 $E = 0.9265\text{V}$

$H_2O(l)$ 的标准摩尔生成焓为 $-285.830\text{kJ} \cdot \text{mol}^{-1}$，$H_2(g)$、$O_2(g)$、$H_2O(l)$、$Hg(l)$、$HgO(s)$ 的标准摩尔熵分别为 $103.684\text{J} \cdot \text{K}^{-1} \cdot \text{mol}^{-1}$、$205.138\text{J} \cdot \text{K}^{-1} \cdot \text{mol}^{-1}$、$69.91\text{J} \cdot \text{K}^{-1} \cdot \text{mol}^{-1}$、$76.02\text{J} \cdot \text{K}^{-1} \cdot \text{mol}^{-1}$、$70.29\text{J} \cdot \text{K}^{-1} \cdot \text{mol}^{-1}$；则 $HgO(s)$ 的分解压是多少？

【解题思路】本题是通过热力学数据求电化学反应的平衡常数，继而再求反应分解压的问题。涉及知识点：（1）热力学关系式；（2）可逆电池热力学关系式；（3）分解压概念和计算公式。

解：电池反应：

$$H_2 + HgO \longrightarrow H_2O + Hg \qquad (1)$$

$$H_2 + \frac{1}{2}O_2 \longrightarrow H_2O \qquad (2)$$

（1）－（2）

$$HgO \longrightarrow Hg + \frac{1}{2}O_2 \qquad (3)$$

$$\Delta_r G_{m,1}^\ominus = \Delta_r G_{m,1} = -zFE$$

$$= -2 \times 96485 \times 0.9265$$

$$= -178.79 \text{kJ} \cdot \text{mol}^{-1}$$

$$\Delta_r G_{m,2}^\ominus = \Delta_r H_{m,2}^\ominus - T\Delta_r S_{m,2}^\ominus$$

$$= -285.830 \times 10^3 - 298.15 \times \left(69.91 - 130.684 - \frac{1}{2} \times 205.138\right)$$

$$= -237.13 \text{kJ} \cdot \text{mol}^{-1}$$

$$\Delta_r G_{m,3}^\ominus = \Delta_r G_{m,1}^\ominus - \Delta_r G_{m,2}^\ominus$$

$$= -178.79 + 237.13$$

$$= 58.34 \text{kJ} \cdot \text{mol}^{-1}$$

$$\ln K_a^\ominus = -\frac{\Delta_r G_{m,3}^\ominus}{RT} = \frac{58.34 \times 10^3}{8.314 \times 298.15} = -23.53$$

$$K_a^\ominus = 6.0 \times 10^{-11}$$

$HgO \longrightarrow Hg + \frac{1}{2}O_2$ 的分解压：

$$K_a^\ominus = \left(\frac{p_{O_2}}{p^\ominus}\right)^{\frac{1}{2}} = 6.0 \times 10^{-11}$$

$$p_{O_2} = (K_a^\ominus)^2 p^\ominus = (6.06.0 \times 10^{-11})^2 \times 100 = 3.66.0 \times 10^{-19} kPa$$

18. 25℃时，电解池由两个铂片插入 HBr 的水溶液中构成，HBr 的浓度为 $0.05 mol \cdot kg^{-1}$，离子平均活度系数为 0.86，求此电解池的理论分解电压。

【解题思路】本题是利用能斯特方程计算电解池的理论分解电压的问题。涉及知识点：（1）分解电压；（2）能斯特方程。

解：电解时，两电极间构成如下电池

$$pt \mid Br_2(l) \mid HBr(0.05 mol \cdot kg^{-1}) H_2(p_{外}), pt$$

该电池电动势的负值即为理论分解电压，设 $p_{外} = 101.325 kPa$

电池反应为：
$$2H^+ + 2Br^- \Longrightarrow H_2 + Br_2(l)$$

根据能斯特方程

$$E = E^\ominus - \frac{RT}{2F} \ln \frac{a(H^+)^2 a(Br^-)^2}{p_{H_2}/p^\ominus}$$

$$E = \varphi_+^\ominus - \varphi_-^\ominus - \frac{RT}{2F} \ln \frac{a(H^+)^2 a(Br^-)^2}{p_{H_2}/p^\ominus}$$

$$E = \varphi_+^\ominus - \varphi_-^\ominus - \frac{RT}{2F} \ln \frac{a_\pm^4}{p_{H_2}/p^\ominus}$$

$$E = \varphi_+^\ominus - \varphi_-^\ominus - \frac{RT}{2F} \ln \frac{a_\pm^4}{p_{H_2}/p^\ominus}$$

$$= \varphi_+^\ominus - \varphi_-^\ominus - \frac{RT}{2F} \ln \frac{(\gamma_\pm b_\pm)^4}{p_{H_2}/p^\ominus}$$

$$= \varphi_+^\ominus - \varphi_-^\ominus - \frac{RT}{2F} \ln \frac{(\gamma_\pm b)^4}{p_{H_2}/p^\ominus}$$

$$= 0 - 1.066 - \frac{6.314 \times 298.15}{2 \times 96500} \ln \frac{(0.96 \times 0.05)^4}{101.325/100}$$

$$= -1.30 V$$

上述电池电动势为 -1.30V，故理论分解电压为 1.30V。

19. 25℃时以镍为阴极、金为阳极来电解浓度为 $1.0 mol \cdot kg^{-1}$ 的硫酸溶液，已知氢在镍上的超电势为 0.14V，氧在金上的超电势为 0.53V，问电解时的分解电压是多少？

【解题思路】本题是利用能斯特方程计算电解池的实际分解电压的问题。注意与题 18 不同的是需要考虑超电势因素。涉及知识点：（1）分解电压；（2）超电势；（3）电极电势的能斯特方程。

解：先计算平衡电势，并设 $\gamma_\pm = 1$，环境压力为 101.325 kPa。

阳极：
$$2H_2O - 4e^- \Longrightarrow 4H^+ + O_2$$

$$\varphi_阳 = \varphi_阳^\ominus - \frac{RT}{4F} \ln a(H^+)^4 (p_{O_2}/p^\ominus)$$

$$= 1.229 + \frac{8.314 \times 298.15}{4 \times 96500} \ln 2^4 \times 1.01325$$

$$=1.247V$$

阴极：
$$2H^+ + 2e^- \Longrightarrow H_2 \uparrow$$

$$\varphi_{阴} = \varphi_{阴}^{\ominus} - \frac{RT}{4F}\ln[a(H^+)^2/(p_{O_2}/p^{\ominus})]$$

$$= 0 - \frac{8.314 \times 298.15}{4 \times 96500}\ln(2^4/1.01325) = 0.0176V$$

电解时阳极电势为阳极平衡电势加阳极超电势：$1.247 + 0.53 = 1.777V$

阴极电势为阴极平衡电势减阴极超电势：$0.0176 - 0.14 = -0.1224V$

所以分解电压为阳极电势减阴极电势：$1.777 + 0.1224 = 1.90V$

20. 用库伦法检测化某工厂排放污水中的苯酚含量取水样 50.0mL，酸化后加入 KBr，电解产生的 Br_2 酮苯酚发生反应，$C_6H_5OH + 3Br_2 \Longrightarrow Br_3C_6H_2OH \downarrow + 3HBr$，电解电流为 10.5mA，需要 300s。计算水样中的苯酚含量。

【解题思路】本题也是利用能斯特方程计算电解池的实际分解电压的问题。注意与题 18 不同的是需要考虑超电势因素。涉及知识点：（1）分解电压；（2）超电势；（3）电极电势的能斯特方程。

解：阳极反应：
$$2Br^- - e^- \longrightarrow Br_2 \quad (z=2)$$

由法拉第定律，电解电流为 10.5mA，电解 300s。产生的 Br_2 的物质的量为：

$$n_{溴} = \frac{It}{zF} = \frac{10.5 \times 300}{2 \times 96500} = 0.01632mol$$

根据 $C_6H_5OH + 3Br_2 \Longrightarrow Br_3C_6H_2OH \downarrow + 3HBr$，相应苯酚的物质的量应是溴物质的量的三分之一，

$$n_{苯酚} = \frac{1}{3}n_{苯酚} = \frac{1}{3} \times 0.01632 = 0.00544mol$$

苯酚含量：$c_{苯酚} = \dfrac{n_{苯酚}}{50} \times 1000 = \dfrac{0.00544}{50} \times 1000 = 0.1088mol \cdot L^{-1}$

知 识 拓 展

1. 测量电解质溶液的电导，需要知道电导电极的电导池常数，但其不易直接测量，通常需要用已知电导率的标准溶液测得其电阻获得，标准液通常是氯化钾溶液。那么标准氯化钾溶液的电导率又是如何测得的呢？

讨论：用实验测定不同 KCl 溶液的电导率的标准方法是金属液汞标准法。

测量举例：273.15K 时，在（1）、（2）两个电导池中分别盛有不同液体并测其电阻，当在电导池（1）中盛 $Hg(l)$ 时，测得其电阻为 0.99895Ω [1Ω 是 273.15K 时，截面积是 $1.0mm^2$、长为 1062.936mm 的 $Hg(l)$ 柱的电阻]。当电导池（1）和电导池（2）中均盛有浓度约为 $3.0mol \cdot dm^{-3}$，的 H_2SO_4 溶液时，测得电导池（2）的电阻为（1）电阻的 0.107811 倍，若在（2）中盛以浓度为 $1.0mol \cdot dm^{-3}$ 的氯化钾溶液，测得的电阻为 17565Ω，则其电导池常数和氯化钾溶液的电导率可通过如下计算获得。

解：

（1）电导池（1）的电导池常数：

汞的电阻率 $\rho = R\dfrac{A}{l}$，当 $R = 1\Omega$，

$$\rho = R\frac{A}{l} = \frac{1 \times 1 \times 10^{-6}}{1.062936} = 9.408 \times 10^{-7}\,\Omega \cdot m$$

电导池（1）的 $K_{cell(1)} = \dfrac{l}{A} = \dfrac{R}{\rho} = \dfrac{0.99895}{9.408 \times 10^{-7}} = 1.063 \times 10^{6}\,m^{-1}$

（2）$1.0\,mol \cdot dm^{-3}$ 的氯化钾溶液的电导率为：

因为 $K_{cell} = \dfrac{\kappa}{G} = \kappa R$

电导池（1）和电导池（2）盛有相同的浓度的 KCl 溶液，κ 相同。

$$\frac{K_{cell(1)}}{K_{cell(2)}} = \frac{R_{(1)}}{R_{(2)}}$$

$$K_{cell(2)} = K_{cell(1)}\frac{R_{(1)}}{R_{(2)}} = 1.063 \times 10^{-6} \times 0.107811 = 1.146 \times 10^{5}\,m^{-1}$$

$1.0\,mol \cdot dm^{-3}$ 的氯化钾溶液的电导率为：

$$\kappa = K_{cell}/R = \frac{1.146 \times 10^{5}}{17565} = 6.524\,S \cdot m^{-1}$$

这样就得到了氯化钾溶液的电导率，也由于氯化钾溶液的相对稳定性，通常将其作为标准溶液。

2. 第一类导体（金属、石墨等电子导体）只用电阻率或电导率概念就可以描述其导电性能了，第二类导体（电解质导体）既然有了电导率概念为什么还要引入摩尔电导率概念？

讨论： 这是初学者面对电导率和摩尔电导率概念常产生的疑问。

对于第一类导体金属、石墨等电子导体的电导率是电阻率的倒数，等于相距为 1m、面积为 $1m^2$ 的导体的电导，也就是 $1m \times 1m \times 1m = 1m^3$ 的单位体积导体的电导。而第二类电解质溶液导体，因为是液体，所以其电导率定义为将电解质溶液置于相距为 1m、面积为 $1m^2$ 的两个平行电极之中所呈现的电导，也就是 $1m \times 1m \times 1m = 1m^3$ 的单位体积电解质溶液的电导。

第一类导体与第二类导体最大的不同就是第一类是固体，而第二类多为电解质溶液。溶液的电导率与其所含溶质的量即浓度有关的。在电导率的定义所反映的是不同导体单位体积导电的不同，定义中没有浓度概念，没有反映浓度差别引起的电导不同。如果要明确地比较不同电解质之间电导的差别，必须在各电解质物质的量相同的条件下进行比较。所以有必要引入摩尔电导率的概念，含有 1mol 电解质的溶液置于相距为 1m 的两个平行电极板之间所具有的电导称为摩尔电导率，也是电解质溶液导电能力的量度。

引入摩尔电导率还有一个原因就是电导率和摩尔电导率与浓度的关系问题。电导率、摩尔电导率与浓度的关系如图 5-10、图 5-11 所示。

电解质溶液的电导率与摩尔电导率与溶液浓度之间的关系是不同的。电导率与溶液浓度的关系，κ-c 曲线有一极值点，即函数的增减性非单调，说明有矛盾的因素起作用。决定导电能力强弱的因素有两个，即电荷的多寡和电荷移动的快慢。对（强）电解质来说，c 上升，一方面单位体积中的导电离子增多，导电能力增强；另一方面，c 上升，离子迁移速率 r 下降（离子间间距下降，相互作用力增大，r 下降），导电能力减弱。当前者为矛盾的主要方面时，曲线上升；当后者起主要方面时，曲线下降。而摩尔电导率与浓度的关系却是单调的：对完全解离的强电解质来说，规定溶质为 1mol 即规定了电荷的多寡，随浓度变化的仅为离子迁移速率，c 上升，r 下降，Λ_m 下降；对部分解离的弱电解质来说，因溶液很稀，离子间相互作用力恒弱，离子迁移速率几乎不随浓度变化，c 上升，解离度下降，溶质总量已规定为1mol，故导电离子减少，Λ_m下降。函数关系的单调性有利于讨论和比较不同类型不同浓度的电解质溶液的导电性能。

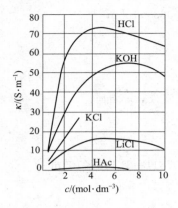

图 5-10　电导率与浓度的关系　　　　图 5-11　摩尔电导率与浓度

3. 为什么要引入平均活度和平均活度因子？如何测定平均活度因子？

讨论： 由于在电解质溶液中，正、负离子总是同时存在，向电解质溶液单独添加正离子或负离子都是做不到的，单种离子化学势的绝对值不能测定，为此，将电解质作为整体来处理。

设任一电解质 $M_{\nu_+}A_{\nu_-}$，在溶液中以下式完全电离

$$M_{\nu_+}A_{\nu_-} \longrightarrow \nu_+ M^{z_+} + \nu_- A^{z_-}$$

$$a = a_+^{\nu_+} a_-^{\nu_-} \tag{1}$$

式中，电解质活度 a 可测，但是到目前为止，离子活度 $a_{\pm}$ 却因为电解质溶液整体呈电中性，a_+、a_- 实验不可测的。虽然不能测定单个离子的活度或活度因子，但是可以获得离子活度或离子活度因子的平均大小，从而得知作为离子的活度和活度因子的数量级大小。定义离子平均活度概念为离子活度的几何平均值，定义式如下：

$$a^{\frac{1}{\nu}} = (a_+^{\nu_+} a_-^{\nu_-})^{\frac{1}{\nu}} = a_{\pm} \tag{2}$$

或

$$a = a_+^{\nu_+} a_-^{\nu_-} = a_{\pm}^{\nu_+ + \nu_-} = a_{\pm}^{\nu} \tag{3}$$

$$a_{\pm} = \gamma_{\pm} \frac{b_{\pm}}{b^{\ominus}} \tag{4}$$

电解质活度，离子平均活度，离子平均活度因子和电解质浓度之间存在如下关系：

$$a^{\frac{1}{\nu}} = a_{\pm} = \gamma_{\pm} (\nu_+^{\nu_+} \cdot \nu_-^{\nu_-})^{\frac{1}{\nu}} \frac{b}{b^{\ominus}} \tag{5}$$

式中，电解质活度 a、电解质浓度 b 可测，所以 $a_{\pm}$ 和 $\gamma_{\pm}$ 可以获得。

活度因子的测定主要有两种方法。

(1) 德拜休克尔极限公式法。

$$\lg\gamma_{\pm} = -A\,|\,z_+ z_-\,|\,\sqrt{I} \qquad (I < 0.01\,mol \cdot kg^{-1})$$

(2) 电动势测定法。

实例： 298.15K 测得下面电池的电动势 $E = 1.1566V$，其他数据查表。

$$Zn\,|\,ZnCl(0.01mol \cdot kg^{-1})\,|\,AgCl(s)\,|\,Ag$$

求 $0.01mol \cdot kg^{-1}ZnCl$ 溶液的平均离子活度、离子平均活度系数和活度。

解： 电池反应　$Zn(s) + 2AgCl(s) \longrightarrow 2Ag(s) + ZnCl_2(0.01mol \cdot kg^{-1})$

$$E = E^{\ominus} - \frac{RT}{F}\ln a(Zn^{2+})a(Cl^-) = E^{\ominus} - \frac{RT}{F}\ln a_{\pm}^3$$

$$\lg a_{\pm}^3 = \frac{2(E-E^{\ominus})}{3\times 0.05916} = -1.9432$$

$$a_{\pm} = 0.0114$$

$$a_B = a_{\pm}^3 = 1.48\times 10^{-6}$$

$$\gamma_{\pm} = \frac{a_{\pm}}{\dfrac{b_{\pm}}{b_{\pm}^{\ominus}}} = \frac{0.0114}{0.01\sqrt[3]{4}} = 0.718$$

4. 电动势测定在现代社会生活中有何应用？

讨论：电化学与现代生活密切相关。例如电动势测定有许多应用，除了求电解质的离子平均活度系数、难溶盐的活度积、电势滴定、测定膜电势等外，在现代社会生活中应用最为广泛的就是溶液 pH 值的测定和作为生物传感器用于血糖测定的应用。

（1）溶液 pH 值的测定——pH 计

pH 计是一种常用的设备，又名酸度计。主要用来精密测量液体介质的酸碱度值，配上相应的离子选择电极，也可测量离子电极电位 mV 值。所谓 pH 计，实际上就是一台多功能电位差计，本质上是测量的正负电极间的电势差。

pH 计广泛应用于工业、农业、科研、环保等领域。该仪器也是食品厂、饮用水厂在 QS、PHCCP 认证中的必备检验设备。酸度计是测定溶液 pH 值的仪器。酸度计的主体是精密的电位计。测定时把复合电极插在被测溶液中，由于被测溶液的酸度（氢离子浓度）不同而产生不同的电动势，将它通过直流放大器放大，最后由读数指示器（电压表）指出被测溶液的 pH 值。不同类型 pH 计见图 5-12。

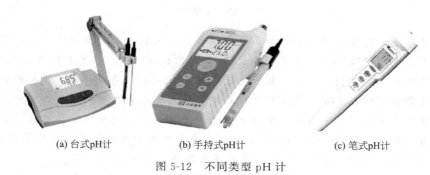

(a) 台式pH计　　　　(b) 手持式pH计　　　　(c) 笔式pH计

图 5-12　不同类型 pH 计

酸度计在 pH 值 0~14 范围内使用。

目前实验室使用的电极都是复合电极，其优点是使用方便，不受氧化性或还原性物质的影响，且平衡速度较快。使用时，将电极加液口上所套的橡胶套和下端的橡皮套全取下，以保持电极内氯化钾溶液的液压差。电极的使用与维护如下。

① 短期内不用时，可充分浸泡在蒸馏水或 1×10^{-4} 盐酸溶液中。但若长期不用，应将其干放，切忌用洗涤液或其他吸水性试剂浸洗。

② 使用前，检查玻璃电极前端的球泡。正常情况下，电极应该透明无裂纹，球泡内要充满溶液，不能有气泡存在。

③ 测量浓度较大的溶液时，尽量缩短测量时间，用后仔细清洗，防止被测液黏附在电极上污染电极。

④ 清洗电极后，不要用滤纸擦拭玻璃膜，而应用滤纸吸干，避免损坏玻璃薄膜、防止交叉污染，影响测量精度。

⑤ 测量中注意电极的银-氯化银内参比电极应浸入到球泡内氯化物缓冲溶液中，避免 pH 电计显示部分出现数字乱跳现象。使用时，注意将电极轻轻甩几下。

⑥ 电极不能用于强酸、强碱或其他腐蚀性溶液。

⑦ 严禁在脱水性介质如无水乙醇、重铬酸钾中使用。

（2）生物传感器——血糖测定——血糖仪

血糖测量的电生物化学原理是当施加一定电压于经酶反应后的血液产生的电流会随着血液中的血糖浓度的增加而增加。通过精确测量这些微弱电流，并根据电流值和血糖浓度的关系，反推算出相应的浓度。所以，确定这个关系是问题的核心，但其关系复杂，受多方面因素影响。电压强度、使用的试条以及检测的血液量都会对其产生影响。理论上需要在所有浓度点上大量实验才能确定最终的关系。在实际操作中，只需在选择若干重要浓度点做大量实验，然后采用曲线拟合或插值等数据处理方式来确定其与电流值之间的关系。

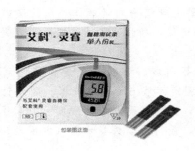

图 5-13　血糖仪

血糖测量通常采用电化学分析中的三电极体系。三电极体系是相对于传统的两电极体系而言，包括工作电极（WE），参比电极（RE）和对电极（CE）。参比电极用来定电位零点，电流流经工作电极和对电极，工作电极和参比电极构成一个不通或基本不通电的体系，利用参比电极电位的稳定性来测量工作电极的电极电势。工作电极和辅助电极构成一个通电的体系，用来测量工作电极通过的电流。利用三电极测量体系，同时研究工作电极的电位和电流的关系。血糖仪如图 5-13 所示，到目前为止，血糖仪在技术共经历了五个发展阶段。

1966 年研制成功血糖仪，经过 40 多年的不断改进，发展历程如下。

第一代：水洗血糖仪，于 1979 年推出，在试纸上滴血，一分钟后用水洗去红细胞，再将试纸插入仪器内，以读取结果，步骤比较烦琐。

第二代：擦血式血糖仪，于 1980 年推出，血样与试纸反应后将试纸上的血细胞轻轻擦去就可以读数了，反应时间短，结果准确。1986 年推出了带有记忆功能的血糖仪。

第三代：比色血糖仪，于 1987 年研制推出，不需擦血，操作方便。

第四代：电化学法血糖仪，于 1986 年推出，随后电化学法取代了比色法。电化学法血糖仪体积小，方便，反应时间短。

第五代：多部位采血血糖仪，可以在上臂、前臂、大腿、小腿、手掌等部位采血，仅需 $0.3\mu L$，节省费用。

前三代基本都采用光反射法实现血糖浓度测定，第四代和第五代主要依靠电化学法。目前国内主流血糖仪采用的是电化学法。第五代和第四代相比，在微量采血、多部位采血等细节方面进行了一些改进。当前市场上血糖仪存在着同质化的倾向，基本功能差别并不大。但如何测量得更精细、患者使用起来更方便，一直是所有企业共同追求的目标。移动互联、动态血糖监测、无创血糖监测是当前血糖仪发展的三个主要方向。手机血糖仪充分利用移动互联技术，结合手机、平板等移动设备，实时给出分析结果，并存储到云端，方便医生及自我进行监控。手机血糖仪产品通过耳机插孔和手机相连，测试结果将通过手机软件存储处理，具有保存、自动分析、共享和提醒等多项功能。

不久的将来将迎来集成血糖仪时代，它由胰岛素泵和血糖仪连接组成，是完全自动化的血糖监测和胰岛素输注系统，由戴在手腕部火柴盒大的血糖仪监测血糖，其结果能通过无线电模块将相关的信息自动传递到胰岛素泵，胰岛素泵再根据指令输注胰岛素。仪器会不间断地测定血糖，依据血糖水平胰岛素泵自动注输适量的胰岛素，使血糖维持正常水平，完全模拟正常人的胰岛血糖调节功能。该仪器佩戴使用，将微泵、微通道、硅针与控制系统为一体，体积小，无痛。不用每天测血糖和注射胰岛素了，可以给患者减轻痛苦，带来极大的方便。

5. 为什么燃料直接燃烧的利用效率低于其在电池中反应的效率利用——燃料电池与新能源？

讨论：在等温等压可逆的条件下，摩尔熵变 $\Delta_r H_m$ 与电动势 E 关系

$$\Delta_r H_m = \Delta_r G_m + T\Delta_r S_m$$
$$= W_r' + Q_r$$
$$= -zFE + zFT\left(\frac{\partial E}{\partial T}\right)_p$$

由于温度系数很小（10^{-4} V·K^{-1}），因此，在常温时，$\Delta_r H_m$ 与 $\Delta_r G_m$ 相差很小。即电池将大部分化学能转变成了电功。所以，从获取电功的角度来说，利用电池获取功的效率是最高的。

对于大型电站，火力发电由于机组的规模足够大才能获得令人满意的效率，但装有巨型机组的发电厂又受各种条件的限制不能靠近居民区，因此只好集中发电由电网输送给用户。但是机组大了其发电的灵活性又不能适应户户的需要，电网随用户的用电负荷变化有时呈现为高峰，有时则呈现为低谷。为了适应用电负荷的变化只好备用一部分机组或修建抽水蓄能电站来应急，这在总体上都是以牺牲电网的效益为代价的。传统的火力发电站的燃烧能量大约有近 70% 要消耗在锅炉和汽轮发电机这些庞大的设备上，燃烧时还会排放大量的有害物质。

而使用燃料电池发电，是将燃料的化学能直接转换为电能，不需要进行燃烧，没有转动部件，理论上能量转换率为 100%，装置无论大小实际发电效率可达 40%～60%，可以实现直接进入企业、饭店、宾馆、家庭实现热电联产联用，没有输电输热损失，综合能源效率可达 80%，装置为积木式结构，容量可小到只为手机供电，大到和火力发电厂相比，非常灵活。

燃料电池是将燃料具有的化学能直接变为电能的发电装置。燃料电池其原理与组成与一般电池相同。其单体电池是由正负两个电极（负极即燃料电极和正极即氧化剂电极）以及电解质组成。不同的是一般电池的活性物质贮存在电池内部，因此，限制了电池容量。而燃料电池的正、负极本身不包含活性物质，只是个催化转换元件。因此燃料电池是名符其实的把化学能转化为电能的能量转换机器。电池工作时，燃料和氧化剂由外部供给，进行反应。原则上只要反应物不断输入，反应产物不断排除，燃料电池就能连续地发电。这里以氢-氧燃

料电池为例来说明燃料电池。

氢-氧燃料电池反应原理这个反应是电解水的逆过程。电极应为：

负极：
$$H_2 + 2OH^- \longrightarrow 2H_2O + 2e^-$$

正极：
$$\frac{1}{2}O_2 + H_2O + 2e^- \longrightarrow 2OH^-$$

电池反应：
$$H_2 + \frac{1}{2}O_2 =\!=\!= H_2O$$

另外，只有燃料电池本体还不能工作，必须有一套相应的辅助系统，包括反应剂供给系统、排热系统、排水系统、电性能控制系统及安全装置等。

燃料电池的种类较多。如表 5-5 所示。

表 5-5　燃料电池类型表

简称	燃料电池类型	电解质	工作温度/℃	电化学效率	燃料、氧化剂	功率输出
AFC	碱性 燃料电池	氢氧化钾溶液	室温～90	60%～70%	氢气、氧气	300W～5kW
PEMFC	质子交换膜 燃料电池	质子交换膜	室温～80	40%～60%	氢气、氧气（或空气）	1kW
PAFC	磷酸 燃料电池	磷酸	160～220	55%	天然气、沼气、 双氧水、空气	200kW
MCFC	熔融碳酸盐 燃料电池	碱金属碳酸盐 熔融混合物	620～660	65%	天然气、沼气、煤气、 双氧水、空气	2～10MW
SOFC	固体氧化物 燃料电池	氧离子 导电陶瓷	800～1000	60%～65%	天然气、沼气、煤气、 双氧水、空气	100kW

其中 SOFC 是比较有前景的电池，以陶瓷材料为主构成，电解质通常采用 ZrO_2（氧化锆），它构成了 O^{2-} 的导电体 Y_2O_3（氧化钇）作为稳定化的 YSZ（稳定化氧化锆）而采用。电极中燃料极采用 Ni 与 YSZ 复合多孔体构成金属陶瓷，空气极采用 $LaMnO_3$（氧化镧锰）。隔板采用 $LaCrO_3$（氧化镧铬）。为了避免因电池的形状不同，电解质之间热膨胀差造成裂纹等，开发了在较低温度下工作的 SOFC。电池形状除了有同其他燃料电池一样的平板型外，还有开发出了为避免应力集中的圆筒形。SOFC 的反应式如下：

燃料极：
$$H_2 + O^{2-} =\!=\!= H_2O + 2e^-$$

空气极：
$$1/2O_2 + 2e^- =\!=\!= O^{2-}$$

全体：
$$H_2 + 1/2O_2 =\!=\!= H_2O$$

燃料极，H_2 经电解质而移动，与 O^{2-} 反应生成 H_2O 和 e^-。空气极由 O_2 和 e^- 生成 O^{2-}。全体同其他燃料电池一样由 H_2 和 O_2 生成 H_2O。在 SOFC 中，因其属于高温工作型，因此，在无其他触媒作用的情况下即可直接在内部将天然气主成分 CH_4 改质成 H_2 加以利用，并且煤气的主要成分 CO 可以直接作为燃料利用。SOFC 能和较高温度的排气体构成附加发电系统，不需要 CO_2 的再循环等，结构简单，其发电效率可以达到 50%～60%。

燃料电池运行时必须使用流动性好的气体燃料。低温燃料电池要用氢气，高温燃料电池可以直接使用天然气、煤气。多年来人们一直在努力寻找既有较高的能源利用效率又不污染环境的能源利用方式，燃料电池就是比较理想的发电技术之一。燃料电池十分复杂，涉及化学热力学、电化学、电催化、材料科学、电力系统及自动控制等众多学科相关理论，具有发电效率高、环境污染少等优点。

与传统相比，燃料电池具有许多优点。

① 高效，化学能→热能→机械能效率为 $\eta \leqslant 30\%$，而化学能→电能→机械能效率为

$\eta \geqslant 80\%$。

② 环境友好 低温燃料电池要用氢气，高温燃料电池可以直接使用天然气、煤气。不排放有毒的酸性物质，CO_2 比热电厂少 40%，产物水可利用，无噪音。

③ 重量轻，比能量高。

④ 稳定性好，可连续工作，可积木式组装，可移动，可用于航天，汽车工业，发电厂，应急电源，可大可小，电脑，移动设备等。是未来 21 世纪首选清洁新能源之一。

目前燃料电池存在一些瓶颈，主要是价格和技术上。

燃料电池造价偏高 车用 PEMFC 成本中质子交换隔膜（USD300·m^{-2}）约占成本的 35%；铂触媒约占 40%，二者均为贵重材料。

反应/启动性能 燃料电池的启动速度尚不及内燃机引擎。反应性可通过增加电极活性、提高操作温度及反应控制参数来达到，但提高稳定性必须避免副反应的发生。反应性与稳定性常是鱼与熊掌不可兼得。

碳氢燃料无法直接利用 除甲醇外，其他的碳氢化合物燃料均需经过转化器、一氧化碳氧化器处理产生纯氢气后，方可供现今的燃料电池利用。这些设备亦增加燃料电池系统之投资额。

氢气储存技术 FCV 的氢燃料是以压缩氢气为主，车体的载运量因而受限，每次充填量仅约 2.5～3.5kg，尚不足以满足现今汽车单程可跑 480～650km 的续航力。以 $-253℃$ 保持氢的液态氢系统虽已测试成功，但却有重大的缺陷：约有 1/3 的电能必须用来维持槽体的低温，使氢维持于液态，且从隙缝蒸发而流失的氢气约为总存量的 5%。

氢燃料基础建设不足 氢气在工业界虽已使用多年且具经济规模，但全世界充氢站仅 70 左右，仍在示范推广阶段。此外，加气时间较长，约需时 5min。

6 界面现象

学习要求

（1）掌握界面现象的基本概念。

（2）掌握弯曲表面下的附加压力计算方法、开尔文公式的应用。

（3）掌握界面吸附现象相关理论并运用其解释生活中的相关现象。

（4）掌握表面活性剂的基本性质与应用。

内容概要

界面（interface） 是指两相间接触的交界部分。

表面（surface） 习惯上把有气体参与构成的界面称为表面。

比表面积（S_0）是单位体积（也有用单位质量者）的物质所具有的表面积，其数值随着分散粒子的变小而迅速增加。

$$S_0 = \frac{S}{V}$$

6.1 表面吉布斯自由能和表面张力

6.1.1 表面吉布斯自由能

表面吉布斯自由能指在指定相应变量不变的条件下，增加单位表面积时，体系相应的热力学函数的增量，或在温度、压力及组成恒定的可逆条件下，增加单位表面积所引起的体系吉布斯自由能的增加值，单位为 J·m^{-2}。

$$\gamma = \left(\frac{\partial U}{\partial A}\right)_{S,V,n_B} = \left(\frac{\partial H}{\partial A}\right)_{S,p,n_B} = \left(\frac{\partial F}{\partial A}\right)_{T,V,n_B} = \left(\frac{\partial G}{\partial A}\right)_{T,p,n_B}$$

6.1.2 表面张力

表面张力指在液体表面内垂直作用于单位长度相表（界）面上的力，也可将表面张力理解为液体表面相邻两部分单位长度上的相互牵引力，方向为垂直于分界线并与液面相切，单位为 N·m^{-1}。

注：作为表面吉布斯自由能的 γ 与作为表面张力的 γ，其数值相同，因次相同，但物理意义不同，它们是从不同角度反映的体系的表面特征。

表面张力的影响因素

（1）温度

一般温度升高，液体膨胀，分子间引力减弱，蒸气压增大，蒸气密度增大，气相分子对液体表面层分子的吸引力也增强，导致物质的表面张力下降。

（2）压力

由于压力增大使气体密度增加，所以一般来说，压力增大使物质表面张力降低，但压力变化不大时其影响可忽略。

（3）物质种类和状态

物质的种类和状态不同，其表面张力往往相差很大，因为组成物质原子间的化学键力不同会导致物质分子间作用力的差异。

由于表面张力 γ 的数值总是正值，根据 $\gamma = \left(\dfrac{\partial G}{\partial A} \right)_{T,p,n_B}$ 可得，若 $dA < 0$，则 $dG_{T,p,n_B} < 0$，所以，在温度、压力和组成恒定的条件下，液体表面积减小的过程是使体系自由能降低的过程。因此，液滴自动呈球形以及两个水珠碰到一起会自发地合并成一个较大的水滴等都是使表面积减小的自发过程。

表面张力常用的测定方法有吊环法、吊片法、滴体积法（滴重法）、最大气泡法、悬滴法和毛细管上升法等。

6.2 弯曲表面下的附加压力和蒸气压

6.2.1 弯曲表面下的附加压力

由于表面张力的作用，在弯曲表面下的液体或气体与其在平面状况下的受力情况不同，前者因为所受表面张力的合力不为零而具有一定的附加压力。

① 对于凸面，平衡时表面内部的液体分子所受的压力大于外部的压力。

② 对于凹面，平衡时液体表面内部的压力将小于外面的压力。

③ 当液体表面呈水平面时，则没有附加压力产生。

6.2.2 液体的附加压力

杨-拉普拉斯公式（**Young-Laplace equation**）

$$p_s = \frac{2\gamma}{R'}$$

由公式可得以下结构。

① 液滴半径越小，其所受的附加压力越大，且 $R' > 0$（曲率中心在液体内部）时，$p_s > 0$，表明 p_s 指向液体内部。

② 若液面呈凹形，其 $R' < 0$（曲率中心在液体外部），则 $p_s < 0$，表明 p_s 与外压 p_0 方向相反而指向液体外部。

③ 若液面为平面，则 $R' \to \infty$，其 $p_s \to 0$，即水平液面时无附加压力存在。

④ 对于肥皂泡，因液膜内外存在两个球面，而附加压力的方向一致，所以平衡时，液

泡内外的压力差 $p_s = \dfrac{4\gamma}{R'}$。

杨-拉普拉斯公式的一般形式

$$p_s = \gamma\left(\frac{1}{R_1'} + \frac{1}{R_2'}\right)$$

式中，R_1' 和 R_2' 分别是描述该曲面的两个相互垂直的边缘圆弧的曲率半径。当曲面为球面时，$R_1' = R_2'$。

6.2.3　杨-拉普拉斯公式的应用

毛细管现象指玻璃毛细管插入水中时，管中水柱表面呈凹形曲面，并上升至一定的高度 h。若毛细管的半径为 R，液体与毛细管的接触角为 θ，则有：

$$h = \frac{2\gamma}{\rho g R'} = \frac{2\gamma\cos\theta}{\rho g R}$$

液体在毛细管中上升的高度与毛细管的半径、液体的密度和表面张力及对毛细管的润湿程度有关。

6.2.4　弯曲液面的蒸气压与表面曲率的关系

开尔文公式（Kelvin equation）

$$RT\ln\left(\frac{p_g}{p_g^0}\right) = \frac{2\gamma M}{\rho R'}$$

由上式可得以下结构。

① 对于液滴（凸面，$R' > 0$），其蒸气压大于平面情况下的蒸气压力，且液滴半径越小，蒸气压越大。

② 对于气泡（凹面，$R' < 0$），其泡内蒸气压小于平面情况下的蒸气压力，且气泡半径越小，蒸气压越低。

对于固体物质，开尔文公式表示为：

$$RT\ln\frac{c}{c_0} = \frac{2\gamma_{s\text{-}1}M}{\rho_s R'}$$

式中，c_0、c 分别为大块晶体和半径为 R' 的微小晶体在温度 T 时的溶解度；M 和 ρ_s 分别为固体的摩尔质量和密度；$\gamma_{s\text{-}1}$ 为固体与溶液间的界面张力。

人工降雨的原理　在蒸气中不存在任何可以作为凝结中心的粒子，则可以达到很大的过饱和度而不会有水凝结出来。这是因为此时水蒸气的压力虽然对于水平液面的水而言已经为过饱和状态，但对于将要形成的小液滴来说尚未达到饱和，因此小液滴难以形成。此时如果有微小的粒子（如灰尘的微粒）存在，则使得凝聚水滴的初始曲率半径加大，饱和蒸气压降低，蒸气就可以在较低过饱和度时在这些微粒的表面上凝结出来。通过向高空中喷射卤化银胶粒所实施的人工降雨就是基于这个原理实现的。

暴沸及沸石的作用原理　对液体加热时，液体中产生的小气泡其内壁为凹形液面，曲率半径为负值，根据开尔文公式，小气泡中的液体饱和蒸气压小于平面液体的饱和蒸气压，而且气泡越小，蒸气压越低。在沸点时，水平液面的饱和蒸气压等于外压，而沸腾时形成的气泡需经过从无到有、从小到大的过程，但最初形成的半径极小的气泡其蒸气压远小于外压，所以，小气泡开始难以形成，致使液体不易沸腾而形成过热液体或发生暴沸。为降低过热程度，可在加热前先在液体中放入沸石或毛细管作为气泡生成的"种子"。因为沸石等的内孔中已有许多曲率半径较大的气泡存在，加热时能绕过产生极微小气泡的困难阶段，而直接从中产生较大气泡，从而降低或避免液体的过热现象产生。

6.3 界面吸附现象

根据两接触相的不同，通常可把吸附体系分为液-气、固-气、固-液和液-液体系四种。

6.3.1 液-气界面

在水溶液中，表面张力随组成的变化规律一般有三种比较经典的类型。

第一类，溶液表面张力随溶质浓度增加以近于直线的关系而缓慢升高，多数无机盐、非挥发性的酸或碱及蔗糖、甘露醇等多羟基有机物的水溶液属于这一类型。

第二类，溶液表面张力随溶质浓度增加而逐渐降低，一般相对分子质量较低的极性有机物，如醇、醛、酯、胺及其衍生物的水溶液属于此类。

第三类，溶液表面张力在溶质浓度很低时急剧下降，至一定浓度后溶液表面张力随浓度变化很小。属于这一类的溶质主要是由长度大于 8 个碳原子的碳链和足够强大的亲水基团构成的极性有机化合物，如含长碳链的羧酸盐、硫酸盐、磺酸盐、苯磺酸盐和季铵盐等。

吉布斯吸附等温方程

$$\Gamma_2 = -\frac{a_2}{RT}\left(\frac{\partial\gamma}{\partial a_2}\right)_T$$

式中，a_2 为溶液中溶质的活度；γ 为溶液的表面张力；Γ_2 为溶液表面层中溶质的吸附量，指的是溶液单位表面上与溶液内部就等量溶剂相比时溶质的过剩量，亦称表面过剩量或表面超量，其单位为 $mol \cdot m^{-2}$。如果溶液的浓度较稀，可用浓度 c_2 代替活度 a_2。

从吉布斯吸附等温式得出如下结论：

① 若 $\dfrac{d\gamma}{dc_2}<0$，则 $\Gamma_2>0$，说明溶质在表面层中发生正吸附，即表面层中溶质的浓度大于溶液内部溶质的浓度，表面活性物质即为此类溶质；

② 若 $\dfrac{d\gamma}{dc_2}>0$，则 $\Gamma_2<0$，表明溶质在表面层中发生负吸附，表面层中溶质的浓度低于溶液内部溶质的浓度，非表面活性物质即属此类溶质。

6.3.2 固-气界面

吸附等温线 在恒定温度下，平衡吸附量与被吸附气体压力的关系曲线称为吸附等温线。

吸附等温式

（1）朗缪尔吸附等温式

$$\theta = \frac{k_1 p}{k_{-1}+k_1 p} \quad \text{或} \quad \frac{p}{V} = \frac{1}{V_m a} + \frac{p}{V_m}$$

朗缪尔单分子层吸附理论基本假定：

① 固体表面是均匀的；

② 吸附是单分子层（monomolecular layer）的吸附；

③ 被吸附分子之间没有相互作用，表示分子在吸附或脱附（解吸）时互不影响；

④ 在一定条件下，吸附和解吸之间可以建立动态平衡。

多组分混合气体在表面上吸附时 B 组分的朗缪尔吸附等温式：

$$\theta_B = \frac{a_B p_B}{1 + \sum\limits_B a_B p_B}$$

式中，θ_B 为 B 组分在固体表面的覆盖率；a_B 和 p_B 分别为 B 组分的吸附系数与平衡分压。

（2）弗伦德利希吸附等温式

$$q = k p^{\frac{1}{n}}$$

式中，q 为气体在固体表面的吸附量，$m^3 \cdot kg^{-1}$；p 为气体的平衡压力；k 及 n 在一定温度下对一定的体系而言都是常数，n 的数值一般大于 1。

（3）BET 多层吸附公式（二常数公式）

$$\frac{p}{V(p_s - p)} = \frac{1}{V_m C} + \frac{C-1}{V_m C} \frac{p}{p_s}$$

式中，V 与 V_m 分别是气体平衡分压为 p 和吸附剂被盖满一层时被吸附气体在标准状况下的体积；p_s 是实验温度下被吸附气体的饱和蒸气压；C 是与吸附热有关的常数，它反映固体表面和气体分子间作用力的强弱程度。BET 公式的应用范围 $\frac{p}{p_s}$ 为 0.05～0.35 之间。

（4）化学吸附和物理吸附

气体分子碰撞到固体表面上将会发生吸附，按照吸附分子与固体表面间作用力的性质不同，可将吸附分为物理吸附（physisorption）和化学吸附（chemisorption）两种类型，见表 6-1。

表 6-1 物理吸附和化学吸附的比较

特征	物理吸附	化学吸附
吸附力	范德华力	化学键力
吸附热	较小，近于液化热	较大，近于化学反应热
选择性	无选择性	有选择性
吸附层	单分子层或多分子层	单分子层
吸附稳定性	不稳定，易解吸	比较稳定，不易解吸
吸附速率	较快，不受温度影响，故一般不需要活化能，易达平衡	较慢，温度升高则速度加快，故需要活化能，不易达平衡

6.3.3 固-液界面

固体自溶液中的吸附

溶液在固体表面的吸附量可通过分析溶液在吸附前后浓度的变化来求得，通常在恒温条件下，将一定量的固体吸附剂与一定量已知浓度的溶液充分混合，待达到吸附平衡后，分析溶液的成分。从吸附前后溶液浓度的变化可以求出每克固体所吸附溶质的数量 a：

$$a = \frac{x}{m} = \frac{V(c_0 - c)}{m}$$

对于实际的固-液吸附体系，得到的吸附等温线可以有多种形状。弗伦德利希（Freundlich）公式在溶液中吸附的应用通常比在气相中吸附的应用更为广泛，此时公式可表示为：

$$\lg a = \lg k + \frac{1}{n} \lg c$$

影响溶液吸附的因素如下所示。

（1）分子极性的影响

一般来说，极性的吸附剂易吸附极性溶质，而非极性的吸附剂易吸附非极性溶质。

（2）溶质溶解度的影响

吸附可以看作是溶解的相反过程，溶解度越小的溶质越易于被吸附，因为溶质的溶解度越小，说明溶质与溶剂之间的相互作用越弱，溶质越易从溶液中析出，越容易被吸附。

（3）同系物的吸附——Traube 规则

大量实验结果证明，同系有机物在极性溶剂中被吸附时，吸附量随着碳链的增长而有规律地增加，而在非极性溶剂中则相反，这就是 Traube 规则。

（4）温度的影响

吸附剂从溶液中吸附溶质和固体吸附气体一样也是放热过程，温度越高，吸附量应当越低。但另一方面需要注意温度对溶解度的影响，当温度升高、溶解度增加时都会降低吸附量，而温度升高通常使溶解度增加；如果温度升高时溶解度下降，则吸附量就会随温度的升高而增大。

6.4　表面活性剂及其应用

表面活性剂（surfactant）的特点　在很低浓度时就能显著降低溶剂的表（界）面张力，并能改变体系的界面组成与结构。

6.4.1　表面活性剂的结构特征与分类

结构特点　具有不对称性，其分子是由亲水（或憎油）的极性基团和亲油（或疏水）的非极性基团（一般是碳氢链）组成的。

分类　分为离子型表面活性剂和非离子型表面活性剂两种。

（1）离子型表面活性剂

凡溶于水后能发生电离的叫做离子型表面活性剂，根据亲水基的带电情况可进一步分为阳离子型、阴离子型和两性型等。

（2）非离子型表面活性剂

凡在水中不能离解为离子的叫做非离子型表面活性剂。

6.4.2　表面活性剂的物理化学特性

HLB 值　亲水亲油平衡值。HLB 值越大表示亲水性越强；相反，HLB 值越小，则亲油性越强。石蜡的 HLB=0、油酸的 HLB=1、油酸钾的 HLB=20、十二烷基硫酸钠的 HLB=40。

胶束　表面活性剂在溶液表面吸附并定向排列或在溶液中形成胶束（micelle）都可以使溶液趋于稳定。

临界胶束　表面活性剂在水溶液中形成一定形状的胶束所需的最低浓度被称为临界胶束浓度（critical micelle concentration），通常以 cmc 表示。

表面活性剂的几种重要作用

（1）润湿作用

① **润湿**　固体表面上的气体被液体所取代形成覆盖面即原来的气-固界面被液-固界面替代的过程称为润湿（wetting）。

根据液体对固体的润湿程度不同，可将润湿分为沾湿（附着润湿）、浸湿（浸渍润湿）

和铺展（扩展润湿）三种情况。

a. 沾湿是指将气-液与气-固界面转变为液-固界面的过程。

b. 浸湿为固体进入液体的过程即变气-固界面为液-固界面的过程。

c. 铺展过程则是表示当液-固界面在取代气-固界面的同时，气-液界面也扩展了同样的面积。

② 接触角与润湿的关系

接触角　在气、液、固三相交界处，气-液界面和气-固界面张力之间的夹角，它的大小决定于三种界面张力的相对值。

接触角计算公式：

$$\cos\theta = \frac{\gamma_{g\text{-}s} - \gamma_{l\text{-}s}}{\gamma_{g\text{-}l}}$$

当 $\theta > 90°$，则固体不为液体所润湿，称为憎液性固体；当 $0° < \theta < 90°$，固体能被液体润湿，称为亲液性固体。接触角的大小可用多种实验方法进行测定。

（2）起泡作用

泡沫　当气体分散在液体中时，被液膜所包裹着的气泡的聚集体称为泡沫。

起泡剂　使泡沫能稳定存在，加入的表面活性剂称为起泡剂。

起泡剂的作用　降低表面张力、提高泡沫的机械强度、使液体具有适当的表面黏度。

（3）增溶作用

（4）乳化作用

（5）洗涤作用

6.5　乳状液与微乳液

6.5.1　乳状液

乳状液　一种或多种液体以液珠形式分散在另一种与其不相溶的液体中形成的多相分散体系。其中被分散的液体成为体系的内相亦称分散相，另一种液体则构成体系的外相亦即连续相或分散介质。

乳状液的类型　水或水溶液，以符号 W 表示；而另一种液体则是非极性或极性较小的有机液体，一般统称为"油"，以符号 O 表示，水包油型乳状液（O/W），油包水型乳状液（W/O）。

乳化剂的作用　降低油-水的界面张力；在分散相液滴周围形成坚固的界面膜；液滴双电层的排斥作用；固体粉末的稳定作用。

常用的破乳的方法　化学法、高压电场法、机械法和加热法等。

6.5.2　微乳液

定义　表面活性剂、助表面活性剂、油和水（或盐水）等组分在适当配比下自发生成的热力学稳定的、各向同性的、透明的分散体系。

类型　O/W 型、W/O 型、双连续型。

━━━━　思考题　━━━━

1. 表面能、表面自由能、比表面自由能、表面张力是否为同一个概念？

2. 一把小麦，用火柴点燃并不易着火。若将它磨成细的面粉，并使之分散在一定容积的空气里，却很容易着火，甚至引起爆炸，这是为什么？

3. 用同一支滴管分别滴出下列液体 $1cm^3$，所用滴数如下

物质	纯水	纯苯	正丁醇溶液 $0.3mol \cdot dm^{-3}$	洗液 $(K_2Cr_2O_7 + H_2SO_4)$
滴数	17	40	24	31

试解释后三种液体对于水产生滴数不同的原因。

4. 什么是接触角？怎样由它的大小来说明湿润的程度？

5. 液体湿润固体很好时，$\theta \rightarrow 0°$，液体的表面不是小了而是大了，这与液体力图缩小其表面的趋势是否矛盾。

6. 将装有部分液体的毛细管中（如图 6-1 所示），在一端加热时，"△"代表加热位置，试问：

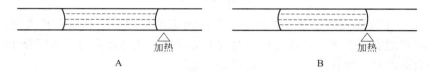

图 6-1　毛细管的加热

(1) 湿润性液体向毛细管哪一端移动？

(2) 不湿润性液体向毛细管哪一端移动？

7. 三通旋塞链接的两个玻璃管口，各吹一个肥皂泡（如下图所示），并且 A 小于 B。若旋转旋塞使 A、B 内气体连通，则肥皂泡将会有何变化？

8. 表面浓度、表面吸附量、表面过剩量是否为一个概念？吉布斯吸附公式中各物理量分别代表什么？表面吸附的单位如何？

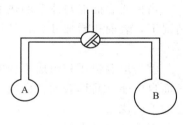

9. 干净的玻片表面是亲水的，用稀有机胺水溶液处理后，变成疏水的，再用浓溶液处理后，又变成亲水表面。后者用水冲洗之，又变成疏水表面，试提出一种分子机理来解释上述现象。

10. 蒸气压与液滴半径的关系可用开尔文公式表示：

$$RT\ln\left(\frac{p_g}{p_g^0}\right) = \frac{2\gamma M}{\rho R'}$$

式中，p_g 为液滴蒸汽压；p_g^0 为平面液体的蒸汽压；R' 为液滴半径；γ 为表面张力；ρ 为液体密度；M 为液体的摩尔质量；T 为液体温度。试用上式解释：

(1) 喷雾干燥可加快液体气化的速率；

(2) 毛细管凝结现象。

11. 一根毛细管插在某液体中，其毛细管上升为 $1.5cm$。如果把这根管子插在表面张力为原液体表面张力的一半，密度也为原液体密度一半的另一液体中，则毛细管上升应为多少？假定该毛细管在上述两种液体中的接触角 θ 均为 $0°$。

12. 纯液体、溶液和固体，它们各采用什么方法来降低表面自由能而使其达到稳定状态？

13. 为什么泉水总有较大的表面张力？

14. 把大小不等的液滴密封在一玻璃罩内，隔相当长时间后会出现什么现象？

15. 为什么在波涛汹涌的海面上铺上一层油，海浪就会平静下来？

16. 为什么小晶粒熔点比大晶粒低？而溶解度比大晶粒大？

17. 什么叫表面活性剂的 HLB 值？

18. 请根据物理化学原理，简要说明锄地保墒的科学道理。

19. 什么叫吸附作用？物理吸附和化学吸附的根本区别是什么？

20. 朗缪尔单分子层吸附理论的要点是什么？根据其要点导出吸附等温式。BET 多分子吸附理论的要点是什么？BET 公式的主要应用是什么？

21. 去乳化（破乳）的方法有哪些？

22. 将某粉末乳化剂加入油-水体系，若界面张力 $\gamma_{\text{油-固}} > \gamma_{\text{水-固}}$，则形成何种分散的乳状液？

思考题解答

1. 简析：由于液体表面层分子受到一个指向内部的拉力，当其表面扩大时，必有一部分内部分子转移到表面上来，这就要克服此拉力而做功。此功就成为表面层分子的位能（比内部分子多余的能量）而存储在表面。这就是表面能。

$$\delta W' = \gamma \mathrm{d}A$$

通常所说的表面能就等于单位表面积需要对体系做的功，即比表面能。

以前在讨论热力学基本关系式时，都假定只有体积功，现在当考虑到有一种非膨胀功即表面功时，其公式应相应增加 $\gamma \mathrm{d}A$ 一项，则热力学基本方程式应为

$$\mathrm{d}G = -S\mathrm{d}T + V\mathrm{d}p + \gamma\mathrm{d}A + \sum_{\mathrm{B}} \mu_{\mathrm{B}}\mathrm{d}n_{\mathrm{B}}$$

当把比表面能与体系的热力学函数联系起来时，要注意条件。在恒温恒压和组成不变的情况下，表面积增加 $\mathrm{d}A$ 所需要对体系做的功为：

$$\mathrm{d}G = \gamma\mathrm{d}A$$

就是恒温恒压和组成不变的条件下，增加单位表面积所引起体系的自由能变化，成为比表面自由能（简称表面自由能）。可见，表面能、表面自由能、比表面自由能都是同一个概念的不同说法。

表面张力是力图缩小液面的一种张力。它是作用在液面上任一条线的两侧，垂直于该线并沿液面的切面向着两侧的拉力。如果液面表面增加，就要反抗表面张力而对体系做功。表面张力的单位 $\mathrm{N} \cdot \mathrm{m}^{-1}$ 若分子分母都乘以米，则变成 $\mathrm{J} \cdot \mathrm{m}^{-2}$，这就是表面能的单位。可见，表面张力不仅在数值上，而且在量纲上都等于表面能。所以，一般把表面能也称为表面张力。在许多公式推导中，表面能和表面张力都用 γ 这个符号，互相代替也不引起错误。

但严格说来，表面张力是一种力，表面能是一种能量，在概念上是不同的。由于它们关系密切，在数值上、量纲上都一致。所以，可以互相代用。

2. 简析：这有两方面的原因。磨成极细的面粉后，比表面积大大增加。磨得越细，其表面能越高，所处的状态就越不稳定，其化学活性也越大，因而容易着火。这是热力学方面的原因。另外，由于细粉的比表面积很大，着火后，燃烧反应的速度很大，单位时间内放出的热增多，也易引起爆炸。

3. 简析：据滴重法测定液体表面张力原理（Tate 定律），对于表面张力为 γ、半径为 r、质量为 m 的液滴，应满足如下方程

$$2\pi r\gamma = mg$$

但由于液滴滴落时并非完美的球形，而是会被拉长成椭球并产生一定的液柱，部分液柱会残留于毛细管底部并不下落，因此，该式在应用时需要进行校正。校正后的方程是：

$$2\pi r\gamma f = mg$$

式中，f 是校正因子。液体视作小球形，代入液滴的密度 ρ，方程变为：

$$2\pi r\gamma f = \frac{4}{3}\pi r^3 \rho g$$

$$r = \sqrt{\frac{3\gamma f}{2\rho g}}$$

液滴的半径与液体表面张力和液体的密度有关，表面张力越大，液滴的半径越大，所滴落的液滴数也就越少；液体密度越大，液滴的半径越小，所滴落的液滴数会增加。

纯苯的表面张力（$28.9\text{mN}\cdot\text{m}^{-1}$）小于水的表面张力（$72.7\text{mN}\cdot\text{m}^{-1}$），所以液滴的半径较小，液滴数较水大，密度的影响相对较小。

正丁醇溶液的表面张力（$1.8\text{mN}\cdot\text{m}^{-1}$）远小于水的表面张力，所以液滴的半径较小，液滴数较水大，密度的影响相对较小。

$K_2Cr_2O_7 + H_2SO_4$ 溶液的表面张力与水的表面张力接近，但是其溶液密度大于水的密度，所滴落的液滴半径较小，滴落的液滴数会增加。

4. 简析：接触角又称润湿角。通过液滴中心作一法线垂直于固体表面，在法面上的固、液、气三相交界处的一点，其固液界面与气液界面的切线夹有液相的夹角，称为接触角。如下图所示，图中 θ 即为接触角。

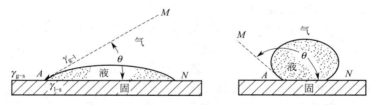

当液滴大小稳定时，力的作用达到平衡，接触角 θ 取决于三个界面张力 $\gamma_{\text{g-l}}$，$\gamma_{\text{g-s}}$，$\gamma_{\text{l-s}}$ 的大小。其关系如下：

$$\cos\theta = \frac{\gamma_{\text{g-s}} - \gamma_{\text{l-s}}}{\gamma_{\text{g-l}}}$$

$\theta < 90°$ 表示液体对固体润湿较好。$\theta = 0°$ 时为完全润湿，$\theta > 90°$ 时为润湿较差，$\theta = 180°$ 时为完全不润湿。实际上，绝对不润湿是没有的。

5. 不矛盾。

简析：液体力图缩小其比表面积，是为了降低体系的自由焓。当液体润湿固体，并在固体表面上铺展开时，液-固界面和液-气界面都增加了，但固-气界面却缩小了。由于润湿时，$\gamma_{\text{g-s}} > \gamma_{\text{l-s}}$。体系的总界面自由焓还是减小了，直到总界面自由焓达到一个最小值时，液-固-气三相的接触角就不会再变化。

6. 对于图 A，液体向加热端移动。对于图 B，液体也向加热端移动。

简析：毛细管内的液面是弯曲的，此弯曲面产生的附加压力（或毛细压力）p_s 为

$$p_s = \frac{2\gamma}{R'} = \frac{2\gamma\cos\theta}{r}$$

式中，r 为毛细管内半径；γ 为液体的表面张力；θ 为接触角。当加热时，一方面是毛细管半径增大，另一方面使液体表面张力下降。这两个变化都导致 p_s 减小。对于图 A，

$\theta<90°$，$\cos\theta>0$，p_s 指向气相，所以液体向加热端移动。对于图 B，$\theta>90°$，$\cos\theta<0$，p_s 指向液体内部，加热时，液体向加热端移动。

7. A 泡增大，B 泡减小

简析：由于气泡 A<B，则气泡 A 内的附加压强小于 B 泡内的附加压强。所以当 A、B 内之气体连通时，气体将由 B 泡流入 A 泡，使 A 泡增大，B 泡减小。

8. 简析：表面浓度和表面吸附量不是一个概念。表面吸附量和表面过剩量是同一个概念。

表面吸附量是溶液单位表面上与溶液内部相比时溶质的过剩量。即表面浓度和主体浓度之差。所以表面吸附量又称表面过剩量。而表面浓度是溶液单位面积内所含溶质的物质的量。

吉布斯吸附公式（Gibbs adsorption equation）$\Gamma_2 = -\dfrac{c_2}{RT}\left(\dfrac{\partial \gamma}{\partial c_2}\right)_T$

式中，c_2 为溶液中溶质的活度；γ 为溶液的表面张力；Γ_2 是溶液表面层中溶质的吸附量，指的是溶液单位表面上与溶液内部就等量溶剂相比时溶质的过剩量，亦称表面过剩量或表面超量，其单位为 $mol \cdot m^{-2}$。

9. 简析：有机胺分子由亲水基和疏水基组成。玻片表面亲水，用稀的有机胺处理玻片，有机胺分子在玻片表面形成单分子层吸附，亲水基吸附在玻片表面，疏水基朝外，使玻片表面变成疏水基表面。再用浓的有机胺溶液处理，有机胺的疏水基与第一层疏水基通过疏水弱相互作用，形成第二层吸附层，此时亲水基朝外，玻片变成亲水表面。再用水冲洗，将第二层吸附层洗去，表面又重新变成疏水的。

10. 简析：（1）喷雾干燥可加快液体气化的速率 喷雾过程使液体由大液滴变为小液滴，其曲率半径减小（凸面，$R'>0$），根据开尔文公式，在保持其他参数不变的情况下，液滴曲率半径减小，会导致其蒸气压增大，进而加快其气化速率。

（2）毛细管凝结现象 对于气泡而言（凹面，$R'<0$），其泡内蒸气压 p 小于平面情况下的蒸气压 p_0，且气泡半径越小，蒸气压越低。在指定温度下，当蒸气压力 p' 小于平面情况下的蒸气压 p_0，而大于气泡内蒸气压 p 时，则该蒸气虽然对平面液体未达到饱和，但对毛细管内凹面液体已呈过饱和。此蒸气在毛细管内就会凝聚成液体，这种现象就称为毛细管凝聚。

11. 1.5cm

简析：$h = \dfrac{2\gamma}{\rho g R'} = \dfrac{2\gamma\cos\theta}{\rho g R}$ 在 θ 和毛细管内径不变的情况下，液体表面张力和密度同时降低一半，则液体在毛细管中上升的高度不变，仍然为 1.5cm。

12. 简析：纯液体：改变液面/接触面性状。溶液：改变液面/接触面性状，液面浓度与液体内部浓度差异。固体：吸附其他物质。

13. 简析：泉水中含有大量的无机盐，无机盐为非表面活性物质，会使水的表面张力增大。

14. 简析：小液滴消失，大液滴变大。

15. 简析：在海水表面，铺上一层油以后，气-液界面发生变化，由水-气界面转变为油-气界面，油分子降低了溶液的表面张力，而表面张力的下降有助于降低体系的表面自由能而使体系得以稳定。同时，表层油分子适当提高了表面黏度，使表面油层不易被破坏。

16. 简析：分散度极大的纯物质固态体系（纳米体系）来说，表面部分不能忽视，其化学势不仅是温度和压力的函数，而且还与固体颗粒的粒径有关。在质量相同的情况下，晶粒越小则晶粒的比表面积越大，表面晶界多，位于表面的分子（原子）数越多，其晶粒表面的分子（原子）具有较高的表面能，吸收较少的能量便能由固态分子转化为液体分子，宏观表现为熔点下降。

微小晶体在溶液中的溶解度比大块晶体更大一些，是由于晶体表面曲率半径的变化导致表面能的改变所引起的，其溶解度与晶体颗粒大小的关系亦可用相应的开尔文公式表示

$$RT \ln \frac{c}{c_0} = \frac{2\gamma_{s-l}M}{\rho_s R'}$$

式中，c_0、c 分别为大块晶体和半径为 R' 的微小晶体在温度 T 时的溶解度；M 和 ρ_s 分别为固体的摩尔质量和密度；γ_{s-l} 为固体与溶液间的界面张力。根据开尔文公式，在保持其他参数不变的情况下，晶粒越小，即 R' 越小，其溶解度越大，即 c 越大。

17. 简析：亲水亲油平衡值，用来衡量和比较各种表面活性剂的亲水性（或疏水性）。

18. 简析：在土壤中也存在着许多毛细管，水在其中呈凹形液面，地下水可以通过毛细管上升至土壤表面，天旱无雨时，农业上常通过锄地来保持土壤的水分，因为锄地一方面铲除了杂草，同时又切断了地表土壤所构成的极细毛细管，从而阻止土壤中的水分沿毛细管进一步上升至地表而蒸发。

19. 简析：吸附指的是两相界面层中一种或多种组分的浓度与体相中浓度不同的现象。

物理吸附是靠分子间的范德华力而产生的，它类似于气体分子在固体表面上发生凝聚。因为范德华力普遍存在于吸附剂与吸附质之间，所以物理吸附一般没有选择性，即一种吸附剂可以吸附许多不同种类的气体。在吸附过程中没有电子的转移，没有化学键的形成和破坏，也不发生原子重排等，物理吸附的原动力来自于分子间的范德华力。

化学吸附则是靠化学键的作用而产生的。化学吸附过程中，可以发生电子转移、原子重排、化学键的破坏与形成等过程，其吸附具有选择性，即一种吸附剂只对某些物质才会发生吸附作用。

20. 简析：朗缪尔单分子层吸附要点：

① 固体表面是均匀的，即固体表面原子所具有的剩余价力是等同的，或者说表面上原子所具有的表面能没有差别。

② 吸附是单分子层（monomolecular layer）的吸附，气体分子只有碰撞到未被吸附的空白表面上才能够发生吸附作用，即吸附层是定位的，每个分子仅占据一个吸附位置。当固体表面上已盖满一层吸附分子后就达到了饱和状态。

③ 被吸附分子之间没有相互作用，表示分子在吸附或脱附（解吸）时互不影响。

④ 在一定条件下，吸附和解吸之间可以建立动态平衡。

基于以上基本假定，朗缪尔从动力学的观点，推导出了吸附平衡时吸附量与气体平衡压力之间的关系式。若用 θ 表示固体表面被吸附的气体分子所覆盖的分数（或称覆盖率、覆盖度），则 $1-\theta$ 表示表面尚未被覆盖的分数，而且未被覆盖的所有空白吸附中心都是等效的。因为只有当气体分子撞击到表面空白部分时才能发生吸附，所以气体的吸附速率与未被覆盖的表面分数 $1-\theta$ 成正比，同时还与气体分子在单位时间内碰撞到单位固体表面的次数成正比，也就是和气体的压力成正比。因此，吸附速率 r_a 为

$$r_a = k_1 p(1-\theta)$$

式中，k_1 为吸附速率常数；p 为吸附气体的平衡压力。

另一方面，被吸附的气体分子脱离固体表面重新回到气相中的解吸附速率 r_d 则与已被

覆盖的表面分数 θ 成正比，而与气体的浓度无关，即

$$r_d = k_{-1}\theta$$

式中，k_{-1} 为解吸速率常数。

在一定温度下吸附达到平衡时，吸附速率等于解吸速率，所以

$$k_1 p(1-\theta) = k_{-1}\theta$$

解得

$$\theta = \frac{k_1 p}{k_{-1} + k_1 p}$$

令 $\dfrac{k_1}{k_{-1}} = a$，则得

$$\theta = \frac{ap}{1 + ap}$$

BET 多分子吸附理论要点：多分子层吸附理论接受了朗缪尔吸附理论中关于固体表面是均匀的，被吸附分子间没有相互作用，以及吸附和解吸能达到动态平衡的基本假设，只是把单分子层吸附修正为在第一层吸附分子之后，还可以靠分子间的范德华力再吸附第二层、第三层等，从而形成多分子层吸附，不过第一层和以后各层的吸附本质不同，吸附热也不相同。第一层吸附是气体分子与固体表面直接发生的联系，而第二层以后的各层是相同分子之间靠范德华力的作用，并且第二层及以后各层的吸附热都相同，其大小接近于气体的凝聚热。等温下在多分子层吸附达平衡后，气体的吸附量（V）等于各层吸附量的总和。

BET 公式的主要作用为测定固体比表面积。

21. 简析：常见的破乳方法有化学法（如加入适量类型相反的乳化剂或加入电解质减小双电层的厚度）、高压电场法（在高压电场中极化了的水滴彼此相互吸引并瞬间聚结成大水滴而在重力作用下被分离）、机械法（高速离心、加压过滤）和加热法等。

22. O/W 水包油型乳状液。

简析：界面张力 $\gamma_{\text{油-固}} > \gamma_{\text{水-固}}$，则表明固体粉末是亲水性的，其水对固体的接触角 $\theta < 90°$，固体粉末倾向于和水结合，则固体更多的部分将进入水中，以它作为乳化剂应该形成 O/W 型乳状液。

习题解答

1. 在 293K 时，把半径为 1mm 的水滴分散成半径为 1μm 的小水滴，问比表面增加了多少倍？表面吉布斯自由能增加了多少？完成该变化时，环境至少需做功若干？已知 293K 时水的表面张力为 0.0727N·m⁻¹。

【解题思路】本题需要利用表面吉布斯自由能和表面张力的关系。

解：半径为 1.0×10^{-3} m 水滴的表面积为 A，体积为 V_1，半径为 R_1；半径为 1×10^{-6} m 的水滴的表面积为 A_2，体积为 V_2，半径为 R_2，因为 $V_1 = NV_2$，所以 $\dfrac{4}{3}\pi R_1^3 = N\dfrac{4}{3}\pi R_2^3$，式中 N 为小水滴的个数。

$$N = \left(\frac{R_1}{R_2}\right)^3 = \left(\frac{1.0 \times 10^{-3}}{1.0 \times 10^{-6}}\right)^3 = 10^9$$

$$\frac{A_2}{A_1} = \frac{N \cdot 4\pi R_2^2}{4\pi R_1^2} = 10^9 \times \left(\frac{1.0 \times 10^{-6}}{1.0 \times 10^{-3}}\right)^2 = 1000$$

$$\Delta G_A = \gamma \Delta A = \gamma 4\pi (NR_2^2 - R_1^2)$$
$$= 0.0727 \times 4 \times 3.14 \times [10^9 \times (1.0 \times 10^{-6})^2 - (1.0 \times 10^{-3})^2]$$
$$= 9.13 \times 10^{-4} \text{J}$$
$$W_f = -\Delta G_A = -9.13 \times 10^{-4} \text{J}$$

2. 在 298K 时，平面上水的饱和蒸气压为 3168Pa，求在相同温度下，半径为 3nm 的小水滴上水的饱和蒸气压。已知此时水的表面张力为 0.072N·m^{-1}，水的密度设为 1000kg·m^{-3}。

【解题思路】本题涉及弯曲液面饱和蒸气压与表面曲率的关系，可利用开尔文公式进行求解。

解：$\ln \dfrac{p}{p_0} = \dfrac{2\gamma M}{RT\rho R'} = \dfrac{2 \times 0.072 \times 18 \times 10^{-3}}{8.314 \times 298 \times 1000 \times 3 \times 10^{-9}} = 0.3487$

$\dfrac{p}{p_0} = 1.417$

$p = 4489.8 \text{Pa}$

3. 将一直径为 1mm 的毛细管插入水溶液中，管端深入液面 10cm，为使管口吹出气泡，所需气泡最大压力为 11.6cm 水柱，试求此溶液的表面张力，设溶液的密度与纯水密度相同。

【解题思路】本题需求解弯曲液面为球状时的附加压力，可利用杨-拉普拉斯公式求解。

解：在管口吹出气泡所需压力为克服液体静压力和附加压力之和，即
$$p_气 = p_0 + p_{液柱} + p_s$$
$$p_s = (p_气 - p_0) - p_{液柱}$$
$$= 11.6 - 10 = 1.6 \text{cm 水柱}$$

设 $\theta = 0°$，$R' = R$

$$p_s = \frac{2\gamma}{R'}$$

$$\gamma = \frac{p_s R'}{2} = \frac{R}{2} \rho_水 \, gh$$

$$= \frac{1}{2} \times \frac{1}{2} \times 10^{-3} \times 10^3 \times 9.8 \times 1.6 \times 10^{-2}$$

$$= 3.92 \times 10^{-2} \text{N·m}^{-1}$$

4. 假定在正常沸点时，水中只有直径为 10^{-6}m 的空气泡。问这样的水需要过热多少摄氏度才能开始沸腾？已知水的表面张力在 373K 时为 $\gamma = 5.89 \times 10^{-2}$N·m^{-1}，蒸发热为 4.07×10^4J·mol^{-1}。

【解题思路】利用液体的附加压力与液面曲率半径的大小关系，再结合纯物质气-液两相平衡克-克方程中沸点与压力的关系。

解：假定空气泡外的压力为 $p_外 = 101325$Pa，空气泡内的压力为 $p_内$，忽略水的静压力，则 $\quad p_s = p_内 - p_外 = \dfrac{2\gamma}{R}$

得 $\quad p_内 = 101325 + \dfrac{2 \times 5.89 \times 10^{-2}}{\dfrac{1}{2} \times 10^{-6}}$

$$= 336925 \text{Pa}$$

蒸气压为 $p_内$ 时的温度 T_1（即在 $p_内$ 压力下液体的沸腾温度）可由克-克方程求得

$$\ln \frac{p_{内}}{p_{外}} = \frac{\Delta H_{v,m}}{R}\left(\frac{1}{T_2} - \frac{1}{T_1}\right)$$

$$\ln \frac{336925}{101325} = \frac{4.07\times10^4}{8.314}\times\left(\frac{1}{373.2} - \frac{1}{T_1}\right)$$

解得　$T_1 = 411.2K$，过热温度 $\Delta T = 38℃$

5. 298K 时水的表面张力为 $7.20\times10^{-2}N\cdot m^{-1}$，密度为 $1.0\times10^3 kg\cdot m^{-3}$，蒸气压为 3167Pa。求 298K 时半径为 $10^{-7}m$ 的球形凹面上的水蒸气压为多少？

【解题思路】本题需要利用开尔文公式求算球形凹面上的水蒸气压。

解：根据开尔文公式

$$\ln \frac{p_{凹}}{p_{平}} = \frac{2\gamma M}{RT\rho}\frac{1}{R'}$$

$$\ln \frac{p_{凹}}{3167} = \frac{2\times7.20\times10^{-2}\times1.8\times10^{-2}}{8.314\times298\times1.0\times10^3}\times\frac{1}{-1.0\times10^{-7}}$$

$$p_{凹} = 3134Pa$$

6. 373K 时，水的表面张力为 $0.0589N\cdot m^{-1}$，密度为 $958.4kg\cdot m^{-3}$，问直径为 $1\times10^{-7}m$ 的气泡内（即球形凹面上），在 373K 时的水蒸气压力为多少？在 101.325kPa 外压下，能否从 373K 的水中蒸发出直径为 $1.0\times10^{-7}m$ 的蒸气泡？

【解题思路】本题涉及弯曲液面的饱和蒸汽压的求算问题，利用开尔文公式求算水蒸气压力大小，比较内外压大小，从而判断能否形成蒸气泡。

解：
$$\ln \frac{p}{p_0} = \frac{2\gamma M}{RT\rho R'}$$

$$= \frac{2\times0.0589\times18\times10^{-3}}{8.314\times373\times958.4\times\left(-\frac{1}{2}\times1.0\times10^{-7}\right)}$$

$$= -0.01427$$

$$\frac{p}{p_0} = 0.9858$$

$$p = 99.89kPa$$

气泡内蒸气压小于外压，这么小的气泡蒸发不出来。

7. 水蒸气骤冷会发生过饱和现象。在夏天的乌云中，用飞机撒干冰微粒，使气温骤降至 293K，水气的过饱和度 (p/p_s) 达 4。已知在 293K 时，水的表面张力为 $0.0727N\cdot m^{-1}$，密度为 $997kg\cdot m^{-3}$，试计算：

(1) 在此时开始形成雨滴的半径。

(2) 每一雨滴中所含水分子数。

【解题思路】本题通过开尔文公式得到雨滴的半径，再利用液滴体积、密度及质量之间的关系求解每一雨滴中所含水分子数。

解：(1) 根据 Kelvin 公式，有

$$R' = \frac{2\gamma M}{RT\rho \ln\left(\frac{p}{p_s}\right)}$$

$$= \frac{2\times0.0727\times18\times10^{-3}}{8.314\times293\times997\times\ln4}$$

$$= 7.78 \times 10^{-10} \text{m}$$

(2)
$$N = \frac{\frac{4}{3}\pi (R')^3 \rho}{M} \times L$$

$$= \frac{\frac{4}{3} \times 3.14 \times (7.77 \times 10^{-10})^3 \times 997}{18 \times 10^{-3}} \times 6.022 \times 10^{23}$$

$$= 66 \text{ 个}$$

8. 在 298K 时，1,2-二硝基苯（NB）在水中所形成的饱和溶液的浓度为 5.9×10^{-3} mol·dm^{-3}，计算直径为 $0.01\mu\text{m}$ 的 NB 微球在水中的溶解度？已知在该温度下，NB 与水的 $\gamma_{\text{l-s}}$ 为 $0.0257\text{N} \cdot \text{m}^{-1}$，NB 的密度为 $1566\text{kg} \cdot \text{m}^{-3}$，NB 的 $M_r = 168$。

【解题思路】开尔文公式对于固体物质同样适用，晶体表面的曲率半径的变化导致表面能的改变，利用与溶解度相应的开尔文公式进行求解。

解：
$$RT \ln \frac{c}{c_0} = \frac{2\gamma_{\text{l-s}} M}{\rho R'}$$

$$\ln \frac{c}{5.9 \times 10^{-3}} = \frac{2 \times 0.0257 \times 0.168}{8.314 \times 298 \times 1566 \times \frac{1}{2} \times 1.0 \times 10^{-8}}$$

$$= 1.56$$

$$c = 9.2 \times 10^{-3} \text{mol} \cdot \text{dm}^{-1}$$

$$S = \frac{9.2 \times 10^{-3}}{1.0} \times 0.168$$

$$= 1.55 \times 10^{-3}$$

9. 293K 时，根据下列表面张力的数据：

界　面	苯-水	苯-气	水-气	汞-气	汞-水	汞-苯
$\gamma/(10^{-3}\text{N} \cdot \text{m}^{-1})$	35	28.9	72.7	485	375	357

试计算下列情况的铺展系数及判断能否铺展：（1）苯在水面上（未互溶前）；（2）水在汞面上；（3）苯在汞面上。

【解题思路】本题利用气、液、固三相交界处三种界面张力的相对大小来判断铺展情况。

解：（1）$\gamma_{\text{水-气}} - (\gamma_{\text{苯-气}} + \gamma_{\text{苯-水}})$

$$= (72.7 - 28.9 - 35) \times 10^{-3}$$

$$= 8.8 \times 10^{-3} \text{N} \cdot \text{m}^{-1} > 0$$

所以在苯与水未互溶前，苯可在水面上铺展。当苯部分溶于水中后，水的表面张力下降，则当苯与水互溶到一定程度后，苯在水面上的铺展将会停止。

（2）$\gamma_{\text{汞-气}} - (\gamma_{\text{水-气}} + \gamma_{\text{汞-水}})$

$$= (486 - 72.7 - 375) \times 10^{-3}$$

$$= 38.3 \times 10^{-3} \text{N} \cdot \text{m}^{-1} > 0$$

水在汞面上能铺展。

（3）$\gamma_{\text{汞-气}} - (\gamma_{\text{苯-气}} + \gamma_{\text{汞-苯}})$

$$= (486 - 28.9 - 357) \times 10^{-3}$$

$$= 100.1 \times 10^{-3} \text{N} \cdot \text{m}^{-1} > 0$$

苯在汞面上能铺展

10. 氧化铝瓷件上需要涂银，当加热至 1273K 时，试用计算接触角的方法判断液态银能否润湿氧化铝瓷件表面？已知该温度下固体 Al_2O_3 的表面张力 $\gamma_{s-g}=1.0N \cdot m^{-1}$，液态银表面张力 $\gamma_{l-g}=0.88N \cdot m^{-1}$，液态银与固体 Al_2O_3 的界面张力 $\gamma_{s-l}=1.77N \cdot m^{-1}$。

【解题思路】本题利用 Yong 润湿方程计算出接触角大小，从而判断润湿情况。

解：$\cos\theta=\dfrac{\gamma_{s-g}-\gamma_{s-l}}{\gamma_{l-g}}=\dfrac{1.0-1.77}{0.88}=-0.875$

$\theta=151°$

液态银不能润湿氧化铝瓷件表面。

11. 在 298K、101.325kPa 下，将直径为 $1\mu m$ 的毛细管插入水中，问需在管内加多大压力才能防止水面上升？若不加额外的压力，让水面上升，达平衡后管内液面上升多高？已知该温度下水的表面张力为 $0.072N \cdot m^{-1}$，水的密度为 $1000kg \cdot m^{-3}$，设接触角为 0°，重力加速度为 $g=9.8m \cdot s^{-2}$。

【解题思路】本题涉及杨-拉普拉斯公式在毛细管液面上升现象中的应用，液体可以完全润湿毛细管，接触角为 0°时的情况。

解：$\cos\theta=\cos0°=1, R=R'$

$p_s=\dfrac{2\gamma}{R'}=\dfrac{2\times0.072}{0.5\times1.0\times10^{-6}}$

$=2.88\times10^5 Pa$

$h=\dfrac{p_s}{\rho g}=\dfrac{2.9\times10^5}{1000\times9.8}=29.38m$

12. 将内径为 $1.0\times10^{-4}m$ 的毛细管插入水银中，问管内液面将下降多少？已知在该温度下水银的表面张力为 $0.48N \cdot m^{-1}$，水银的密度为 $13.5\times10^3 kg \cdot m^{-3}$，重力加速度 $g=9.8m \cdot s^{-2}$，设接触角近似等于 180°。

【解题思路】本题涉及杨-拉普拉斯公式在毛细管液面下降现象中的应用，液体完全不能润湿毛细管，接触角为 180°时的情况。

解：$h=\dfrac{2\gamma\cos\theta}{\Delta\rho gR}$

$=\dfrac{2\times0.48\times(-1)}{13.5\times10^3\times9.8\times\dfrac{1}{2}\times10^{-4}}$

$=-0.145m$

水银面下降 0.145m

13. 298K 时，乙醇的表面张力满足公式

$$\gamma=\gamma_0-ac+bc^2$$

式中，c 是乙醇的浓度，γ_0、a、b 为常数，γ 的单位为 $mN \cdot m^{-1}$，c 的单位为 $mol \cdot dm^{-3}$。

(1) 求该溶液中乙醇的表面超量 Γ 和浓度 c 的关系。

(2) 当 $a=0.5$，$b=0.2$ 时，计算 $0.5mol \cdot dm^{-3}$ 乙醇溶液的表面超量 Γ。

【解题思路】本题涉及表面吸附与溶液的表面张力及溶液的浓度的关系，利用吉布斯吸附公式求解表面超量。

解：(1) 由 $\gamma=\gamma_0-ac+bc^2$，得

$$\left(\dfrac{\partial\gamma}{\partial c}\right)_T=-a+2bc$$

代入 Gibbs 吸附公式，得

$$\Gamma = -\frac{c}{RT}\left(\frac{\partial \gamma}{\partial c}\right)_T = \frac{ac-2bc^2}{RT}$$

（2）当 $a=0.5$，$b=0.2$，$c=0.5$ 时，

$$\Gamma = \frac{0.5\times0.5-2\times0.2\times0.5^2}{8.314\times298\times10^3}$$
$$= 6.05\times10^{-8}\ \text{mol}\cdot\text{m}^{-2}$$

14. 在 292K 时，丁酸水溶液的表面张力可以表示为：$\gamma = \gamma_0 - a\ln\left(1+b\dfrac{c}{c^\ominus}\right)$，式中，$\gamma_0$ 为纯水的表面张力；a、b 为常数。

（1）试求该溶液中丁酸的表面超额 Γ_2 和其浓度 c 之间的关系式（设活度系数均为1）。

（2）若已知 $a=0.0131\text{N}\cdot\text{m}^{-1}$，$b=19.62$，试计算当 $c=0.20\text{mol}\cdot\text{dm}^{-3}$ 时 Γ_2 值为多少？

（3）如果当浓度增加到 $b\dfrac{c}{c^\ominus}\gg1$ 时，再求 Γ_2 的值为多少？设此时表面上丁酸成单分子紧密排列层，试计算在液面上丁酸分子的截面积为若干？

【解题思路】本题需要利用吉布斯吸附等温方程进行计算。

解：（1）
$$\left[\frac{\partial\gamma}{\partial\left(\dfrac{c}{c^\ominus}\right)}\right]_T = -\frac{ab}{1+b\dfrac{c}{c^\ominus}}$$

$$\Gamma_2 = -\frac{c/c^\ominus}{RT}\left[\frac{\partial\gamma}{\partial\left(\dfrac{c}{c^\ominus}\right)}\right]_T = \frac{ab\dfrac{c}{c^\ominus}}{RT\left(1+b\dfrac{c}{c^\ominus}\right)}$$

（2）
$$\Gamma_2 = \frac{0.0131\times19.62\times0.20}{8.314\times292\times(1+19.62\times0.20)}$$
$$= 4.30\times10^{-6}\ \text{mol}\cdot\text{m}^{-2}$$

（3）当 $b\dfrac{c}{c^\ominus}\gg1$ 时，$\Gamma_2 = \dfrac{a}{RT} = \dfrac{0.0131}{8.314\times292}$
$$= 5.4\times10^{-6}\ \text{mol}\cdot\text{m}^{-2}$$

$$A = \frac{1}{L\cdot\Gamma_2} = \frac{1}{6.022\times10^{23}\times5.4\times10^{-6}}$$
$$= 3.08\times10^{-19}\ \text{m}^2$$

15. 在 298K 时有一月桂酸的水溶液，当表面压 π 为 $1.0\times10^{-4}\text{N}\cdot\text{m}^{-1}$ 时，每个月桂酸分子的截面积为 $3.1\times10^{-17}\text{m}^2$，假定表面膜可看作是二维空间的理想气体，试计算二维空间的摩尔气体常数，将此结果与三维空间的摩尔气体常数（$R=8.314\text{J}\cdot\text{K}^{-1}\cdot\text{mol}^{-1}$）比较。

【解题思路】本题需要利用表面功计算公式与理想气体状态方程。

解：$\pi A = n^\sigma RT$，设 $n^\sigma = 1\text{mol}$
$$R = \frac{\pi A}{n^\sigma T} = \frac{1.0\times10^{-4}\times3.1\times10^{-17}\times6.022\times10^{23}}{1\times298}$$
$$= 6.26\text{J}\cdot\text{K}^{-1}\cdot\text{mol}^{-1}$$

这个数值比三维空间的摩尔气体常数值小。

16. 在 473K 时,测定氧在某催化剂上的吸附作用,当平衡压力为 101.325kPa 和 1013.25kPa 时,每千克催化剂吸附氧气的量(已换算成标准状况)分别为 2.5dm³ 及 4.2dm³,设该吸附作用服从朗缪尔公式,计算当氧的吸附量为饱和值的一半时,平衡压力应为若干?

【解题思路】本题涉及单分子层吸附理论,可利用朗格缪尔吸附等温公式。

解:根据朗缪尔吸附公式

$$\theta = \frac{V}{V_m} = \frac{ap}{1+ap}$$

将 $p_1 = 101.325$kPa,$V_1 = 2.5$dm³;$p_2 = 1013.25$kPa,$V_1 = 4.2$dm³ 代入上式有

$$\frac{2.5}{V_m} = \frac{a \times 101.325}{1 + a \times 101.325} \tag{1}$$

$$\frac{4.2}{V_m} = \frac{a \times 1013.25}{1 + a \times 1013.25} \tag{2}$$

联立式(1)、式(2)得

$$a = 1.2 \times 10^{-2} (\text{kPa})^{-1}$$

当 $\dfrac{V}{V_m} = \dfrac{1}{2}$ 时,有

$$\frac{1.2 \times 10^{-2} p}{1 + 1.2 \times 10^{-2} p} = \frac{1}{2}$$

平衡压力 $p = 83.09$kPa

17. 在 291K 时,用木炭吸附丙酮水溶液中的丙酮,实验数据如下:

吸附量 $x/(\text{mol} \cdot \text{kg}^{-1})$	0.21	0.62	1.08	1.50	2.08	2.88
浓度 $c/(10^{-3}\text{mol} \cdot \text{dm}^{-3})$	2.34	14.65	41.03	88.62	177.69	268.97

试用弗伦德利希公式计算公式中的常数 k 和 n。

【解题思路】本题需要利用弗伦德利希吸附等温式。

解: 弗伦德利希公式可用于溶液吸附,其表示式为

$$\lg a = \lg k + \frac{1}{n} \lg c$$

式中,$a = \dfrac{x}{m}$,x 为吸附量,m 为吸附剂的质量,设吸附剂的量为 1g. 以 $\lg a$ 对 $\lg c$ 作图,得一直线,直线的斜率为 0.56,截距为 -0.86,则常数 k 和 n 分别为 $k = 0.14$,$n = 1.79$。

$\lg a$	-0.682	-0.209	0.031	0.176	0.318	0.459
$\lg c$	0.369	1.17	1.61	1.95	2.25	2.43

18. 在某一温度下,铜粉对氢气的吸附是单分子层吸附,服从朗格缪尔(Langmuir)吸附等温式,其具体形式为 $V = \dfrac{1.36p}{0.5+p}$,式中,V 是铜粉对氢气的吸附量,标准状况下 cm³ · g⁻¹,p 是氢气的压力。

(1) 求该温度下表面上吸满单分子层时,1g 铜粉吸附氢气分子的个数。

(2) 被铜粉吸附的氢气密度可视作与液态氢的密度相同,数值为 0.07g · cm⁻³。氢分子的横截面积＝(氢分子体积)²/³。求铜粉的比表面。

【解题思路】本题涉及单分子层吸附以及饱和吸附量的相关知识,可利用朗格缪尔吸附

等温公式及表面饱和吸附量进行相关计算。

解：（1） $V=\dfrac{1.36p}{0.5+p}=\dfrac{2.72p}{1+2p}$，与朗格缪尔等温式比较 $V=\dfrac{V_m ap}{1+ap}$

得 $V_m a=2.72$， $a=2$，故

$$V_m=\dfrac{2.72}{2}=1.36\,\mathrm{cm^3\cdot g^{-1}}$$

1g 铜粉吸附氢分子的个数为（标准状况下）

$$
\begin{aligned}
N=nL&=\dfrac{V_m p}{RT}\cdot L\\
&=\dfrac{1.36\times10^{-6}\times101325}{8.314\times273.2}\times6.022\times10^{23}\\
&=3.65\times10^{19}\cdot\mathrm{g^{-1}}
\end{aligned}
$$

（2）1g 铜粉所吸附氢气的最大质量即最大吸附量为：

$$
\begin{aligned}
\Gamma_\infty=q_\infty=\dfrac{x}{m}&=nM=\dfrac{V_m p}{RT}M\\
&=\dfrac{1.36\times10^{-6}\times101325}{8.314\times273.2}\times2\\
&=1.21\times10^{-4}\,\mathrm{g_{H_2}/g_{Cu}}
\end{aligned}
$$

$$V_\infty=\dfrac{1.21\times10^{-4}}{7.0\times10^{-2}}=1.73\times10^{-3}\,\mathrm{cm^3\cdot g_{Cu}^{-1}}$$

每个氢分子的体积$=\dfrac{1.73\times10^{-3}}{3.65\times10^{19}}=4.74\times10^{-23}\,\mathrm{cm^3}$

$$
\begin{aligned}
\text{氢分子的横截面积}&=(4.74\times10^{-23})^{\frac{2}{3}}\\
&=1.31\times10^{-15}\,\mathrm{cm^2}
\end{aligned}
$$

1g 铜粉的表面积为

$$
\begin{aligned}
S_0=A_m\cdot N&=1.31\times10^{-15}\times3.65\times10^{19}\\
&=4.79\times10^{4}\,\mathrm{cm^2\cdot g_{Cu}^{-1}}
\end{aligned}
$$

知识拓展

1. 为什么小液滴和小气泡总是成球状而不会成别的几何形状（如立方体、多角形等）？为什么小液滴越小，越接近球形？

讨论： 由于表面张力的作用，或由于表面自由焓降低是自发的，液滴总是力图缩小其表面积。比表面最小的几何形状就是球形，所以小液滴和小气泡总是成球形的。小液滴越小，比表面越大，表面现象越突出，越接近球形。

2. 为什么会发生吸附过程？为什么吸附过程能自发进行？

讨论： 吸附是某种物质的原子或分子附着在另一种物质的表面上的现象。物质（凝聚相）表面层的分子总是处于受力不均衡的状态，即表面层有剩余力（范德华力和化学键）存在。气体分子或溶质分子运动到表面时，就会受到表面层剩余力的作用而停留在表面上，这就是吸附的本质，或吸附产生的原因。

吸附了某种物质后，原来表面层不平衡的立场得到了某种程度的补偿，使其表面能降低，即物质表面可以自动吸附那些能够降低它表面自由焓的物质。所以，吸附过程能自发

进行。

3. 容器内放有油和水，用力振荡使油和水充分混合，但静止后，为什么油和水仍然会自动分层？

讨论：用力振荡使油和水充分混合，油和水的分散度增高，油-水界面增大，体系的表面能也增大，处于不稳定状态。静止后，油和水分层的过程是一个减小油-水界面积的过程，是自由焓降低的过程，所以能自动进行。

4. 表面活性物质在溶液中是采取定向排列吸附在溶液表面，还是以胶束的形式存在于溶液之中？为什么？

讨论：表面活性物质的分子由极性部分（或称亲水基）和非极性部分（或称憎水基或亲油基）构成。这种结构称为不对称的两亲结构。当把表面活性物质加入溶液中时，它在两相的界面上，其极性部分受到极性溶剂（水、乙醇等）分子的吸引而进入溶剂中；其非极性部分具有憎水性（亲油性），则钻入非极性溶剂（油等）或空气中，这就使表面活性物质分子容易聚集到极性溶剂和非极性溶剂的界面上。或者浓缩在极性溶剂（或非极性溶剂）和空气的界面上，呈现有规则的定向排列，使界面上不饱和的力场得到某种程度上的平衡，从而降低界面张力，表现为溶液表面的吸附。

当溶液浓度（指表面活性物质的含量）较低时，表面活性物质分子在界面处有较大的活动范围，其排列不是那么整齐，但仍是定向的排列。当溶液浓度达到足够量时，即相当于饱和吸附时，表面活性物质分子在界面处密集并形成单分子膜，使极性溶剂和非极性溶剂处于隔绝状态。在这同时，溶液体相内表面活性物质分子也三三两两地将其憎水基互相靠拢，以减少憎水基与极性溶剂的接触面积，从而形成憎水基向里、亲水基向外的胶束。胶束的尺寸约在 $1\sim100nm$ 之间。随着溶液浓度的增加，胶束的数量也增大，形成胶束的形状也各不相同。所以说，表面活性物质在溶液中一方面是采取定向排列方式吸附在溶剂界面上；另一方面也以胶束形态存在于溶液之中。当然，溶液很稀时，主要存在方式是前者，溶液中胶束很少。当浓度超过临界胶束浓度后，由于表面已经占满，只能增加溶液中胶束的数量。这时胶束就成为主要的存在形式。

5. 天然吸附材料

天然吸附材料来源十分广泛，价格低廉，主要包括矿物材料、微生物以及农、林废弃物等。

我国有着丰富的非金属矿质资源，而只有那些具有大的比表面积的矿物材料才有很强的吸附能力，才可以作为吸附材料，主要有沸石、蒙脱石、伊利石、硅藻土等。其中，沸石作为重金属离子的吸附剂被广泛研究。矿物材料对废水中的重金属离子具有一定的吸附能力，这是由于矿物材料通常具有可交换性阳离子，其表面有负电荷和有活性羟基，比表面积大并有通道结构。但是，未经处理的矿物材料通常吸附量都比较低，大部分研究都致力于采用不同方法改性以增强其吸附能力。

活性炭作为天然材料之所以吸附能力强，是由于其具有大的比表面积（$800\sim3000m^2\cdot g^{-1}$）和特别发达的孔隙结构。物理吸附是活性炭的主要吸附方式，其对水中有机物的去除能力很强。虽然粉末状活性炭吸附能力强，但制备需要高温条件，价格昂贵，且投入水中难以回收，再生也较困难，难于重复使用。

微生物吸附始于 20 世纪 70 年代，用作吸附材料的微生物主要包括细菌、真菌、藻类及其衍生物。微生物用作吸附剂主要是基于：①微生物种类多、量大、价低；②吸附能力强，去除效率高；③操作简单、运行费用低；④无二次污染；⑤可再生。微生物可以通过吸附作用、离子交换、配位等方法使得重金属离子被隔离。真菌细胞壁含有大量的多糖和蛋白质，这些生物大分子提供了许多可以跟金属离子结合的官能团，例如羧基、羟基、硫酸盐、磷酸盐以及氨基官能团等。

　　天然高分子是指天然存在于动植物和微生物体内的大分子有机化合物，具有天然来源广、储量大、富含功能团、易生物降解、对环境无污染等优点。作为吸附材料用在废水处理中的天然高分子主要有淀粉、纤维素、木质素、甲壳素、壳聚糖、海藻酸等。纤维素是世界上非常丰富的可再生资源，分布十分广泛。利用废物中大量的纤维素可以改善环境中水体的状况。壳聚糖无毒，无二次污染，可用于吸附剂、絮凝剂、杀菌剂、离子交换剂和膜制剂等。

　　在农业、林业和渔业等生产和加工过程中产生了大量的废弃物，如椰壳、稻秆、麦秆、玉米芯、花生壳等，通常含有大量的纤维素、半纤维素、木质素以及一些无机盐类等，这些都对重金属离子具有一定的结合能力，且量大、价低、可再生、可生物降解，因此都可用于研究去除水中重金属离子或有机污染物。

7 胶体化学

学习要求

(1) 掌握胶体化学的基本概念。
(2) 掌握溶胶的动力学、光学、流变和电学性质。
(3) 掌握胶体化学的相关理论知识并运用其解释相关现象。
(4) 掌握区分高分子溶液和溶胶的方法。

内容概要

7.1 分散体系

7.1.1 分散体系的分类

分散体系 一种或几种物质以一定的分散程度分散在另一种物质中所形成的体系。其中被分散的物质称为**分散相**（dispersed phase），分散相所处的介质称为**分散介质**（dispersing medium）。

分类 按分散程度的不同可将分散体系分为三类，如表 7-1 所示：一是粗分散体系，粒径大于 100nm；二是胶体分散体系，粒径在 1～100nm 之间；三是分子分散体系，粒径小于 1nm。

表 7-1 按分散相粒子大小对分散体系的分类

类 型	粒 径	主要特征	实 例
粗分散体系 （悬浮液、乳状液）	$>10^{-7}$ m	分散相粒子不能通过滤纸，不扩散，不渗析 （不能透过半透膜），在显微镜下可见	泥浆、牛奶等
胶体分散体系 （溶胶和大分子溶液）	$10^{-9} \sim 10^{-7}$ m	分散相粒子能通过滤纸，扩散慢，不能渗析， 在超显微镜下可见	金溶胶、硫溶胶等
分子分散体系 （溶液）	$<10^{-9}$ m	分散相粒子能通过滤纸，扩散快，能渗析，在 超显微镜下也看不见	氯化钠、蔗糖等水溶液

还可按分散相和分散介质之间亲和力的大小，将液体分散体系分为**憎液溶胶**（lyophobic sol，简称溶胶）和**亲液溶胶**（lyophilic sol）两大类。

憎液溶胶 指分散相与分散介质之间没有亲和力或只有很弱亲和力的溶胶。

亲液溶胶　是指分散相与分散介质之间具有很强亲和力的溶胶。

7.1.2　胶体分散体系的基本特征

胶体分散体系的三大基本特征　①特有的分散程度；②多相性；③聚结不稳定性。

7.2　溶胶的制备与纯化

7.2.1　溶胶的制备

溶胶的制备方法
① 分散法　研磨法、超声波分散法、电弧法、胶溶法。
② 凝聚法　化学凝聚法、物理凝聚法。

7.2.2　溶胶的净化

溶胶的净化方法　渗析法、超滤法。

7.3　溶胶的动力学性质

溶胶的动力性质主要是指胶体粒子分散在介质中所呈现出的连续不断的、无规则的运动，以及由此而产生的扩散、渗透压和在重力场下浓度随高度的分布平衡等性质。

7.3.1　布朗运动

布朗运动　微粒不断地做不规则运动称为布朗运动，布朗运动的基本公式：

$$\bar{x} = \left(\frac{RT}{L} \frac{t}{3\pi\eta r} \right)^{\frac{1}{2}}$$

7.3.2　扩散与渗透压

扩散与渗透压　费克第一定律（Fick's first law）设沿 x 轴方向存在均匀的浓度梯度 $\frac{\mathrm{d}c}{\mathrm{d}x}$，则在 $\mathrm{d}t$ 时间内，沿 x 轴方向发生扩散并通过面积为 A 的某一截面上物质的质量 $\mathrm{d}m$ 正比于该平面处的浓度梯度。用公式表示为：

$$\frac{\mathrm{d}m}{\mathrm{d}t} = -DA \frac{\mathrm{d}c}{\mathrm{d}x}$$

爱因斯坦-布朗位移方程：

$$D = \frac{\bar{x}^2}{2t}$$

7.3.3　沉降和沉降平衡

沉降平衡时粒子随高度分布公式：

$$\ln \frac{N_2}{N_1} = -\frac{4}{3}\pi r^3 (\rho_{粒子} - \rho_{介质}) g \frac{L}{RT}(x_2 - x_1)$$

沉降速率公式：

$$v = \frac{\mathrm{d}x}{\mathrm{d}t} = \frac{2r^2(\rho_{粒子} - \rho_{介质})g}{9\eta}$$

沉降分析　对于多级的分散体系来说，由于粒子的大小不一，其粒子的沉降速度不同。其间，我们无法测出单个粒子的沉降速度，但可以通过沉降速度的测定求出分散体系中某一定大小粒子所占的质量分数（或称粒度分布），这项工作通常称为沉降分析（sedimentation analysis）。

7.4　溶胶的光学性质

7.4.1　丁达尔效应

丁达尔效应（Tyndall effect）在暗室中如果让一束会聚的光线射向溶胶后，则在入射光的垂直侧向可以看到一个发光的圆锥体（明亮的乳光），这种现象就称为丁达尔效应。

7.4.2　瑞利散射公式

瑞利散射公式

$$I = \int I_\theta = \frac{24\pi^3 v V^2}{\lambda^4}\left(\frac{n_2^2 - n_1^2}{n_2^2 + 2n_1^2}\right)^2 I_0$$

从瑞利散射公式可以得出如下结论。

① 散射光强度与入射光波长的四次方成反比。

② 散射光强度与分散相粒子与分散介质间的折射率之差有关，溶胶粒子的折射率越大，其散射越强，所以憎液溶胶的散射光很强，而亲液溶胶的散射光微弱。

③ 散射光强度与分散相粒子体积的平方成正比。在粒子小于入射光波长的前提下，粒子越大，散射光强度越大。

④ 散射光强度与单位体积内胶粒数目成正比。

7.5　溶胶的流变性质

溶胶的流变性质（rheological property）　指在外力作用下溶胶的流动与变性行为。

7.5.1　胶体的黏度与流变曲线

黏度　液体流动时内摩擦大小的量度。

牛顿黏度公式

$$F = \eta A \frac{\mathrm{d}v}{\mathrm{d}y} \text{或} \tau = \eta D$$

① 凡符合牛顿黏度公式的流体称为**牛顿流体**（Newtonian fluid），其特点是黏度 η 只与温度有关，对于给定的液体，在定温下 η 有定值，不随 τ 或 D 值的改变而改变。

② 切力与切速率比值 τ/D 不是常数，而是切速率的函数的流体为**非牛顿流体**。

7.5.2　稀胶体分散体系的黏度

将分散相物质加入到纯溶剂中形成稀溶液时，其溶液的黏度（η）和纯溶剂的黏度

（η_0）可通过适当组合得到几种不同定义的黏度，表 7-2 给出了几种黏度的定义式及其物理意义。

表 7-2　几种黏度的定义

名　称	定义式*	物理意义
相对黏度	$\eta_r = \dfrac{\eta}{\eta_0}$	代表溶液黏度比溶剂黏度增加的倍数
增比黏度	$\eta_{sp} = \dfrac{\eta - \eta_0}{\eta_0} = \eta_r - 1$	代表溶质对黏度的贡献
比浓黏度	$\dfrac{\eta_{sp}}{c} = \dfrac{\eta_r - 1}{c}$	代表单位浓度溶质对黏度的贡献
特性黏度	$[\eta] = \lim\limits_{c \to 0} \dfrac{\eta_{sp}}{c} = \lim\limits_{c \to 0} \dfrac{\ln \eta_r}{c}$	代表单个溶质分子对黏度的贡献

注：* 定义式中 c 为浓度，常用 g·(100mL)$^{-1}$ 或 kg·dm^{-3} 表示；η_r 与 η_{sp} 量纲为 1，η_{sp}/c 与 $[\eta]$ 的量纲是浓度量纲的倒数。

7.6　溶胶的电学性质

7.6.1　电动现象

电泳　在外加电场作用下，胶体粒子在分散介质中作定向移动（即液相不动而固相移动）的现象称为电泳。

电渗　在外加电场作用下，分散介质通过多孔膜而移动（即固相不动而液相移动）的现象称为电渗。

流动电势　通过加压使液体流经多孔膜时，在膜的两端会产生电位差，称之为流动电势。它与电渗相反，是由介质移动后产生的膜电势，所以流动电势是电渗的反现象。

沉降电势　若使分散相粒子在分散介质中迅速沉降，则在液体的表面层与底层间会产生电位差，称之为沉降电势。它与电泳相反，是由粒子移动产生的电位差，所以沉降电势是电泳的反现象。

7.6.2　双电层与电动电势

表面电荷产生的原因　解离、吸附、晶格取代。

双电层结构　处于介质中的带电胶体粒子，由于静电作用，必然要吸引等电荷量的带相反电荷的离子环绕在胶体粒子周围，这样就在固、液两相之间形成了双电层结构。

溶胶的胶团结构　根据上述胶粒表面电荷的来源及扩散双电层理论，可以推断出溶胶的胶团结构，现以将 $AgNO_3$ 溶液滴加到过量的 KI 溶液中制备 AgI 水溶胶为例，对其作一简单介绍。AgI 水溶胶的胶团结构如图 7-1 所示，反应生成的 AgI 分子聚集体构成了**胶核**（nucleus of colloidal particle），m 表示胶核中 AgI 分子的聚集数目，通常大约在 10^3 数量级，由于胶核固体具有很大的比表面，易于在界面上选择性地吸附某种离子。根据法扬斯（Fajans）规则，胶核优先吸附那些与胶核具有相同组分而易于建成胶核晶格的离子。因此，在 KI 过量的情况下，胶核表面优先吸附 n 个 I^-，然后又部分吸附溶液中过剩的 $n-x$ 个相反电荷的 K^+ 而形成带负电的 AgI **胶粒**（colloidal particle），胶粒连同周围介质中的相反电荷离子（$x K^+$）则构成了电中性的胶团，其胶团结构亦可用图 7-1 的形象化示意图表示。

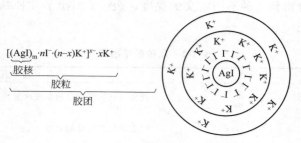

$$[(AgI)_m \cdot nI^- \cdot (n-x)K^+]^{x-} \cdot xK^+$$

胶核

胶粒

胶团

图 7-1　AgI 水溶胶的胶团结构

7.7　溶胶的稳定性和聚沉作用

7.7.1　溶胶的稳定性——DLVO 理论简介

（1）胶粒间的相互吸引

胶粒间的相互吸引来自于粒子间的范德华引力，其引力与粒子间距离的三次方成反比，而一般分子间的引力与分子间距离的六次方成反比，这是因为胶粒是许多分子的聚集体，其引力是胶粒中各分子所作贡献的总和。因此，这种胶粒间的引力属于长程范德华引力，作用的范围远大于一般分子间引力的距离。粒子间的相互吸引势能 U_A 的绝对值随粒子间距离的减小而增大。

（2）胶粒间的相互排斥

溶胶中的胶粒是带电的，并与周围扩散层中的反离子形成扩散双电层结构。当胶粒相互靠近而扩散层没有重叠时，胶粒间没有静电排斥作用，一旦扩散层发生重叠，就会引起双电层的电势与电荷分布的变化，从而产生静电排斥，并且随着重叠程度的增加，粒子间的相互排斥势能 U_R 逐渐增大。

（3）胶粒间的势能曲线

胶粒间的总势能 U_T 是排斥势能 U_R 和吸引势能 U_A（负值）的加和，即 $U_T = U_R + U_A$，U_R 和 U_A 的相对大小决定了溶胶的稳定性。当 $U_R > |U_A|$ 时，$U_T > 0$，溶胶处于稳定状态；相反，$U_T < 0$ 时胶粒会相互吸引而聚结。

（4）外加电解质对势能曲线的影响

外加电解质对溶胶粒子间的引力没有什么影响，但会使胶粒的扩散双电层厚度变薄，从而导致双电层的排斥作用减弱。所用的外加电解质的浓度是使溶胶发生聚沉所需的最低浓度被定义为对该胶体的聚沉值。

7.7.2　影响溶胶聚沉作用的因素

聚沉　聚沉是溶胶不稳定的主要表现，外加电解质的作用、胶体体系的相互作用、溶胶的浓度和温度等都是影响溶胶稳定性的因素。其中最重要的是外加电解质的影响。

（1）聚沉值

溶胶对外加电解质特别敏感，通常用聚沉值来表示电解质对溶胶的聚沉能力。由于聚沉值是在指定条件下使一定量溶胶发生明显聚沉所需电解质的最低浓度。因此，聚沉值越小，聚沉能力越强。

聚沉能力大小的一些规律。

① 聚沉能力主要取决于与胶粒带相反电荷的离子价数　对于给定的溶胶而言，异电性离子为一、二、三价的电解质，其聚沉值的比例大约为 100：1.6：0.14，亦即约为 $\left(\dfrac{1}{1}\right)^6$：$\left(\dfrac{1}{2}\right)^6$：$\left(\dfrac{1}{3}\right)^6$。结果表明聚沉值与异电性离子价数的六次方成反比，这就是舒尔茨-哈迪规则。

② 价数相同的离子聚沉能力有所不同　对于价数相同的异电性离子的聚沉能力以一价离子的差别最为明显，如一价阳离子对负溶胶的聚沉能力大小次序为：

$$H^+>Cs^+>Rb^+>NH_4^+>K^+>Na^+>Li^+$$

一价阴离子对正溶胶的聚沉能力排列顺序为：

$$F^->IO_3^->H_2PO_4^->BrO_3^->Cl^->ClO_3^->Br^->NO_3^->I^->SCN^-$$

③ 有机化合物的离子具有很强的聚沉能力　这是因为有机化合物的离子与胶粒之间有很强的范德华力，而易被胶粒吸附，所以聚沉能力较强。

④ 电解质的聚沉作用是正负离子作用的总和　与胶粒具有相同电荷离子的性质对聚沉作用也有影响，有时甚至影响显著，通常同电性离子的价数越高，电解质的聚沉能力越弱。

（2）胶体体系的相互作用

将两种电性相反的溶胶相混合也能发生相互聚沉作用。与电解质的聚沉作用不同之处在于它对两种溶胶的用量比例要求严格，只有两者所带总电荷量恰能中和时，才能发生完全聚沉，否则只能发生部分聚沉，甚至不聚沉。

（3）大分子化合物对溶胶的敏化及保护作用

将大分子化合物所引起的聚沉称为**絮凝作用**（flocculation）。在溶胶中加入足够量的大分子化合物的溶液则可以显著提高溶胶的稳定性，使溶胶在加入少量电解质时不发生聚沉，这种作用称为大分子化合物对溶胶的保护作用。

7.8　高分子化合物溶液

7.8.1　高分子溶液与溶胶的异同

高分子溶液与溶胶的异同点见表 7-3。

表 7-3　高分子溶液与溶胶的异同点

异　　同	溶　　胶	高分子溶液
不同性质	热力学不稳定体系（需稳定剂存在） 多相体系 相界面对溶胶性质有重要影响 对电解质敏感 光散射效应强	热力学稳定体系（不需稳定剂） 均相体系 大分子柔性对溶液性质有重要影响 对电解质不敏感 光散射效应弱
相同性质	分散质颗粒大小范围基本相当 扩散速度慢 不能透过半透膜	

高分子溶液稳定的原因如下所示：

① 大多数线线型高分子在溶液中为柔性形态，会出现多种多样的构象，因此高分子化合物的溶解是体系混乱度增大的过程，即 $\Delta S>0$；

② 高分子化合物溶解于溶剂的过程中，由于溶剂化作用，往往是放热的，有时溶解热还很大。

7.8.2 高分子溶液的渗透压

高分子溶液渗透压公式

$$\frac{\Pi}{c} = \frac{RT}{M_n} + A_2 c$$

7.8.3 唐南平衡

唐南平衡 高分子化合物不能透过半透膜，小离子虽能透过，但由于大离子的影响，平衡时小离子在膜两边不是平均分布的，这种不平均的分布平衡称为唐南平衡（Donnan equilibrium）。

7.9 凝胶

7.9.1 凝胶的基本特征和类型

凝胶 凝胶在一定条件下，高分子化合物（如琼脂、明胶等）的溶液或憎液溶胶［如 $Fe(OH)_3$、硅酸等］的分散相质点在某些部位上自动相互联结，形成空间网状结构，分散介质（液体或气体）充斥其间，整个体系失去了流动性，这样一种特殊的分散体系被称为**凝胶**（gel）。凝胶分为**刚性凝胶**（rigid gel）和**弹性凝胶**（elastic gel）两类。

7.9.2 凝胶的制备

胶凝作用 溶胶在一定条件下转变为凝胶的过程称为**胶凝作用**（gelation）。

胶凝作用形成凝胶必须满足两个基本条件：①降低溶解度，使分散相的固体物质从溶液中以"胶体分散状态"析出；②析出的固体质点既不沉淀也不能自由移动，而是形成连续的网状骨架结构。

制备方法：①改变浓度；②加入非溶剂；③发生化学反应；④加入电解质。

电解质对大分子化合物溶液胶凝作用的影响主要是阴离子的作用，按其影响大小可将阴离子排成下列顺序：

$$SO_4^{2-} > C_4H_6O_6^{2-} > CH_3COO^- > Cl^- > NO_3^- > ClO_3^- > Br^- > I^- > SCN^-$$

这就是 Hofmeister 感胶离子序，该次序与离子的水化能力相一致，因为离子水化能力越强，使大分子化合物去水化作用就越强，大分子化合物则越易凝结。

7.9.3 凝胶的性质

凝胶的膨胀作用 由线性大分子化合物形成的弹性凝胶，其网状分子链具有柔性，吸收或释放出液体时很容易改变自身的体积，这种现象称为凝胶的膨胀作用。

（1）膨胀过程

① 溶剂化阶段，即溶剂分子钻入凝胶中与大分子化合物相互作用形成溶剂化层；②液体的渗透阶段，即溶剂分子向凝胶结构中渗透。

（2）膨胀压

溶剂分子进入凝胶结构的速度比大分子化合物扩散到液体中的速度要大得多，使得凝胶内外溶液浓度差别很大。溶剂分子进入凝胶结构的过程与渗透过程很相似，凝胶与溶剂接触时，会表现出很大的膨胀压（swelling pressure），其大小可用类似于测定渗透压的方法进行测定。有些生长在盐碱地里的植物，能很好地生长，也是由于其植物组织的膨胀压比盐碱地里溶液的渗透压还要大得多的缘故。

凝胶的脱液收缩作用 新制备的凝胶在老化过程中，一部分液体会自动地从凝胶中分离出来，使凝胶本身的体积缩小，这种现象称为脱液收缩作用或称离浆作用。逸出的液体不是纯溶剂，而是大分子化合物的稀溶液或稀的溶胶。离浆作用是组成凝胶骨架的大分子化合物或粒子由于热运动或分子间的吸引使粒子间更进一步定向排列和相互靠近，骨架空间收缩的结果。在此过程中，凝胶体积虽然变小，但原有的几何形状基本保持不变。无论是弹性凝胶还是刚性凝胶都有离浆作用，但前者为可逆过程，后者为不可逆过程。日常生活中也常见到离浆现象，如胶凝后的豆腐、果冻、稀饭等久置后，特别在夏天都会有离浆现象。研究生物体内的离浆作用对研究人体衰老过程则具有重要意义。

凝胶中的扩散和化学反应：①当凝胶浓度较低时，小分子物质在其中的扩散速度和在纯溶剂中差不多。电解质的电导率亦与在纯溶剂中相当，所以电化学实验中常用含饱和 KCl 的琼脂凝胶制作盐桥。随着凝胶浓度的增加，其电导值和扩散速度均下降；②与在溶液中发生化学反应的情形不同，由于没有对流和混合作用，化学反应中生成的不溶物在凝胶中具有周期性分布的现象。

<hr>

思考题

1. 简述胶体的基本特征。

2. 有哪些常见的方法可制备溶胶？可用哪些方法对初制溶胶净化？

3. 简述溶胶粒子产生扩散的原因及影响扩散能力的因素？

4. 布朗运动的扩散方程式可以解决哪些问题？

5. 何谓沉降分析？

6. 丁达尔（Tyndall）效应是由光的什么作用引起的？其强度与入射光波长有什么关系？为什么可以用丁达尔效应来区分溶胶和真溶液？

7. 为什么晴朗洁净的天空呈蓝色，阴雨天时的天空则是白茫茫的一片，而日出、日落时有火红的朝霞和晚霞？

8. 液体黏度的大小反映了流体的什么内在性质？什么是牛顿流体和非牛顿流体？非牛顿流体又有几种类型，各有什么流变性质？

9. 写出几种常见的黏度术语、定义式及其物理意义。

10. 憎液溶液有哪些电动现象？说明各自的特点和相互关系。

11. 胶粒表面带电的原因有哪些？Stern 双电层理论的主要观点有哪些？Stern 双电层模型的三种电势各表示什么电势差？

12. 什么是 ζ 电势（电动电势）？试说明 ζ 电势的数值为何能衡量溶胶的稳定性？

13. 在两个充有 $0.001 mol \cdot dm^3$ KCl 溶液但容器之间是一个 AgCl 多孔塞，其细孔道中也充满 AgCl，多孔塞两侧饭两个接直流电源的电极，问溶液向何方移动？若改用 $0.1 mol \cdot dm^{-3}$ KCl 溶液，在相同电压下流动变化速率变快还是变慢？若用 $AgNO_3$ 代替 KCl 情况又将如何？

14. 以 $FeCl_3$ 水解制得 $Fe(OH)_3$ 溶胶，写出 $Fe(OH)_3$ 胶团的结构，并指出胶核、胶粒、紧密层与扩散层。

15. 用 As_2O_3 与稍过量的 H_2S 作用制成 As_2S_3 溶胶，试写出胶团的表达式。

16. 溶胶能稳定存在的原因有哪些？

17. 试解释为什么向新生成的 $Fe(OH)_3$ 中加入少量稀 $FeCl_3$ 溶液沉淀会溶解？如再加入一定量的硫酸盐溶液，又会析出沉淀？

18. 试分析温度对溶胶稳定性的影响。

19. 为什么说溶胶是动力学稳定而热力学不稳定系统？简要说明制备和破坏溶胶的方法。

20. 电解质对胶体的聚沉有什么影响，其聚沉值指的是什么？它和聚沉能力的关系如何？

21. 何谓感胶离子序？价数相同的异电性离子具有不同聚沉能力的原因是什么？

22. 为什么加入少量高分子化合物会降低溶胶的稳定性，而加入足够数量的高分子化合物的溶液又会对溶胶起到保护作用？

23. 试解释：（1）江河入海处，为什么常形成三角洲？（2）明矾为何能使浑浊的水澄清？（3）做豆腐时"点浆"的原理是什么？哪些盐溶液可用来点浆？

24. 高分子溶液和溶胶的主要区别是什么？

25. 什么叫唐南平衡？在唐南平衡建立后，大分子电解质溶液的渗透压关系如何？蛋白质的等电点代表什么含义？

26. 高分子溶液盐析与溶胶聚沉的区别是什么？

27. 絮凝作用与胶凝作用相同吗？凝胶有哪些基本特征？

思考题解答

1. 简析：特有的分散程度、多相性、聚结不稳定性。

2. 简析：溶胶的制备方法大致可以分为分散法和凝聚法两类。

常用的溶胶净化方法有以下几种：渗析法、超过滤法。

3. 简析：胶体粒子分散在介质中所呈现出的连续不断的、无规则的布朗运动，由此而产生的扩散。影响扩散能力的因素：体系的温度、质点的大小和形状、介质黏度等。

4. 简析：从布朗运动的实验值 t 和 $\bar{x}$，按式 $D = \dfrac{\bar{x}^2}{2t}$，即可求出扩散系数 D，进而由 $D = \dfrac{k_B T}{6\pi\eta r} = \dfrac{RT}{L}\dfrac{1}{6\pi\eta r}$，计算出球形粒子的平均半径。若已知粒子的密度 ρ，则可以按 $M = \dfrac{4}{3}\pi r^3 \rho L = \dfrac{\rho}{162(L\pi)^2}\left(\dfrac{RT}{\eta D}\right)^3$ 求出 1mol 胶体粒子的摩尔质量 M。

由扩散系数可以换算出阻力系数，进而了解粒子的形状，若从自由界面法、多孔塞法等实验直接测定扩散系数 D，再配合其他方法测出粒子的摩尔质量，代入 $M = \dfrac{4}{3}\pi r^3 \rho L = \dfrac{\rho}{162(L\pi)^2}\left(\dfrac{RT}{\eta D}\right)^3$ 式即可求出等效圆球的扩散系数 D_0。若以 f_0 表示等效圆球的阻力系数，则根据 $D = \dfrac{k_B T}{f}$ 式可知阻力系数比 $f/f_0 = D_0/D$，其实验结果显示，这一比值通常大于 1，而且阻力系数比偏离 1 的程度越大，表明粒子偏离球形的程度越大。因此，可用阻力系数比 f/f_0 来衡量粒子的对称性并判断粒子的形状。

5. 简析：通过沉降速度的测定求出分散体系中某一定大小粒子所占的质量分数（或称粒度分布），这项工作通常称为沉降分析。

6. 简析：Tyndall 效应是由光的散射作用引起的，其强度与入射光波长的 4 次方成反比。由于溶胶粒子的直径在 $10^{-9} \sim 10^{-7}$ m 之间，比可见光的波长 $(4 \sim 7.6) \times 10^{-7}$ m 要小，因此溶胶能产生明显的丁达尔效应。而真溶液则不能产生这种现象。

7. 简析：天空的蓝色是太阳光被大气层散射的结果，当太阳光穿过大气层时，空气中有尘埃或水汽的微粒，这些微粒直径小于太阳光的波长时，就发生散射。由雷利公式可知，散射光的光强与入射光波长的 4 次方成反比，即蓝、紫光的散射比长波的强，因此我们看到的天空呈蓝色。另外，大气层密度的涨落也会引起对太阳光的散射作用，故越是晴朗洁净的天空越呈现出蔚蓝色。而当大气层中水气增多，颗粒变大，或有大颗粒的烟尘时，看到的则是反射光，这时天空就显得白茫茫、灰蒙蒙的了。

空气对穿过它的光线有散射作用。通过空气的光线会有一部分偏离原来的运动方向而离开了原来的光束，且光的波长越短（波长短的光对应于偏蓝的光，波长长的光对应于偏红的光）散射作用越大。太阳光穿过空气时偏蓝的光散射的多，偏红的光散射的少。这就是为什么天空是蓝色的原因。同时，这也是日出或日落时太阳为红色或橙黄色的原因。

8. 简析：液体黏度的大小反映了液体流动时内摩擦大小。凡符合牛顿黏度公式的流体称为牛顿流体（Newtonian fluid），其特点是黏度 η 只与温度有关，对于给定的液体，在定温下 η 有定值，不随 τ 或 D 值的改变而改变。非牛顿流体的切力与切速率无正比关系，比值 τ/D 不再是常数，而是切速率的函数。非牛顿流体，流变曲线则依照 $\tau = f(D)$ 函数的不同形式可以有塑性型、假塑性型和胀性型几种。塑性流体和假塑性流体具有切稀作用，即流体的黏度随切速的增加而减小。胀性流体的黏度会随切力的增加而变大，这种现象称为切稠作用。

9. 简析：

名　　称	定义式*	物理意义
相对黏度	$\eta_r = \dfrac{\eta}{\eta_0}$	代表溶液黏度比溶剂黏度增加的倍数
增比黏度	$\eta_{sp} = \dfrac{\eta - \eta_0}{\eta_0} = \eta_r - 1$	代表溶质对黏度的贡献
比浓黏度	$\dfrac{\eta_{sp}}{c} = \dfrac{\eta_r - 1}{c}$	代表单位浓度溶质对黏度的贡献
特性黏度	$[\eta] = \lim\limits_{c \to 0} \dfrac{\eta_{sp}}{c} = \lim\limits_{c \to 0} \dfrac{\ln \eta_r}{c}$	代表单个溶质分子对黏度的贡献

10. 简析：电泳、电渗、流动电势、沉降电势。在外加电场作用下，胶体粒子在分散介质中作定向移动（即液相不动而固相移动）的现象称为电泳。在外加电场作用下，分散介质通过多孔膜而移动（即固相不动而液相移动）的现象称为电渗。通过加压使液体流经多孔膜时，在膜的两端会产生电位差，称之为流动电势。它与电渗相反，是由介质移动后产生的膜电势，所以流动电势是电渗的反现象。若使分散相粒子在分散介质中迅速沉降，则在液体的表面层与底层间会产生电位差，称之为沉降电势。它与电泳相反，是由粒子移动产生的电位差，所以沉降电势是电泳的反现象。

11. 简析：胶粒表面带电的原因：电离、吸附、晶格取代。

Stern 双电层理论的主要观点：当胶体颗粒优先吸附正离子而带正电荷时，由于强烈的静电吸引作用则部分吸附相反电荷的负离子，同时由于静电作用和溶液中反离子的热运动，使得它们不能整齐地排列在固体质点附近，而是扩散地分布在质点的周围，并且随着与固一液界面距离的增大，负离子的浓度逐渐变小。

Stern 双电层模型的三种电势：胶体颗粒表面处的电势称为热力学电势，用 φ_0 表示；紧密层与扩散层处的电势称为扩散电势，用 φ_δ 表示；固液相间发生相对移动处的电势称为电动电势，用 ζ（Zeta）表示。

12. 简析：固液相间发生相对移动时，滑动面处与溶液本体间的电势差为电动电势。处于等电点的粒子是不带电的，电泳、电渗的速率为零，溶胶也非常易于聚沉。如果外加电解质中与胶粒带相反电荷的离子价数很高，或胶粒对其吸附特别强，则在溶剂化层内就可能吸附过多的异电性离子，而使 ζ 电势改变符号。

13. 简析：充以 KCl 溶液，AgCl 晶体吸附 Cl^-，分散介质带正电，分散介质向负极移动。KCl 浓度增加，ζ 电势下降，介质移动速度变慢。改用 $AgNO_3$ 溶液，移动方向相反。

14. 简析：$\{[Fe(OH)_3]_m \cdot nFeO^+ \cdot (n-x)Cl^-\}^{x+} \cdot xCl^-$，胶核 $Fe(OH)_3$，胶粒 $[Fe(OH)_3]_m \cdot nFeO^+ \cdot (n-x)Cl^{-x+}$，扩散层 xCl^-，紧密层……

15. 简析：$\{[As_2S_3]_m \cdot nHS^- \cdot (n-x)H^+\}^{x-} \cdot xH^+$

16. 简析：溶胶能够稳定存在的三个因素。

（1）由于胶体粒子具有双电层结构可产生带电稳定性。

（2）由于溶胶粒子很小，布朗运动较强，能够克服重力而不下降，并保持沉降平衡，亦即溶胶具有动力稳定性。

（3）胶团的溶剂化也是使溶胶稳定的重要原因。

17. 简析：加入 $FeCl_3$ 后，其水解形成胶体，同时产生 H^+，促使沉淀溶解。加硫酸盐会使胶体聚沉，又重新出现沉淀。

18. 简析：升高温度能促使溶胶的聚沉，因为布朗运动的加剧，胶粒相互碰撞的次数增加，聚集成大颗粒的机会增多，导致溶胶的稳定性下降，从而加速了溶胶的聚沉。

19. 简析：溶胶是热力学不稳定体系，体系中分散相与分散介质之间存在着很大的相界面，溶胶粒子间有自动相互聚集减小其表面能的倾向，此即溶胶的基本特点之一——聚结不稳定性。另一方面由于溶胶粒子很小，布朗运动较强，能够克服重力影响而不下沉并保持均匀分散，亦即溶胶具有动力稳定性。

溶胶的制备方法：分散法和凝聚法。外加电解质、胶体体系的相互作用、改变溶胶的浓度和温度均可破坏溶胶。

20. 简析：由于外加电解质能压缩扩散层，降低 ζ 电势，导致溶胶的带电稳定性降低，因此溶胶对外加电解质特别敏感，通常用聚沉值来表示电解质对溶胶的聚沉能力。由于聚沉值是在指定条件下使一定量溶胶发生明显聚沉所需电解质的最低浓度。因此，聚沉值越小，聚沉能力越强。

21. 简析：对于价数相同的异电性离子的聚沉能力以一价离子的差别最为明显，如一价阳离子对负溶胶的聚沉能力大小次序为：

$$H^+ > Cs^+ > Rb^+ > NH_4^+ > K^+ > Na^+ > Li^+$$

一价阴离子对正溶胶的聚沉能力排列顺序为：

$$F^- > IO_3^- > H_2PO_4^- > BrO_3^- > Cl^- > ClO_3^- > Br^- > NO_3^- > I^- > SCN^-$$

同价离子聚沉能力的这一次序称为感胶离子序（lyotropic series）。它与离子的水化半径由小到大的次序大致相同，异电性离子的水化半径越大，越不容易被质点吸附，聚沉能力因而越弱。对于高价离子，价数影响是主要的，离子大小的影响不那么显著。应该注意的是，感胶离子序是对无机离子而言的，对于有机化合物的离子，其聚沉能力比同价无机离子要强得多。

22. 简析：在溶胶中加入少量大分子化合物，有时会降低溶胶的稳定性，甚至发生聚沉，这可能是由于大分子化合物数量少时，无法将胶体颗粒的表面完全覆盖，大分子化合物会起到聚集胶粒的"搭桥"作用，这样附着在大分子化合物上的胶粒因聚集、质量变大而引起聚沉。在溶胶中加入足够量的大分子化合物的溶液则可以显著提高溶胶的稳定性，这是由于大分子化合物较多时，被吸附的亲液大分子化合物包围住胶粒，使其对介质的亲和能力增强；同时由于大分子化合物吸附层有一定的厚度，胶体粒子在接近时的相互吸引力被大大削弱；大分子化合物的增稠作用也使胶粒间相互碰撞的机会减少，这些都提高了溶胶的稳定性。

23. 简析：（1）江河入海口处是淡水和海水的交界处，江河水是可含有泥沙的胶体溶液，海水是电解质溶液，胶体遇到电解质溶液发生聚沉，大量泥沙沉积后形成了三角洲。

（2）明矾溶于水后，其中的铝离子水解：$Al^{3+}+3H_2O \Longrightarrow Al(OH)_3(胶体)+3H^+$ 生成的带正电荷的 $Al(OH)_3$（胶体），可吸附水中带负电荷的溶胶而聚沉，达到净水作用。

（3）豆浆是蛋白质的水溶液，属于高分子化合物溶液，加入电解质之后会发生胶凝作用，形成半固态的凝胶，即豆腐。电解质对大分子化合物溶液胶凝作用的影响主要是阴离子的作用，按其影响大小可将阴离子排成下列顺序：

$$SO_4^{2-}>C_4H_6O_6^{2-}>CH_3COO^->Cl^->NO_3^->ClO_3^->Br^->I^->SCN^-$$

这就是 Hofmeister 感胶离子序，该次序与离子的水化能力相一致，因为离子水化能力越强，使大分子化合物去水化作用就越强，大分子化合物则越易凝结。SO_4^{2-} 促进胶凝作用的能力最强，所以常用硫酸盐，如石膏，作为各种蛋白质溶液的沉淀剂（precipitant）。

24. 简析：

异　同	溶　胶	高分子溶液
不同性质	热力学不稳定体系（需稳定剂存在） 多相体系 相界面对溶胶性质有重要影响 对电解质敏感 光散射效应强	热力学稳定体系（不需稳定剂） 均相体系 大分子柔性对溶液性质有重要影响 对电解质不敏感 光散射效应弱
相同性质	分散质颗粒大小范围基本相当 扩散速度慢 不能透过半透膜	

25. 简析：高分子化合物不能透过半透膜，小离子虽能透过，但由于大离子的影响，平衡时小离子在膜两边不是平均分布的，这种不平均的分布平衡称为唐南平衡。

设有一种大分子电解质 Na_zP，能在水溶液中离解为 Na^+ 和 P^{z-}（大离子）。现用半透膜将纯水与大分子电解质水溶液隔开，大离子 P^{z-} 不能透过半透膜，而 Na^+ 可以透过，但为了保持溶液的电中性，Na^+ 必须和大离子 P^{z-} 留在膜的同一侧，这时每个大分子电解质 Na_zP 在溶液中产生出 $(z+1)$ 个粒子，所对应的渗透压可表示为

$$\Pi_1=(z+1)c_2RT$$

式中，c_2 为大分子电解质的物质的量浓度。显然，在唐南平衡建立后，渗透压值的将增加，导致大分子电解质相对分子质量的计算结果偏低。

蛋白质在等电点（isoelectric point）pH 值的两侧均荷电。

26. 简析：高分子溶液盐析是电解质对高分子化合物溶液的胶凝作用，包括电荷的中和与去水（溶剂）化作用两个方面，其中去水化作用更为重要。与憎液溶胶的胶凝所需加入电解质的量相比，引起高分子化合物溶液胶凝所需电解质的量要大得多。溶胶是热力学上的不稳定体系，溶胶粒子间有自动相互聚集减小其表面能的倾向，此即溶胶的基本特点之一即聚结不稳定性。外加电解质使胶粒的扩散双电层厚度变薄，从而导致双电层的排斥作用减弱，促使溶胶聚沉。

27. 简析：不相同。大分子化合物所引起的聚沉称为絮凝作用，溶胶在一定条件下转变为凝胶的过程称为胶凝作用。凝胶的基本特征：凝胶的性质介于固体和液体之间，表现为弹性的半固体状态。凝胶体系中粒子形成网状结构，液体或气体包在其中，它不仅失去了流动

性，而且显示出固体的某些力学性质，如具有一定的弹性、强度等，但凝胶又和真正的固体不一样，它由固、液两相组成，属于胶体分散体系，其内部结构强度往往有限，改变温度、分散介质成分或外加作用力等，常使其结构破坏。

习题解答

1. 290K 时，在超显微镜下测得藤黄水溶胶中粒子每 10s 在 x 轴上的平均位移为 $6.0\mu m$，水的黏度为 0.0011Pa·s，求藤黄胶粒的半径。

【解题思路】本题利用布朗运动的基本公式，并对其进行推导，从而计算出胶粒的半径。

解：   根据公式

$$\gamma = \frac{RT}{L} \cdot \frac{t}{3\pi\eta \, \overline{x}^2}$$

$$= \frac{8.314\times290}{6.022\times10^{23}} \times \frac{10}{3\times3.14\times1.1\times10^{-3}\times(6.0\times10^{-6})^2}$$

$$= 1.07\times10^{-7}\,\text{m}$$

2. 某溶液中粒子的平均直径为 4.2nm，设其黏度和纯水相同，$\eta = 1.0\times10^{-3}\,\text{kg}\cdot\text{m}^{-1}\cdot\text{s}^{-1}$，试计算：

（1）298K 时，胶体的扩散系数 D。

（2）在 1s 里，由于布朗运动粒子沿 x 轴方向的平均位移 $\overline{x}$。

【解题思路】本题涉及菲克第一定律，根据球形质点的扩散系数与质点半径的关系计算的到扩散系数，再利用爱因斯坦-布朗位移方程计算得到平均位移。

解：（1）$D = \dfrac{RT}{L} \cdot \dfrac{1}{6\pi\eta r}$

$$= \frac{8.314\times298}{6.022\times10^{23}} \times \frac{1}{6\times3.14\times1.0\times10^{-3}\times2.1\times10^{-9}}$$

$$= 1.04\times10^{-10}\,\text{m}^2\cdot\text{s}^{-1}$$

（2）   根据 $D = \dfrac{\overline{x}^2}{2t}$

$$\overline{x} = \sqrt{2tD} = \sqrt{2\times1.0\times1.04\times10^{-10}}$$

$$= 1.44\times10^{-5}\,\text{m}$$

3. 293K 时，砂糖（设为球形粒子）的密度为 $1.59\times10^3\,\text{kg}\cdot\text{m}^{-3}$、摩尔质量为 $3.42\times10^{-1}\,\text{kg}\cdot\text{mol}^{-1}$，在水中的扩散系数为 $4.17\times10^{-10}\,\text{m}^2\cdot\text{s}^{-1}$，水的黏度为 $1.01\times10^{-3}\,\text{N}\cdot\text{s}\cdot\text{m}^{-2}$。求砂糖分子的半径及 Avogadro 常数。

【解题思路】本题利用爱因斯坦-布朗位移方程，并将其进行变换求解。

解：分子的摩尔质量为

$$M = \frac{4}{3}\pi r^3 L\rho$$

得 $L = \dfrac{M}{4\pi r^3\rho}$

代入 Einstein 公式

$$D = \frac{RT}{L} \cdot \frac{1}{6\pi\eta r} = \frac{2}{9} \cdot \frac{r^2\rho RT}{M\eta}$$

得

$$r = \sqrt{\frac{9M\eta D}{2\rho RT}}$$

$$= \sqrt{\frac{9 \times 3.42 \times 10^{-1} \times 1.01 \times 10^{-3} \times 4.17 \times 10^{-10}}{2 \times 1.59 \times 10^3 \times 8.314 \times 293}}$$

$$= 4.09 \times 10^{-10} \text{m}$$

将 r 代入 Einstein 公式得

$$L = \frac{RT}{D} \cdot \frac{1}{6\pi\eta r}$$

$$= \frac{8.314 \times 293}{4.17 \times 10^{-10} \times 6 \times 3.14 \times 1.01 \times 10^{-3} \times 4.09 \times 10^{-10}}$$

$$= 7.51 \times 10^{23} \text{mol}^{-1}$$

4. 在 298K 时，某粒子半径为 3.0×10^{-8} m 的金溶胶，在地心力场中达沉降平衡后，在高度相距 1.0×10^{-4} m 的某指定体积内粒子数分别为 277 和 166。已知金的密度为 $1.93 \times 10^4 \text{kg} \cdot \text{m}^{-3}$，分散介质的密度为 $1.0 \times 10^3 \text{kg} \cdot \text{m}^{-3}$，试计算阿佛加德罗常数 L 的值为多少？

【解题思路】本题涉及沉降平衡中粒子的分布，利用粒子随高度的分布公式进行计算。

解：根据公式

$$RT \ln \frac{N_2}{N_1} = -\frac{4}{3} \pi r^3 (\rho_{粒子} - \rho_{介质}) \cdot g \cdot L \cdot (x_2 - x_1)$$

得

$$L = \frac{3RT \ln \frac{N_1}{N_2}}{4\pi r^3 (\rho_{粒子} - \rho_{介质}) \cdot g \cdot (x_2 - x_1)}$$

$$= \frac{3 \times 8.314 \times 298 \times \ln \frac{277}{166}}{4 \times 3.14 \times (3.0 \times 10^{-8})^3 \times (1.93 \times 10^4 - 1.0 \times 10^3) \times 9.8 \times 1.0 \times 10^{-4}}$$

$$= 6.25 \times 10^{23} \text{mol}^{-1}$$

5. 在某内径为 0.02m 的管中盛油，使直径为 1.588×10^{-3} m 的钢球从其中落下，下降 0.15m 需时 16.7s。已知油和钢球的密度分别为 $960 \text{kg} \cdot \text{m}^{-3}$ 和 $7650 \text{kg} \cdot \text{m}^{-3}$。试计算在实验温度时油的黏度为若干？

【解题思路】 金属球形微粒在溶液中会发生不同程度的沉降，粒子的沉降速度与介质的黏度有关，因此可以用球形质点在介质中的沉降公式计算出介质的黏度。

解：钢球沉降时所受的重力为

$$F_{重力} = \frac{4}{3} \pi r^3 (\rho_{粒子} - \rho_{介质}) g$$

沉降时所受的阻力为

$$F_{阻力} = 6\pi\eta r \frac{dx}{dt}$$

平衡时 $F_{重力} = F_{阻力}$，则有

$$\eta = \frac{2r^2 (\rho_{粒子} - \rho_{介质}) g}{9 \frac{dx}{dt}}$$

$$=\frac{2\times\left(1.588\times10^{-3}\times\frac{1}{2}\right)^2\times(7650-960)\times9.8}{9\times\frac{0.15}{16.7}}$$

$$=1.023\text{Pa}\cdot\text{s}$$

6. 某金溶胶在 298K 时达沉降平衡,在某一高度粒子的数密度为 $8.89\times10^8\,\text{m}^{-3}$,再上升 0.001m 粒子数密度为 $1.08\times10^8\,\text{m}^{-3}$。设粒子为球形,金的密度为 $1.93\times10^4\,\text{kg}\cdot\text{m}^{-3}$,水的密度为 $1.0\times10^3\,\text{kg}\cdot\text{m}^{-3}$,试求:

(1)胶粒的平均半径及平均摩尔质量;

(2)使粒子的密度下降一半,需上升多少高度。

【解题思路】 本题需要利用沉降平衡时粒子随高度的分布公式进行水解。

解:(1)根据公式

$$RT\ln\frac{N_2}{N_1}=-\frac{4}{3}\pi r^3(\rho_{粒子}-\rho_{介质})\cdot g\cdot L(x_2-x_1)$$

得
$$r=\sqrt[3]{\frac{3RT\ln\frac{N_1}{N_2}}{4\pi(\rho_{粒子}-\rho_{介质})\cdot g\cdot L\cdot(x_2-x_1)}}$$

$$=\sqrt[3]{\frac{3\times8.314\times298\times\ln\frac{8.89\times10^8}{1.08\times10^8}}{4\times3.14\times(1.93\times10^4-1.0\times10^3)\times9.8\times6.022\times10^{23}\times1.0\times10^{-3}}}$$

$$=2.26\times10^{-8}\,\text{m}$$

$$\overline{M}=\frac{4}{3}\pi r^3\cdot L\cdot\rho_{粒子}$$

$$=\frac{4}{3}\times3.14\times(2.26\times10^{-8})^3\times1.93\times10^4\times6.022\times10^{23}$$

$$=5.62\times10^5\,\text{kg}\cdot\text{mol}^{-1}$$

(2)将公式改写为

$$\ln\frac{N_2}{N_1}=-A(x_2-x_1)$$

式中
$$A=\frac{1}{RT}\cdot\frac{4}{3}\pi r^3(\rho_{粒子}-\rho_{介质})\cdot g\cdot L$$

由已知条件,得

$$\ln\frac{1.08}{8.89}=-A(1.0\times10^{-3}-0)$$

$$\ln\frac{\frac{1}{2}\times8.89}{8.89}=-A(x-0)$$

解得
$$x=3.29\times10^{-4}\,\text{m}$$

7. 把含 $1.5\,\text{kg}\cdot\text{m}^{-3}\,\text{Fe(OH)}_3$ 的溶胶先稀释 10,000 倍,再放在超显微镜下观察,在直径和深度各为 0.04mm 的视野内数得粒子的数目平均为 4.1 个,设粒子为球形,其密度为 $5.2\times10^3\,\text{kg}\cdot\text{m}^{-3}$,试求粒子的直径。

【解题思路】稀释前与稀释后,体系中溶胶 Fe(OH)_3 质量守恒。

解:根据下式

$$\frac{4}{3}\pi r^3 \cdot N \cdot \rho = cV'' = c\pi R^2 h$$

$$r = \sqrt[3]{\frac{3cR^2h}{4N\rho}}$$

$$= \sqrt[3]{\frac{3\times1.5\times10^{-4}\times(2.0\times10^{-5})^2\times4.0\times10^{-5}}{4\times4.1\times5.2\times10^3}}$$

$$= 4.387\times10^{-8}\,\mathrm{m}$$

$$d = 2r = 8.774\times10^{-8}\,\mathrm{m}$$

8. 在 298K 时，测量出某聚合物溶液的相对黏度如下：

$c/[\mathrm{g}\cdot(100\mathrm{cm}^{-3})]$	0.152	0.271	0.541
η_r	1.226	1.425	1.983

求此聚合物的特性黏度 $[\eta]$?

【解题思路】根据特性黏度与相对黏度的关系进行计算。

解：根据公式

$$\frac{\eta_{sp}}{c} = [\eta] + k'[\eta]^2 c$$

$$\frac{\ln\eta_r}{c} = [\eta] - \beta[\eta]^2 c$$

$c/(\mathrm{g}\cdot\mathrm{dm}^{-3})$	1.52	2.71	5.41
$\dfrac{\eta_{sp}}{c} = \dfrac{\eta_r - 1}{c}/(\mathrm{dm}^3\cdot\mathrm{g}^{-1})$	0.149	0.157	0.182
$\dfrac{\ln\eta_r}{c}/(\mathrm{dm}^3\cdot\mathrm{g}^{-1})$	0.134	0.131	0.127

分别以 $\dfrac{\eta_{sp}}{c}$ 和 $\dfrac{\ln\eta_r}{c}$ 对 c 作图（图略），得两条直线，外推至 $c=0$ 处相交，截距即为 $[\eta]$，得 $[\eta]=0.136\mathrm{dm}^3\cdot\mathrm{g}^{-1}$。

9. 298K 时，将半径为 $0.3\mu\mathrm{m}$ 的球形粒子分散在 $0.1\mathrm{mol}\cdot\mathrm{L}^{-1}$ 的 KCl 水溶液中，在微电泳容器中进行实验，电位梯度为 $6.0\mathrm{V}\cdot\mathrm{cm}^{-1}$，粒子移动 $96\mu\mathrm{m}$ 需时间 8.0s。且该温度下水的黏度为 $0.001\mathrm{N}\cdot\mathrm{s}\cdot\mathrm{m}^{-2}$，水的相对介电常数为81.1。求：

(1) 粒子的电泳淌度。

(2) 在测量中，由于粒子 Brown 运动所引起的误差。

(3) 粒子 ζ 电位的近似值。

【解题思路】本题涉及胶体粒子的电泳现象、布朗运动、爱因斯坦公式以及球形粒子 ξ 电势的相关计算。

解：(1) 因速度 $(v)=$ 淌度 $(u)\times$ 电位梯度 (E)，故

$$u = \frac{v}{E} = \frac{96\times10^{-6}}{8.0\times6.0\times10^2}$$

$$= 2.0\times10^{-8}\mathrm{m}^2\cdot\mathrm{s}^{-1}\cdot\mathrm{V}^{-1}$$

(2) Brown 运动在 8.0s 内引起的位移可由 Einstein 公式求出

$$x = \sqrt{\frac{RTt}{3L\pi\eta r}}$$

$$= \sqrt{\frac{8.314 \times 298 \times 8.0}{3 \times 6.022 \times 10^{23} \times 3.14 \times 1.0 \times 10^{-3} \times 3.0 \times 10^{-7}}}$$

$$= 3.4 \times 10^{-6} \, \text{m}$$

所以由于 Brown 运动,测得的粒子移动的相对误差为:

$$\frac{3.4 \times 10^{-6}}{96 \times 10^{-6}} \times 100\% = 3.5\%$$

(3) $\zeta = \dfrac{3\eta u}{2\varepsilon_0 \varepsilon_r E}$

$$= \frac{3 \times 1.0 \times 10^{-3} \times \dfrac{9.6 \times 10^{-6}}{8.0}}{2 \times 8.85 \times 10^{-12} \times 81.1 \times 6.0 \times 10^2}$$

$$= 4.2 \times 10^{-2} \, \text{V} = 42 \, \text{mV}$$

10. 水中直径为 $1 \mu \text{m}$ 的石英粒子在电场强度 E 为 $100 \text{V} \cdot \text{m}^{-1}$ 的电场中运动速度为 $3.0 \times 10^{-5} \text{m} \cdot \text{s}^{-1}$,试计算石英—水界面上 ζ 电位的数值。设溶液黏度 $\eta = 0.001 \text{kg} \cdot \text{m}^{-1} \cdot \text{s}^{-1}$,相对介电常数 $\varepsilon_r = 81.1$。

【解题思路】本题涉及电泳速度与电势 ζ 的关系,利用球形粒子 ζ 电势的计算公式进行求解。

解:根据公式

$$\zeta = \frac{3\eta u}{2\varepsilon_0 \varepsilon_r E}$$

$$= \frac{3 \times 1.0 \times 10^{-3} \times 3.0 \times 10^{-5}}{2 \times 8.85 \times 10^{-12} \times 81.1 \times 100}$$

$$= 0.627 \, \text{V}$$

11. 已知水和玻璃界面的 ζ 电位为 -0.050V,试问在 298K 时,在直径为 $1.0 \times 10^{-3} \text{m}$、长为 1.0m 的毛细管两端加 40V 的电压,则介质水通过该毛细管的电渗速度为若干?设水的黏度为 $0.001 \text{kg} \cdot \text{m}^{-1} \cdot \text{s}^{-1}$,相对介电常数 $\varepsilon_r = 80$。

【解题思路】本题涉及介质电渗速度与电势 ζ 的关系,可利用棒状粒子的 ζ 电势计算公式。

解:根据公式

$$\zeta = \frac{\eta u}{\varepsilon_0 \varepsilon_r E}$$

$$u = \frac{\zeta \varepsilon_0 \varepsilon_r E}{\eta}$$

$$= \frac{0.050 \times 8.85 \times 10^{-12} \times 80 \times \dfrac{40}{1.0}}{1.0 \times 10^{-3}}$$

$$= 1.42 \times 10^{-6} \, \text{m} \cdot \text{s}^{-1}$$

12. 在碱性溶液中用 HCHO 还原 $HAuCl_4$ 以制备金溶液,反应可表示为

$HAuCl_4 + 5NaOH \longrightarrow NaAuO_2 + 4NaCl + 3H_2O$

$2NaAuO_2 + 3HCHO + NaOH \longrightarrow 2Au + 3HCOONa + 2H_2O$

此处 $NaAuO_2$ 是稳定剂,试写出胶团结构式。

【解题思路】本题可参考溶胶的胶团结构形成的相关知识。

解：胶团结构式为：$\{Au_m \cdot nAuO_2^- \cdot (n-x)Na^+\}^{x-} \cdot xNa^+$

13. 将 12mL 0.02mol $\cdot$ L^{-1} 的 KCl 溶液和 100mL 0.005mol $\cdot$ L^{-1} 的 AgNO$_3$溶液相混合以制备 AgCl 溶胶，试写出该溶胶的胶团结构式。

【解题思路】根据胶粒表面电荷的来源及扩散双电层理论，推断出溶胶的胶团结构。

解：$KCl + AgNO_3 \longrightarrow AgCl\downarrow + KNO_3$

由于 AgNO$_3$ 过量，所以 AgNO$_3$ 为稳定剂，则该溶胶的胶团结构式为

$\{(AgCl)_m \cdot nAg^+ \cdot (n-x)NO_3^-\}^{x+} \cdot xNO_3^-$

14. 在三个烧瓶中分别盛 0.02dm^3 的 Fe(OH)$_3$ 溶胶，分别加入 NaCl、Na$_2$SO$_4$ 和 Na$_3$PO$_4$ 溶液使其聚沉，至少需加电解质的数量为（1）1.0mol $\cdot$ dm^{-3} 的 NaCl 0.021dm^3，（2）0.005mol $\cdot$ dm^{-3} 的 Na$_2$SO$_4$ 0.125dm^3，（3）0.0033mol $\cdot$ dm^{-3} 的 Na$_3$PO$_4$ 7.4 $\times$ 10^{-3}dm^3，试计算各电解质的聚沉值和它们的聚沉能力之比，从而可判断胶粒带什么电荷。

【解题思路】聚沉值越小，聚沉能力越强。可先计算出电解质的聚沉值。

解：聚沉值是使一定量的溶胶在一定时间内完全聚沉所需电解质的最小浓度。

$$c_{NaCl} = \frac{1.0 \times 0.021}{0.020 + 0.021}$$
$$= 0.512mol \cdot dm^{-3}$$

$$c_{Na_2SO_4} = \frac{5.0 \times 10^{-3} \times 0.125}{0.020 + 0.125}$$
$$= 4.31 \times 10^{-3}mol \cdot dm^{-3}$$

$$c_{Na_3PO_4} = \frac{3.3 \times 10^{-3} \times 7.4 \times 10^{-3}}{0.020 + 7.4 \times 10^{-3}}$$
$$= 8.91 \times 10^{-4}mol \cdot dm^{-3}$$

因为聚沉能力与聚沉值成反比，所以上述三种钠盐对 Fe(OH)$_3$ 溶胶的聚沉能力之比为

$$\frac{1}{0.512} : \frac{1}{4.31 \times 10^{-3}} : \frac{1}{8.91 \times 10^{-4}} = 1 : 119 : 575$$

所以，由上述结果可判断胶粒带正电荷。

15. 在 298K 时，半透膜的一边放浓度为 0.10mol $\cdot$ dm^{-1} 的大分子有机物 RCl，RCl 能全部电离，但 R$^+$ 不能透过半透膜；膜的另一边放浓度为 0.50mol $\cdot$ dm^{-1} 的 NaCl，计算达唐南平衡后，膜两边各种离子的浓度和渗透压。

【解题思路】达到唐南平衡后，半透膜两边的渗透压相等。利用平衡关系计算公式计算各离子的浓度，进而计算出渗透压。

解：设达唐南平衡时膜两边的离子浓度分别为（浓度单位为 mol $\cdot$ dm^{-3}）

半透膜

[R$^+$]$_左$ = 0.10	
[Cl$^-$]$_左$ = 0.10 + x	[Cl$^-$]$_右$ = 0.50 - x
[Na$^+$]$_左$ = x	[Na$^+$]$_右$ = 0.50 - x

则有 $(0.10 + x) \cdot x = (0.50 - x)^2$

解得 $x = 0.227mol \cdot dm^{-3}$

所以平衡时膜左边

$$[Cl^-]_左 = 0.327mol \cdot dm^{-3}, \quad [Na^+]_左 = 0.227mol \cdot dm^{-3}$$

膜右边

$$[Cl^-]_{右} = [Na^+]_{右} = 0.273 \, mol \cdot dm^{-3}$$

$$
\begin{aligned}
\Pi &= (C_{左} - C_{右})RT \\
&= [(0.10 + 0.10 + x + x) - 2(0.50 - x)] \times 10^3 RT \\
&= 0.108 \times 10^3 \times 8.314 \times 298 \\
&= 2.68 \times 10^5 \, Pa
\end{aligned}
$$

知识拓展

1. 胶体与界面化学的研究进展

胶体与界面化学是研究胶体分散体系和界面现象的一门科学，在能源、材料、生物、化学制造和环境科学等领域具有广泛的应用。近年来，由于先进功能材料、仿生学和生物医药等学科的迅速发展，在纳米尺寸（胶体）的范围内进行分子组装和材料的制备已经引起了人们的高度关注。过去两年里，中国胶体与界面化学领域的科学家的创新性研究工作层出不穷，国际影响力日益提升，所获得的研究成果越来越受到国际同行的关注。这些成果可概括为：（1）系列新型有序分子组合体的构建及其在生物医药领域的应用，尤其是超分子组装、表面图案化有序组装材料的设计和应用；（2）胶体与界面化学方法在微纳米功能材料合成中的应用，包括形貌可控的无机材料、有机-无机复合功能材料、贵金属纳米材料以及小分子凝胶的合成及其应用；（3）胶体与界面化学在生物传感领域的新应用；（4）胶体与界面化学研究新方法。作为一门与实际应用密切结合的学科，现代经济社会为胶体与界面化学的发展提供了广阔的空间。可以预期，未来胶体与界面化学将更注重其基本的物理化学问题，如：新颖有序分子组合体的构建和理论认识；功能性微纳米材料界面结构与性能调控的理论指导。此外，新的手段和方法在胶体与界面体系的不断渗透，将不断产生新的学科交叉点，从而有力地促进胶体与界面化学的学科发展。

2. 无机材料的仿生合成

仿生矿化是近几年最前沿的研究领域之一。大自然中的生物矿物至少已有 35 亿年历史，从细菌、微生物直至植物、动物在体内均可形成矿物，其种类已超过 60 种。它们的组成各异，并赋有特定的生物学功能。其中，含钙的矿物最多，约占生物矿物总数的一半。最为广泛的碳酸钙主要构成无脊椎动物的外骨骼；磷酸钙主要构成脊椎动物的内骨骼和牙齿；硅氧化物多见于植物中；泌尿系结石的主要组分为草酸钙、磷酸钙、磷酸镁铵、尿酸和胱氨酸等。生物矿物是亿万年物竞天择的进化产物，以其完美的分子设计得到材料最简省而性能最优异的有机/无机复合材料。

20 世纪 90 年代中期，当科学家们注意到生物矿化进程中分子识别、分子自组装和复制构成了五彩缤纷的自然界，并开始有意识地利用这一自然原理来指导特殊材料的合成时，便提出了仿生合成的概念，即通过对生物的观察和研究，进而模仿或利用生物体结构、生化功能和生化过程并应用到材料设计当中，以有机基质为模板，控制无机物的形成，制备具有独特显微结构特点和生物学性能的材料。利用生物矿化的原理进行仿生合成是一种崭新的无机材料合成技术。在分子水平或分子层次上进行仿生，可以设计新物质、新材料、新方法和新工艺并加深对生物现象和生命奥妙的认识。近年来，有关仿生矿化的研究十分引人注目，其主要原因不仅在于该领域具有明显的学科交叉与渗透特点，它处于生命科学与无机化学、生物物理学和材料科学的交汇点，更为重要的是它为人工合成具有独特精美形貌的晶体材料和生物智能材料提供了一种新的思路，而且合成过程中能耗较低，因而符合环保对材料科学的要求。

仿生合成为制备实用新型的无机材料提供了一种新的化学方法。特别是近年来，以碳酸钙为模型的仿生合成研究，为人们在温和条件下合成材料提供了新的思路，因此有关碳酸钙沉积过程的研究，对地质、化工、新材料制备等领域都具有重要意义。碳酸钙作为世界上大量存在的矿物之一，它是生物矿化产物珍珠、贝壳、甲壳、蛋壳等的主要无机成分。在生物体内，碳酸钙由于与少量有机基质蛋白质、多糖等的特殊结合，形成了高度有序、与本体不同性质的有机无机杂化材料。碳酸钙有三种不同的结晶形态，即方解石文石和球霰石。它们的能量依次降低，溶解度也依次降低。碳酸钙常见的形态有立方状、纺锤形、球形、针状、片状等，不同形态的碳酸钙材料，其应用领域和功能各不相同。

巧妙选择合适的表面活性剂和溶剂，使其组装成胶束、微乳、液晶和囊泡等作为无机物沉积的模板，是仿生合成的关键。引入生物学中的概念，如形态形成、复制、自组织、模仿、协同和重构，有助于设计特殊的无机材料的仿生合成工艺仿生合成的研究需要生物、物理、化学和材料等多学科的知识。仿生矿化合成有机-无机复合材料吸引了越来越多的人的关注。采用仿生的方法，合成具有一定功能性的无机材料，通过调节有机质的有序结构和空间构型，控制粒子的粒径和形貌。在无机材料的成核生长过程中，有机基质不仅能控制晶体的晶型和形貌，同时能对无机材料的表面进行原位修饰。模仿生物体内这些材料的矿化过程制备具有特殊形貌及功能的材料具有重要的意义和广阔的应用前景。

3. 雾霾之 PM2.5 简介

雾是自然天气现象，是由大量悬浮在近地面空气中的微小水滴或冰晶组成的气溶胶。PM2.5 是环境空气中空气动力学当量直径小于等于 2.5 微米的颗粒物。颗粒物的成分很复杂，主要取决于其来源。主要有自然源和人为源两种，但危害较大的是后者。在学术界分为一次气溶胶（primary aerosol）和二次气溶胶（secondary aerosol）两种。从化学角度看，这些颗粒物不是某一种物质，而是排放到空气中的各种微小固体和液体以及它们的反应产物组成的混合物，其主要化学成分包括有机碳、元素碳、硝酸盐、硫酸盐、铵盐、钠盐等。PM2.5 的主要来源为煤的燃烧和石油产品的燃烧，建筑活动的颗粒排放物以及城市废弃物燃烧也会产生 PM2.5 固体微小颗粒。

细颗粒物对人体健康的危害要更大，因为直径越小，进入呼吸道的部位越深。$10\mu m$ 直径的颗粒物通常沉积在上呼吸道，$2\mu m$ 以下的可深入到细支气管和肺泡。细颗粒物进入人体肺泡后，直接影响肺的通气功能，使机体容易处在缺氧状态。2013 年 10 月 17 日，世界卫生组织下属国际癌症研究机构发布报告，首次指认大气污染对人类致癌，并视其为普遍和主要的环境致癌物。虽然空气污染作为一个整体致癌因素被提出，它对人体的伤害可能是由其所含的几大污染物同时作用的结果。

根据 PM2.5 检测网的空气质量新标准，24h 平均值标准值分布如下：

空气质量等级	24h PM2.5平均值标准值
优	$0\sim35\mu g \cdot m^{-3}$
良	$35\sim75\mu g \cdot m^{-3}$
轻度污染	$75\sim115\mu g \cdot m^{-3}$
中度污染	$115\sim150\mu g \cdot m^{-3}$
重度污染	$150\sim250\mu g \cdot m^{-3}$
严重污染	大于$250\mu g \cdot m^{-3}$及以上

参 考 文 献

[1] 杜凤沛，高丕英，沈明．简明物理化学．第 2 版．北京：高等教育出版社，2009.

[2] 孙德坤，沈文霞，姚天扬，侯文化．物理化学学习指导．北京：高等教育出版社，2007.

[3] 王元星，侯文华．大学化学，2011，26（4）：87.

[4] 董彬，郑利强．中国科学 B 辑：化学，2010，40（9）：1266.

[5] 尉志武，吴富根．中国科学 B 辑：化学，2010，40（9）：1210.

[6] 陆小华，刘洪来．流体相平衡的分子热力学．北京：化学工业出版社，2006.

[7] Hummer G，Rasaiah J C，Noworyta J P. Nature，2001，414：188.

[8] William J. Pietro. Journal of Chemical Education，2009，86（5）：579.

[9] 王季陶．复旦学报：自然科学版，2012，51（1）：111-117.

[10] 金明善，李文佐，索掌怀．广东化工，2015，42（302）：224-225.

[11] 蔡邦宏，刘茹．化学教育，2014（4）：19-20.

[12] 张锁江，刘晓敏，姚晓倩，董海峰，张香平．中国科学 B 辑：化学，2009，39（10）：1134.

[13] Rogers R D. Nature，2007，447：917.

[14] Rogers R D，Seddon K R. Science，2003，302：792.

[15] Blanchard L A，Hancu D，Beckman E J，Brennecke J F. Nature，1999，399：28.

[16] 刘天齐，黄小林，邢连壁．环境保护．北京：化学工业出版社，2000.

[17] John H. Seinfeidm. atmospheric chemistry and physics of air pollution. John Wiley&sons，1986，134.